"十三五"普通高等教育本科规划教材

PLC技术及应用教程

(第二版)

编著　马林联
主审　肖利平　张　均

中国电力出版社
CHINA ELECTRIC POWER PRESS

内 容 提 要

本书为“十三五”普通高等教育本科规划教材。本书根据普通高等教育的教学要求和办学特点，突破传统的学科教育对学生技术应用能力培养的局限，采用“项目”的编排方式，将PLC设计、安装与调试的基本技术能力作为重点，内容包括PLC的基本知识，S7-200 PLC的编程软件STEP7 Micro/WIN32的操作，S7-200 PLC基本逻辑指令，三相异步电动机的起动、保持、停止PLC控制，三相异步电动机正/反转PLC控制，三相异步电动机Yd降压起动PLC控制，平面磨床工作台自动循环PLC控制，自动门PLC控制，交通信号灯PLC控制，密码锁PLC控制系统设计，全自动洗衣机PLC控制，三种液体自动混合PLC控制，步进电动机PLC控制，抢答器PLC控制，七段数码管PLC控制，电镀生产线PLC控制，成型机PLC控制，轧钢机PLC控制，邮件分拣机PLC控制，气动机械手PLC控制，恒压供水系统PLC及变频器控制。本书既是一本项目化的理论教材，又是一本实用性很强的实训教材。

本书内容丰富、体系新颖、实用性强、涵盖面广、语言精练、概念清晰、结构严谨、重点明确，并具有较强的直观性和真实性。

本书可作为本科院校电气工程及其自动化、自动化、机械电子工程等专业的教材，也可作为高职高专院校机电一体化技术、电气自动化技术、应用电子技术、楼宇智能化技术等专业的教材和教学参考书，还可供相关领域的工程技术人员参考。

图书在版编目(CIP)数据

PLC技术及应用教程/马林联编著. —2版. —北京：中国电力出版社，2018.3
“十三五”普通高等教育本科规划教材
ISBN 978-7-5198-1322-2

Ⅰ.①P… Ⅱ.①马… Ⅲ.①plc技术-高等学校-教材 Ⅳ.①TM571.6

中国版本图书馆CIP数据核字(2017)第259319号

出版发行：中国电力出版社
地　　址：北京市东城区北京站西街19号（邮政编码100005）
网　　址：http://www.cepp.sgcc.com.cn
责任编辑：周巧玲
责任校对：太兴华
装帧设计：张　娟
责任印制：吴　迪

印　　刷：北京雁林吉兆印刷有限公司
版　　次：2014年8月第一版
印　　次：2018年3月第二版　2018年3月北京第二次印刷
开　　本：787毫米×1092毫米　16开本
印　　张：16.5
字　　数：400千字
定　　价：**42.00**元

版 权 专 有　侵 权 必 究

本书如有印装质量问题，我社发行部负责退换

前　言

本书是为满足教育部对普通高等教育教学改革的要求而编写的，全书采用项目化的编写模式，内容体现岗位需求，是一本理论与实用兼具的实践性教材。

本书打破了以往同类教材的编写思路，立足应用型人才的培养，以项目的方式，将理论知识、技术能力及实用技术有机融合，注重理论联系实际，具有以下特点：

（1）在总体内容的安排上，采用项目的模式，在项目逐步完成的过程中掌握所学习的知识，提升职业能力。

（2）在每个项目中，以PLC技术及应用为主线，结合PLC的原理、技术参数，并通过具体的应用来加深对以上内容的理解。

（3）在每个项目的内容组织上，既保留传统的理论知识，又突出了PLC的实际应用。

（4）对于每个项目，均设计出具体的PLC应用电路及控制程序，同时分析了PLC应用电路的工作原理，并对PLC应用电路的安装与调试进行了阐述；通过对各项目的学习，可以提高学生的动手能力及分析问题、解决问题的能力，培养技术应用能力。

本书由贵州理工学院马林联编著，由贵州理工学院肖利平、张均主审。在本书的编写过程中，参考了有关资料和文献，在此向其作者表示衷心的感谢。

限于编者水平，加之时间仓促，疏漏之处在所难免，敬请读者批评指正。希望本书能对从事和学习PLC技术及应用的广大读者有所帮助，可将建议和意见通过Email发给我们（Email：mll.2006@163.com），以便再版时进行修订。

编　者

2017年6月

目　　录

项目一　PLC 的基本知识

技 术 要 点

熟悉 PLC 的知识背景，为 PLC 后续内容的学习打下基础；掌握 PLC 输入/输出端子的分布、硬件组成及功能；能将输入/输出部件与 PLC 连接起来；具有 PLC 编程软件的使用能力。

知 识 要 点

掌握 PLC 的概念、产生、发展、基本结构和特点、应用及发展趋势；理解 PLC 的基本组成和工作原理，扫描工作过程；了解 PLC 的主要性能指标；了解西门子 S7-200 PLC 的型号、构成及基本性能指标；掌握西门子 S7-200 PLC 输入继电器、输出继电器及辅助继电器的特点；熟悉常用 PLC 的型号、软件与编程语言。

1.1　PLC 的引入背景

继电器控制电路配线复杂，系统的可靠性差、功能局限性大，体积大、耗能多、通用性和灵活性差。

在可编程控制器出现以前，继电器控制在工业控制领域占主导地位，其控制系统都是按照预先设定好的时间或条件顺序地工作，通用性和灵活性差。

20 世纪 60 年代末，计算机技术开始应用于工业控制领域，由于价格高、编程难度大、难以适应恶劣工业环境等原因，未能在工业控制领域获得推广。

1968 年，美国最大的汽车制造商——通用汽车公司（GM）为了适应汽车型号不断更新，生产工艺不断变化的需求，需要一种比继电器更可靠、功能更齐全，响应速度更快的新型工业控制器，并要求其能做到尽可能减少重新设计和更换继电器控制系统及接线、以降低生产成本，缩短生产周期，并提出新型控制器的十项技术指标：

（1）编程方便，现场可修改程序。

（2）维修方便，采用插件式结构。

（3）可靠性高于继电控制盘。

（4）体积小于继电控制盘。

（5）数据可直接送入管理计算机。

（6）成本可与继电控制盘相竞争。

（7）输入可为市电。

（8）输出可为市电，输出电流在 2A 以上，可直接驱动电磁阀、接触器等。

（9）系统扩展时原系统变更很少。

（10）用户程序存储器容量大于4KB。

针对上述十项指标，美国的数字设备公司（DEC）于1969年研制出了第一台可编程控制器，投入通用汽车公司的生产线中，实现了生产的自动化控制，取得了极满意的效果。1971年日本开始生产可编程控制器，1973年欧洲也开始生产可编程控制器。这一时期，它主要用于取代继电器控制，只能进行逻辑运算，故称为可编程逻辑控制器（programmable logical controller，PLC）。

20世纪70年代后期，可编程逻辑控制器具有了计算机的功能，称为可编程控制器（programmable controller，PC）。

为了与PC（personal computer，个人计算机）相区别，通常人们仍习惯地用PLC作为可编程控制器的缩写。

1.2 PLC的基本结构和特点

1. 基本结构

PLC的基本单元主要由中央处理单元（central processing unit，CPU）、存储器、输入单元、输出单元、电源单元、编程器、扩展接口、编程器接口、存储器接口等组成。

2. 特点

（1）可靠性高，抗干扰能力强。

（2）功能强大，性价比高。

（3）编程简易，现场可修改程序。

（4）配套齐全，使用方便。

（5）寿命长，体积小，能耗低。

（6）系统的设计、安装、调试、维修工作工作量少，维修方便。

1.3 PLC的技术性能指标

1. I/O点数

I/O点数是指PLC外部I/O端子的总数，如S7-200（CPU224）系列的I/O点数最多为168。

2. 扫描速度

一般指执行一步指令的时间，单位为μs/步，有时也以执行1000步指令的时间计，单位为ms/千步，通常为10ms，小型PLC的扫描时间可能大于40ms。

3. 内存容量

小型机为1KB到几千字节，大型机则为几十千字节，甚至1～2MB。

4. 指令系统

指令的多少是衡量其软件功能强弱的主要指标。PLC具有的指令种类越多，其软件功能就越强。

5. 内部寄存器

寄存器的配置情况是衡量PLC硬件功能的一个指标。

6. 特殊功能模块

常用的特殊功能模块有A/D模块、D/A模块、高速计数模块、位置控制模块、定位模块、温度控制模块、远程通信模块、高级语言编程以及各种物理量转换模块等。

1.4 PLC的分类及其应用

1.4.1 PLC的分类

1. 按输入/输出点数分

(1) 小型机。小型PLC I/O总点数一般在256点以下，用户程序存储器容量在4KB左右。

(2) 中型机。中型PLC的I/O总点数在256～2048点，用户程序存储器容量达到8KB左右。

(3) 大型机。大型PLC的I/O总点数在2048点以上，用户程序存储器容量达到16KB以上。

2. 按结构形式分

根据PLC结构形式不同，可分为整体式和模块式两类。

(1) 整体式。特点是将电源、CPU、I/O接口等部件紧凑地安装在一个标准机壳内，构成一个整体，具有结构紧凑、体积小、成本低、安装方便的特点，多用于小型控制系统中。

(2) 模块式。由一些标准模块单元构成。模块式的硬件配置方便灵活，I/O点数的多少、输入点数与输出点数的比例、I/O模块的使用等方面的选择余地都比整体式PLC大。目前，中、大型PLC多采用这种结构形式。

3. 按生产厂家分

美国罗克韦尔（Rockwell）自动化公司所属的A-B（Allen&Bradly）公司和GE-Fanuc公司，德国的西门子（SIEMENS）公司，法国的施耐德（SCHNEIDER）自动化公司，日本的欧姆龙（OMRON）、三菱公司等。

4. 按功能分

(1) 低档机。主要用于顺序控制、逻辑控制或少量模拟量的单机控制系统。

(2) 中档机。除具有低档机的功能外，还具有较强的模拟量处理、数值运算、数值的比较与传送，远程I/O及联网通信等功能。

(3) 高档机。除具有中档机的功能外，增设有带符号算术运算、矩阵运算、位逻辑运算（置位、清零、右移、左移）及其他特殊功能运算，具有更强的通信联网能力，实现工厂自动化。

1.4.2 PLC的应用领域

自1969年第一台PLC面世以来，PLC已成为一种最重要、最普及、应用场合最多的工业控制器，PLC与机器人、CAD/CAM成为工业生产自动化的三大支柱，其用途有以下几方面。

(1) 开关量逻辑控制：最基本、最广泛的应用领域，可以用于单台设备，也可以用于自动生产线。

(2) 运动控制：广泛地用于各种机械，如金属切削机床、金属成形机械、装配机械、机器人、电梯等场合。

(3) 过程控制：对温度、压力、流量等连续变化的模拟量的闭环控制。广泛地应用于塑料挤压成型机、加热炉、热处理炉、锅炉等设备，以及轻工、化工、机械、冶金、电力、建材等行业。

(4) 数据处理：包括四则运算、矩阵运算、函数运算、字逻辑运算、求反、循环、移位和浮点数运算等，可以完成数据的采集、分析和处理。

(5) 通信联网：主机与远程I/O之间的通信、多台PLC之间的通信、PLC与其他智能控制设备（如计算机、变频器、数控装置）之间的通信。

1.4.3 PLC的发展趋势

(1) 从技术上看，随着计算机技术的新成果更多地应用到PLC的设计和制造上，PLC会向运算速度更快、存储容量更大、功能更广、性能更稳定、性价比更高的方向发展。

目前，有的PLC扫描速度可以达到0.1ms/千步左右。PLC的扫描速度成为很重要的一个性能指标。

在存储容量方面，有的PLC最高可达到几十兆字节，为了扩大存储容量，有的公司已使用了磁泡存储器或硬盘。

(2) 从规模上看，随着PLC应用领域的不断扩大，为适应市场的需求，PLC会进一步向超小型和超大型两个方向发展。

小型PLC由整体结构向小型模块化结构发展，使配置更加灵活，为了市场需要，已开发了各种简易、经济的超小型微型PLC，最小配置的I/O点数为8～16点，以适应单机及小型自动控制的需要。

大型化是指大中型PLC向大容量、智能化和网络化发展，使之能与计算机组成集成控制系统，对大规模系统进行综合性的自动控制，现已有I/O点数达14 336点的超大型PLC。其使用32位微处理器。多CPU并行工作和大容量存储器、功能强。

(3) 从配套性上看，随着PLC功能的不断扩大，PLC产品会向品种更丰富、规格更齐备的方向发展。

(4) 从标准上看，随着IEC 1131标准的诞生，各厂家PLC或同一厂家不同型号的PLC互不兼容的格局将被打破，将会使PLC的通用信息、设备特性、编程语言等向IEC 1131标准的方向发展。

(5) 从网络通信的角度看，随着PLC和其他工业控制计算机组网构成大型控制系统以及现场总线的发展，PLC将向网络化和通信的简便化方向发展。

1.5 PLC的基本组成及工作原理

1.5.1 基本组成

PLC硬件主要由微处理器、存储器、输入单元、输出单元、电源、编程器、扩展接口、外设接口等组成，其结构框图如图1-1所示。

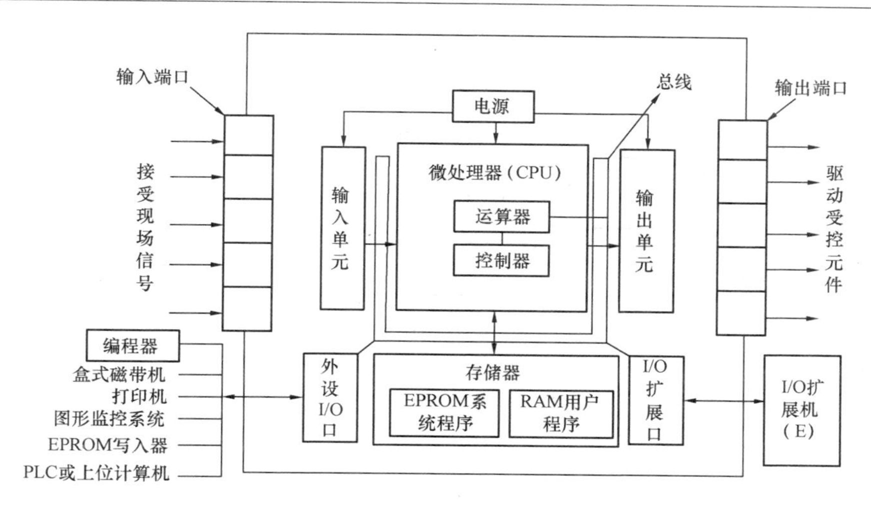

图 1-1 PLC 的硬件结构框图

1. 微处理器（CPU）

微处理器（CPU）一般由控制器、运算器和寄存器组成，这些电路都集成在一个芯片上。

CPU 的主要功能如下：

（1）接收并存储用户程序和数据。

（2）诊断电源、内部电路工作状态和编程过程中的语法错误。

（3）接收现场输入设备的状态和数据，并存入寄存器中。

（4）读取用户程序，按指令产生控制信号，完成规定的逻辑或算术运算。

（5）更新有关状态和内容，实现输出控制、制表、打印或数据通信等功能。

2. 存储器

可编程控制器的存储器按用途可分为以下两种：

（1）系统程序存储器（read only memory，ROM）系统程序存储器用来固化 PLC 生产厂家在研制系统时编写的各种系统工作程序。厂家常用只读存储器 ROM 或可擦除可编程的只读存储器 EPROM 来存放系统程序。

（2）用户存储器（random access memory，RAM）。用户存储器用来存放从编程器或个人计算机输入的用户程序和数据，包括用户程序存储器和数据存储器两种。

在 PLC 技术指标中的内存容量就是指用户存储器容量，是 PLC 的一项重要指标，内存容量一般以步为单位（16 位二进制数为一步或简称为“字”）。

3. 输入/输出单元（又称 I/O 单元或 I/O 模块）

输入/输出单元是将外部输入信号变换成 CPU 能接受的信号，将 CPU 的输出信号变换成需要的控制信号去驱动控制对象，从而确保整个系统的正常工作。

（1）输入单元。内部电路按电源性质分为直流输入电路、交流输入电路和交直流输入电路三种类型，如图 1-2 和图 1-3 所示。

（2）输出单元。为了能够适应各种各样的负载需要，每种系列可编程控制器的输出单元按输出开关器件来分，有继电器输出方式、晶体管输出方式和晶闸管输出方式三种。

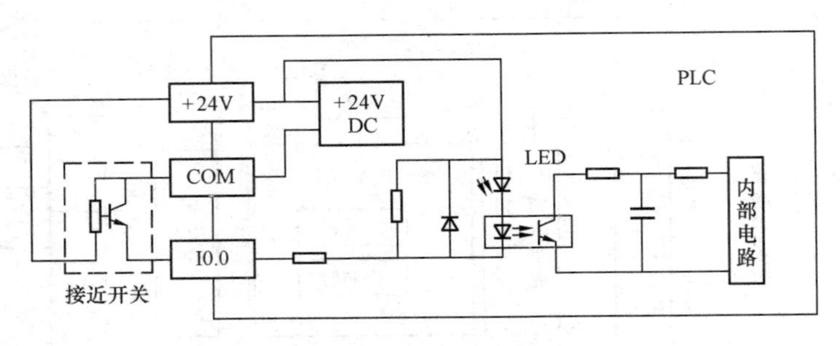

图 1-2　直流输入电路的内部电路和外部接线

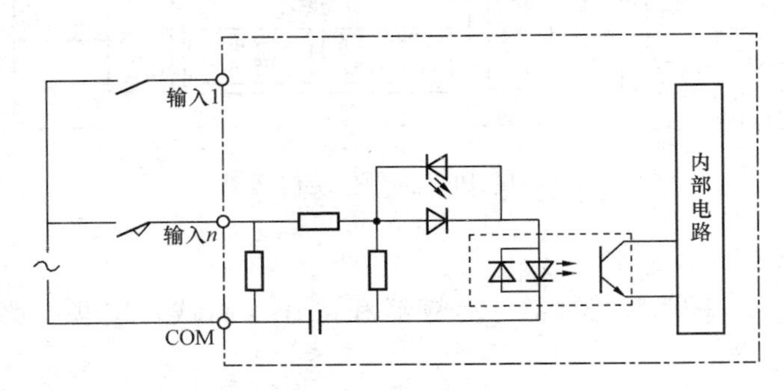

图 1-3　交流输入电路的内部电路和外部接线

4. 电源

PLC根据型号的不同，有的采用交流供电，有的采用直流供电。

交流一般为单相220V（有的型号采用交流100V，如FX2N-48ER-UA1），直流一般为24V。PLC对电源的稳定性要求不高，通常允许电源额定电压在－15%～＋10%范围内波动，如FX1N-60MR的电源要求为AC 85～264V。

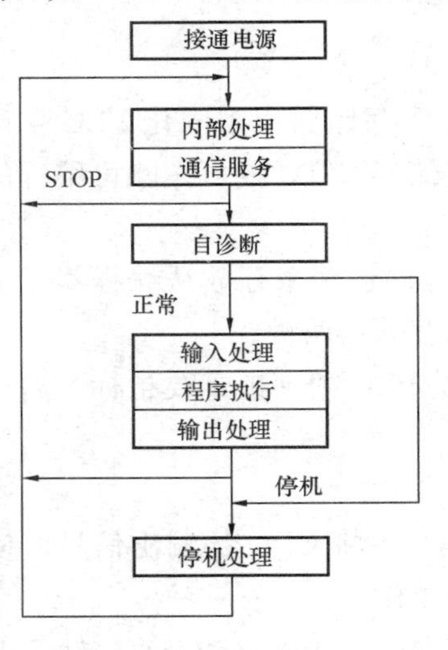

图 1-4　循环扫描

许多可编程控制器为输入电路和外部电子检测装置（如光电开关等）提供24V直流电源，而PLC所控制的现场执行机构的电源，则由用户根据PLC型号、负载情况自行选择。

5. 编程器

编程器是由键盘、显示器、工作方式选择开关及外存插口等部件组成的PLC的重要外围设备，是人机对话的窗口。

用来编写、输入、编辑用户程序，也可以在线监视可编程控制器运行时各种元器件的工作状态，查找故障，显示出错信息。

编程器分为简易编程器和图形编程器。

1.5.2　工作原理

PLC采用循环扫描的工作过程，与计算机工作过程不太相同。

PLC采用的循环扫描工作过程一般包括内部处理、与编程器等的通信服务、输入处理、用户程序执行和输出处理五个阶段，典型的扫描工作过程如图1-4所示。

PLC执行的五个阶段称为一个扫描周期，PLC完成一个周期后，又重新执行上述过程，扫描周而复始地进行，一般扫描过程分为三个阶段，如图1-5所示。

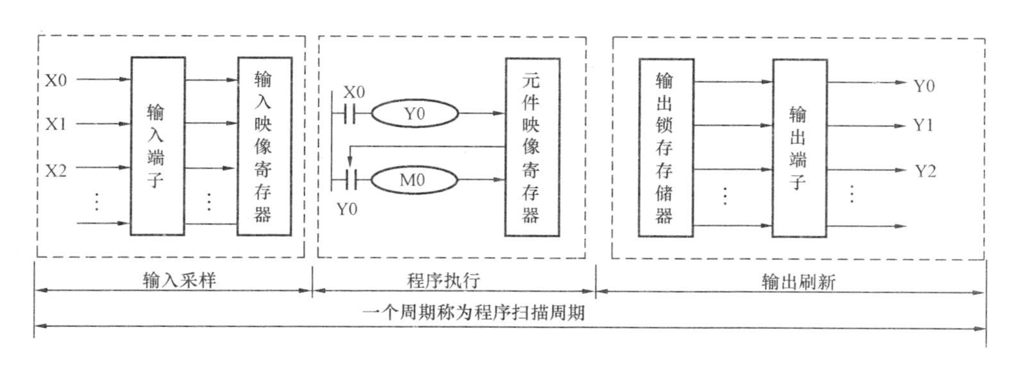

图1-5　PLC扫描工作过程

1.6　PLC与其他控制的区别

1.6.1　PLC与微型计算机（MC）控制的区别

从应用范围来说，MC是通用机，而PLC是专用机。简言之，MC是通用的专用机，而PLC则是专用的通用机。

微型计算机的最大特征是运算速度快、功能强、应用范围广，近代科学计算、科学管理和工业控制等都离不开它。所以说，MC是通用计算机。

PLC是为适应工业控制环境而设计的专用计算机。用户只需改变用户程序即可满足工业控制系统的具体控制要求。

1.6.2　PLC与单片机控制的区别

1. PLC比单片机容易掌握

单片机一般要用机器指令或其助记符编程，PLC只需要记住指令系统及操作方法就能应用到工业现场。

2. PLC比单片机使用简单

用单片机来实现自动控制，一般要在输入输出接口上做大量的工作。而PLC的I/O单元已经做好，输入单元可以与输入信号直接连线，非常方便。

3. PLC比单片机可靠

用单片机做工业控制，突出的问题就是抗干扰性能差。而PLC是专门应用于工业现场的自动控制装置，在系统硬件和软件上都采取了抗干扰措施。

1.7　S7-200 PLC的硬件组成及功能特性

1.7.1　硬件组成

S7-200 PLC采用整体式结构，基本结构包括主机单元（又称基本单元）和编程器，具有很高的性能价格比。一个完整的S7-200 PLC硬件系统的组成如图1-6所示。

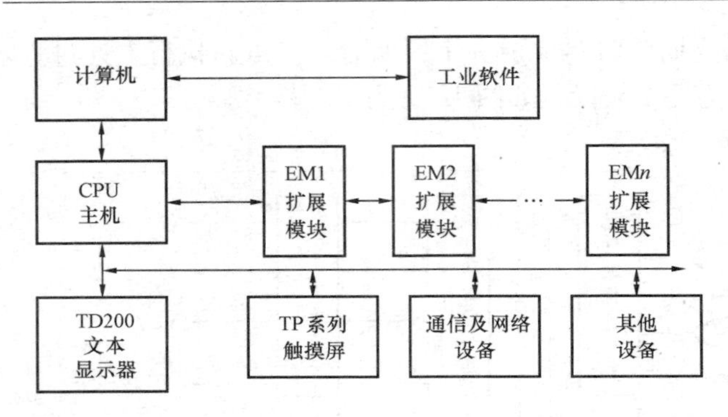

图 1-6 S7-200 PLC 硬件系统的组成

1. 主机单元

又称基本单元或微处理器（CPU）模块。S7-200 PLC 的主机单元包括 CPU、存储器、基本输入/输出单元、通信接口和电源，这些组件都被集成在一个紧凑、独立的外壳中。CPU 负责执行程序，输入单元从现场设备中采集信号，输出单元则输出控制结果，驱动外部负载。实际上，主机单元就是一个完整的系统，可以单独完成一定的控制任务。

2. 存储器

存储器用于存放程序和数据。PLC 配有系统存储器和用户存储器。PLC 的用户程序和参数的存储器有 RAM、EPROM 和 EEPROM 三种类型。

RAM 一般由 CMOSRAM 构成，采用锂电池作为后备电源，停电后 RAM 中的数据可以保存 1～5 年。为了防止偶然操作失误而损坏程序，还可采用 EPROM 或 EEPROM，在程序调试完成后就可以固化。EPROM 的缺点是写入时必须用专用写入器，擦除时要用专用的擦除器。EEPROM 采用电可擦除的只读存储器，它不仅具有其他程序存储器的性能，还可以在线改写，而且不需要专门的写入和擦除设备。

3. I/O 单元（输入/输出单元）

I/O 单元是 PLC 与生产设备连接的接口。

CPU 所能处理的信号只能是标准电平，因此现场的输入信号，如按钮开关、行程开关、限位开关，以及传感器输出的开关量或模拟量信号，需要通过输入单元的转换和处理才可以传送给 CPU。

CPU 的输出信号，也只有通过输出单元的转换和处理，才能够驱动电磁阀、接触器、继电器、电动机等执行机构。

（1）输入单元：内部电路按电源性质分直流输入电路，交流输入电路和交直流输入电路三种类型，输入单元电路如图 1-7 所示。

（2）输出单元：PLC 的输出单元电路有继电器输出、晶体管输出和晶闸管输出三种形式，如图 1-8 所示。

4. I/O 扩展单元

I/O 扩展单元是指主机单元的 I/O 点数不能满足控制要求时，通过 I/O 扩展接口增加的 I/O 模块。用户可以根据需要扩展各种 I/O 模块，扩展单元的数量和能够实际使用的 I/O 点数是由多种因素决定的。

5. 特殊功能单元

特殊功能单元是指能完成某种特殊控制任务的一些装置，如位置控制单元 EM253、PROFIBUS-DP 总线从站通信处理器单元 EM277、调制解调器单元 EM241、以太网通信处理器单元 CP243-1、AS-I 网主站通信处理器单元 CP243-2 等。当需要完成某些特殊功能的控制任务时，可以扩展特殊功能单元。

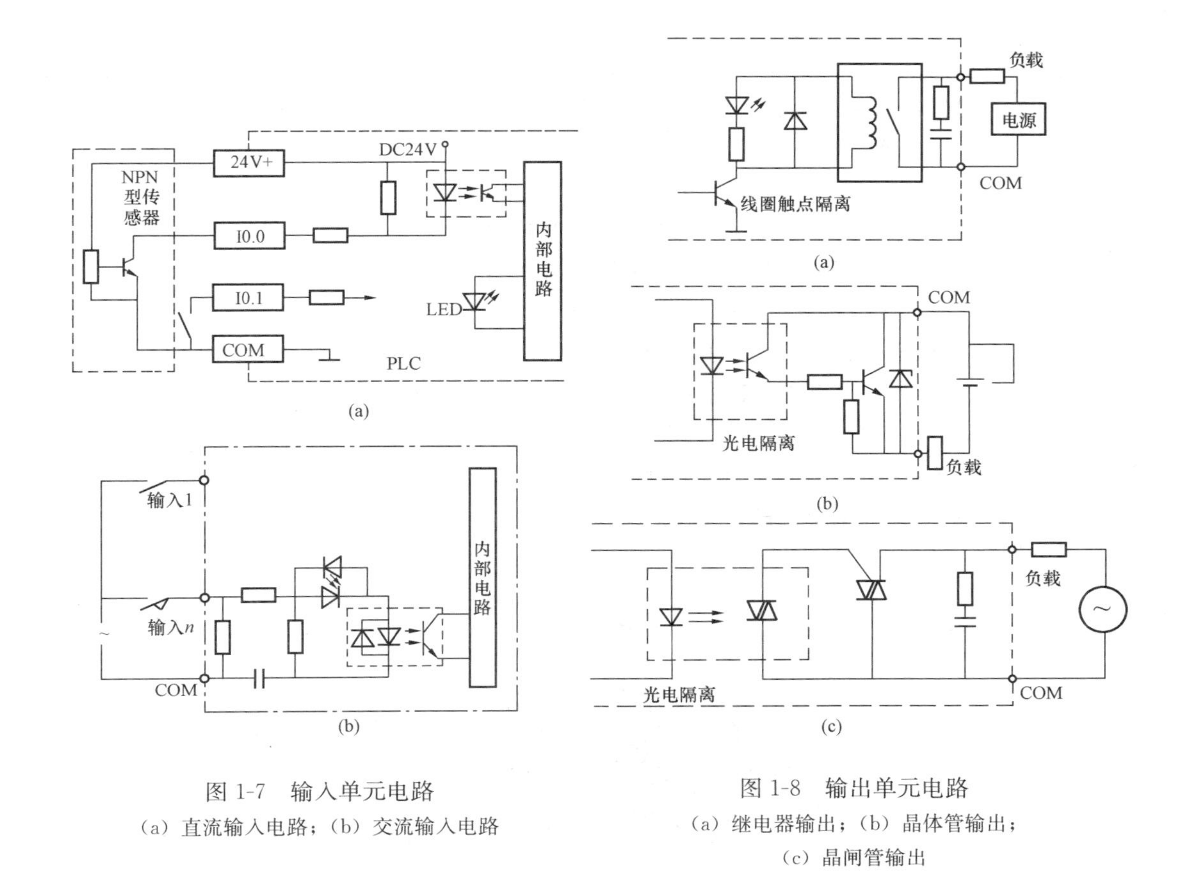

图 1-7　输入单元电路

（a）直流输入电路；（b）交流输入电路

图 1-8　输出单元电路

（a）继电器输出；（b）晶体管输出；（c）晶闸管输出

6. 相关设备

相关设备是指为了充分和方便地利用 S7-200 系统的硬件和软件资源而开发和使用的一些设备。主要有编程设备、人机操作界面和网络设备等，如 PG740 Ⅱ、PG760 Ⅱ、装有 STEP7 Micro/ WIN32 V3.1 编程软件的计算机和 PC/PPI 电缆线、TD200 文本显示器、TP070 触摸屏。

7. 工业软件

工业软件是为更好地管理和使用 S7-200 的相关设备而开发的与之相配套的软件，它主要由标准工具、工程工具、运行软件和人机接口软件等构成。

8. 电源

PLC 的供电电源一般是市电，有的也用 DC 24V 电源供电。PLC 对电源稳定性要求不高，一般允许电源电压在－15%～＋10%内波动。PLC 内部含有一个稳压电源，用于对 CPU 和I/O单元供电，小型 PLC 的电源往往和 CPU 单元合为一体，大中型 PLC 都有专门的电源单元。有些 PLC 还有 DC 24V 输出，用于对外部传感器供电，但输出电流往往只是毫安级。

9. 存储器接口

为了存储用户程序，以及扩展用户程序存储区、数据参数存储区，可编程控制器上还设有存储器扩展口，可以根据使用的需要扩展存储器，其内部也接到总线上。

10. 编程器接口

可编程控制器基本单元通常不带编程器，为了能对可编程控制器进行编程及监控，可编程控制器上专门设置有编程器接口，通过这个接口可以接各种形式的编程装置，还可以利用此接口做一些监控工作。

11. 编程器

编程器包括键盘和显示两部分，用于对用户程序进行输入、读取、检验、修改。常用的编程器类型有便携式编程器、图形编程器和编程软件计算机。

1.7.2 S7-200 PLC主机单元的结构及功能

主机单元发展至今，经历了两代产品。第一代产品为CPU21X型，包括CPU212、CPU214、CPU215和CPU216，其中每种主机单元都可以进行扩展，但这一代产品现在已经停止生产。第二代产品为CPU22X型，包括CPU221、CPU222、CPU224、CPU224XP、CPU226和CPU226XM，它们是在21世纪初投放市场的，具有速度快、通信能力强的特点。CPU22X型PLC主机单元的外形如图1-9所示。

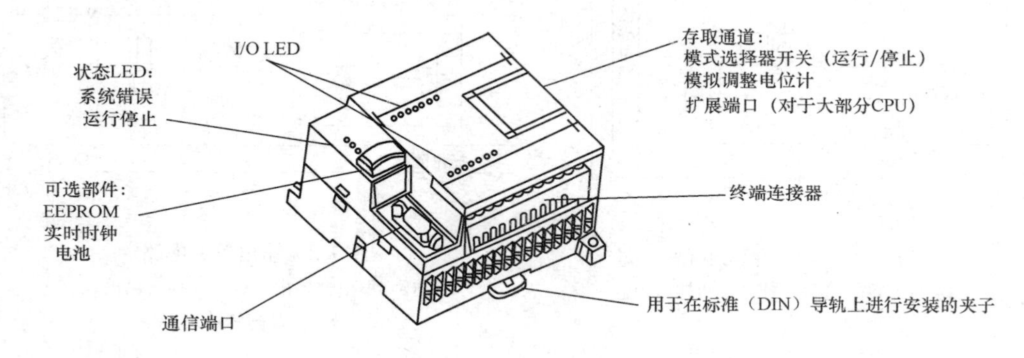

图1-9 CPU22X型PLC主机单元外形

1. CPU221型主机单元

CPU221型主机单元具有6输入/4输出，共计10个数字量I/O点，无I/O扩展能力，程序和数据存储容量为6KB，具有4个独立的30kHz高速脉冲计数器、2路独立的20kHz高速脉冲输出、1个RS485通信/编程接口、多点接口MPI（multi points interface）通信协议、点对点PPI（point to point interface）通信协议和自由通信口，非常适合点数较少的控制系统使用。

2. CPU222型主机单元

CPU222型主机单元具有8输入/6输出，共计14个数字量I/O点，可以连接2个I/O扩展单元，最大扩展至78个数字量I/O点或10路模拟量I/O。其程序和数据存储容量为6KB，具有4个独立的30kHz高速脉冲计数器和2路独立的20kHz高速脉冲输出，还具有PID控制器、1个RS485通信/编程接口、多点接口MPI通信协议、点对点PPI通信协议和自由通信口。

3. CPU224型主机单元

CPU224型主机单元具有14输入/10输出，共计24个数字量I/O点。可以连接7个I/O扩展单元，最大扩展至168个数字量I/O点或35路模拟量I/O。其程序和数据存储容量为13KB，具有6个独立的30kHz高速脉冲计数器和2路独立的20kHz高速脉冲输出，还具有PID控制器、1个RS485通信/编程接口、多点接口MPI通信协议、点对点PPI通信协议和自由通信口。另外，其I/O端子排可以整体拆卸。CPU224型主机单元是使用最多的S7-200产品。

4. CPU224XP型主机单元

CPU224XP型主机单元是最新推出的一种实用机型，与CPU224相比，它增加了2路输入/1路输出，共3路模拟量I/O和一个通信接口，非常适合在有少量模拟量信号的系统中使用。

5. CPU226型主机单元

CPU226型主机单元具有24输入/16输出，共计40个数字量I/O点。可以连接7个I/O扩展单元，最大扩展至248个数字量I/O点或35路模拟量I/O。其程序和数据存储容量为13KB，具有6个独立的30kHz高速脉冲计数器和2路独立的20kHz高速脉冲输出，还具有PID控制器、2个RS485通信/编程接口、多点接口MPI通信协议、点对点PPI通信协议和自由通信接口，其I/O端子排可以整体拆卸。

6. CPU226XM型主机单元

CPU226XM型主机单元和CPU226相比，只是程序和数据存储容量由13KB增大到26KB，其他的结构及性能特点不变。

1.7.3 主机单元的输入/输出特性

1. 主机单元的输入特性

在S7-200中，数字量输入均采用直流输入方式。工作电压为DC24V，高电平信号“1”的电位为15～35V，低电平信号“0”的电位为0～5V。无论高电平信号，还是低电平信号，均经过光电耦合器隔离后才能进入PLC内部，并储存在输入映像寄存器中。S7-200的输入特性见表1-1。

表1-1　S7-200的输入特性

CPU	输入滤波	中断输入	高速计数器输入	每组点数	电缆长度
CPU221	0.2～12.8ms	I0.0～I0.3	I0.0～I0.5	2.4	非屏蔽输入300m，屏蔽输入500m，屏蔽中断输入及高速计数器输入50m
CPU222				4.4	
CPU224				8.6	
CPU226				13.11	

表1-1中每组点数的含义：全部输入端子可以分成几个隔离组，每个隔离组中包含的输入端子数量。每个隔离组有一个公共端，所以每个隔离组可以单独施加工作电压。如果所有输入端子的工作电压相同，可以将全部公共端子连接起来。

2. 主机单元的输出特性

在S7-200中，数字量输出具有晶体管输出和继电器输出两种类型，前者用于控制或驱动直流负载，响应速度较快；后者用于控制或驱动交/直流负载，响应速度较慢。S7-200的输出特性见表1-2。

表 1-2 S7-200 的输出特性

CPU	输出类型	PLC 工作电压（V）	负载工作电压（V）	输出点数	每组点数	输出电流（A）
CPU221	晶体管输出	DC 24	DC 24	4	4	0.75
	继电器输出	AC 85～264	DC 24，AC 24～230	4	1/3	2
CPU222	晶体管输出	DC 24	DC 24	6	6	0.75
	继电器输出	AC 85～264	DC 24，AC 24～230	6	3/3	2
CPU224	晶体管输出	DC 24	DC 24	10	5/5	0.75
	继电器输出	AC 85～264	DC 24，AC 24～230	10	4/3/3	2
CPU226	晶体管输出	DC 24	DC 24	16	8/8	0.75
	继电器输出	AC 85～264	DC 24，AC 24～230	16	4/5/7	2

表 1-2 中每组点数的含义与表 1-1 相同。

3. 快速响应功能

在 S7-200 中，当需要快速响应时，可以采用以下五种措施：

（1）脉冲捕捉功能。使用普通输入端子可以捕捉到小于一个 CPC 扫描周期的窄脉冲信号。

（2）中断输入功能。CPU 不受扫描周期的约束，可以对中断输入信号的上升沿做出快速响应。

（3）高速计数器功能。可以对外部输入的 30kHz 高速脉冲信号进行加减计数。

（4）高速脉冲输出功能。可以对外部输出的 20kHz 高速脉冲信号、驱动步进电动机或伺服电动机快速、准确地定位。

（5）模拟电位器功能。通过改变模拟电位器的值可以改变某些特殊寄存器的值，从而随时改变某些定时器/计数器的设定值或某些过程控制参数，并且不占用 PLC 的输入点。

1.8 S7-200 PLC 的软元件

S7-200 PLC 内部有许多不同功能的元件，实际上这些元件是由电子电路和存储器组成的。

输入继电器 I 是由输入电路和输入映像寄存器组成；输出继电器 Q 是由输出电路和输出映像寄存器组成；定时器 T、计数器 C、位存储器 M、顺序控制继电器 S、特殊存储器 SM、变量寄存器 V 等都是由存储器组成的。

为了把它们与通常的硬元件区分开，通常把这些元件称为软元件，是等效概念抽象的模拟元件，并非实际的物理元件。

1.8.1 输入/输出继电器（I/Q）

1. 输入继电器（I）

元件编号采用八进制，如 I0.0～I0.7，I1.0～I1.7 等，最多可达到 128 数字量输入点（CPU226 型），是 PLC 接收外部开关信号的窗口，输入继电器的状态必须由外部信号来驱动，不能用程序驱动。

输入继电器的作用是接收并存储（对应某一位输入映像寄存器）外部输入的开关量信号，它和对应的输入端子相连，同时提供无数的动合触点和动断触点，用于编程。

PLC 通过输入端子将外部信号的状态读入并存储在输入映像寄存器中。输入继电器在梯形图中只能出现其触点而不能出现输入继电器的线圈。

2. 输出继电器（Q）

元件标号采用八进制，如 Q0.0～Q0.7，Q1.0～Q1.7 等，最多可达到 128 数字量输出点。但是输入和输出的总点数不超过 256 点，是 PLC 用来传送信号到外部负载的元件。

输入继电器和输出继电器示意如图 1-10 所示。

在梯形图中，每一个输入继电器、输出继电器的动合触点和动断触点都可以多次使用。

扩展单元和扩展模块的输入、输出继电器的元件号是从基本单元开始的，按从左到右、从上到下的顺序，采用八进制编号。

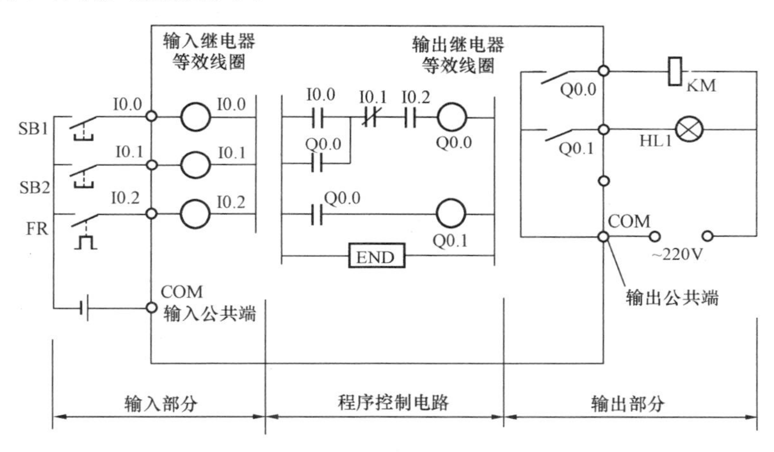

图 1-10　输入、输出继电器示意

1.8.2　位存储器（M）

PLC 内部有很多位存储器，是一种内部状态标志，相当于继电器控制系统中的中间继电器。其动合/动断触点可以无限次地自由使用，但是这些接点不能直接驱动外部负载，外部负载必须由输出继电器的外部硬件接点来驱动，位存储器元件标号采用八进制，如 M0.0～M31.7，共 263 点。

1.8.3　顺序控制继电器（S）

顺序控制继电器是构成状态转移图的重要元件，与步进顺序控制指令配合使用，顺序控制继电器元件标号采用八进制，如 S0.0～S31.7，共 263 点。

顺序控制继电器的动合/动断触点在 PLC 内部可以无限次地使用。

1.8.4　定时器（T）

定时器在 PLC 中的作用相当于一个时间继电器。定时器有通电延时定时器 TON、记忆型通电延时定时器 TONR 和断电延时定时器 TOF 三种形式，共 256 个。

通电延时定时器 TON 或断电延时定时器 TOF 所计的时间必须一次达到设定时间，否则定时器元件映像寄存器不会为“1”，定时器不会动作，相当于时间继电器的使用。

记忆型通电延时定时器 TONR 具有计数累积功能。在定时过程中，如果断电或定时器线圈关闭，积算定时器将保持当前的计数值（当前值），通电或定时器线圈打开后累积，即当前值具有保持功能，只要将积算定时器复位，当前值才变为 0。S7-200 PLC 定时器的类型见表 1-3，S7-200 PLC TON/TOF 定时器梯形图及时序图如图 1-11 所示。

表 1-3 S7-200 PLC 定时器的类型

工作方式	时基（ms）	最大定时范围（s）	定时器号（T0～T255）
TONR	1	32.767	T0，T64
	10	327.67	T1～T4，T65～T68
	100	3276.7	T5～T31，T69～T95
TON/TOF	1	32.767	T32，T96
	10	327.67	T33～T36，T97～T100
	100	3276.7	T37～T63，T101～T255

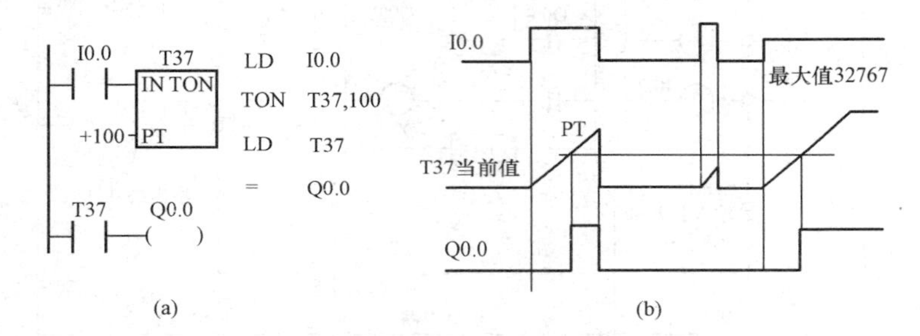

图 1-11 S7-200 PLC TON/TOF 定时器

（a）梯形图；（b）时序图

1.8.5 计数器（C）

计数器由一系列电子电路组成，主要用来记录脉冲的个数。按所记脉冲的来源可将计数器分为内部信号计数器和高速计数器。

内部计数器是用来对 PLC 内部元件（I、Q、M、S、T 和 C）提供的信号进行计数，计数脉冲为 ON 或 OFF 的时间，应大于 PLC 的扫描周期，其响应速度通常小于数十赫兹，内部计数器按位数分为 16 位加计数器、32 位双向计数器，按功能可分为通用型和电池后备/锁存型。

高速计数器均为 32 位加减计数器。但适用高速计数器输入的 PLC 输入端只有 6 个，最多只能用 6 个高速计数器同时工作。

普通计数器的计数脉冲频率受扫描周期及输入滤波器时间常数的限制，不能对高频脉冲信号进行计数。运行原理属于扫描方式，其计数过程占用扫描周期时间，对信号的事件计数发生在程序执行阶段，故其计数脉冲频率受扫描周期的限制。

高速计数器的运行采用中断方式，不受扫描周期的影响，能够及时地响应外界信息，准确记录外界信息事件的次数。S7-200 PLC 计数器的类型见表 1-4。

表 1-4　S7-200 PLC计数器的类型

S7-200 PLC	CPU221	CPU222	CPU224	CPU226
计数器	C0～C255	C0～C255	C0～C255	C0～C255
高速计数器	HC0、HC3、HC4、HC5	HC0、HC3、HC4、HC5	HC0～HC5	HC0～HC5

1.8.6　特殊存储器（SM）

特殊存储器是S7-200 PLC为CPU和用户程序之间传递信息的媒介。它们可以反映CPU在运行中的各种状态信息，用户可以根据这些信息来判断机器的工作状态，从而确定用户程序该做什么，不该做什么。这些特殊信息也需要用存储器来寄存。特殊存储器就是根据这个要求设计的。

1. 特殊存储器

它是S7-200 PLC为保存自身工作状态数据而建立的一个存储区，用SM表示。特殊存储器区的数据有些是可读可写的，有些是只读的。特殊存储器区的数据可以是位，也可是字节、字或双字。

（1）按位方式：从SM0.0～SM179.7，共有1440点。

（2）按字节方式：从SM0～SM179，共有180字节。

（3）按字方式：从SMW0～SMW178，共有90个字。

（4）按双字方式：从SMD0～SMD176，共有45个双字。

2. 常用的特殊继电器及其功能

特殊存储器用于CPU与用户之间交换信息，例如SM0.0一直为“1”状态，SM0.1仅在执行用户程序的第一个扫描周期为“1”状态。SM0.4和SM0.5分别提供周期为1min和1s的时钟脉冲。SM1.0、SM1.1和SM1.2分别是零标志、溢出标志和负数标志。

1.8.7　累加器（AC）

累加器是可以像存储器那样进行读/写的设备。例如，可以用累加器向子程序传递参数，或从子程序返回参数，以及用来存储计算的中间数据。S7-200 CPU提供了4个32位累加器（AC0、AC1、AC2、AC3）。可以按字节、字或双字来存取累加器数据中的数据。但是，以字节的形式为读/写累加器中的数据时，只能读/写累加器32位数据中的最低8位数据。如果是以字的形式读/写累加器中的数据，只能读/写累加器32位数据中的低16位数据。只有采取双字的形式读/写累加器中的数据时，才能一次读写全部32位数据。

1.8.8　常数（K/H）

常数K用来表示十进制常数，16位常数的范围为－32 768～＋32 767，32位常数的范围为－2 147 483 648～＋2 147 483 647。

常数H用来表示十六进制常数，十六进制包括0～9和A～F这16个数字，16位常数的范围为0～FFFF，32位常数的范围为0～FFFFFFFF。

1.9　PLC常见的编程语言

PLC编程语言标准（IEC 61131-3）中有5种编程语言：①顺序功能图SFC（sequential function chart）；②梯形图LADDER（ladder diagram）；③功能块图FBD（function block diagram）；④语句表STL（structured instruction list）；⑤结构文本ST（structured text）。

其中，顺序功能图（SFC）、梯形图（LADDER）、功能块图（FBD）是图形编程语言，语句表（STL）、结构文本（ST）是文字语言，而对于S7-200 PLC只能采用语句表（STL）、梯形图（LADDER）、功能块图（FBD）进行编程。

1.9.1 顺序功能图（SFC）

用来描述开关量控制系统的功能，是一种位于其他编程语言之上的图形语言，用于编制顺序控制程序。顺序功能图提供了一种组织程序的图形方法，根据它可以很容易地画出顺序控制梯形图程序。

1.9.2 梯形图（LADDER）

梯形图是一种以图形符号及其在图中的相互关系来表示控制关系的编程语言，是从继电器电路图演变而来的，是用得最多的PLC图形编程语言，特别适用于开关量逻辑控制。

梯形图通常有左、右两条母线，两条母线之间是内部继电器动合、动断的触点及继电器线圈组成的一条条平行的逻辑行（或称梯级），每个逻辑行必须以触点与左母线连接开始，以线圈与右母线连接结束。

1.9.3 功能块图（FBD）

功能块图是一种类似于数字逻辑门电路的编程语言。该编程语言用类似与门、或门的方框来表示逻辑运算关系，方框的左侧为逻辑运算的输入变量，右侧为输出变量，输入、输出端的小圆圈表示“非”运算，方框被“导线”连接在一起，信号自左向右流动，国内很少有人使用功能块图语言。

1.9.4 语句表（STL）

语句表是一种与微型计算机汇编语言中的指令相似的助记符表达式，由语句组成的程序称为语句表程序。

1.9.5 结构文本（ST）

结构文本（ST）是为IEC 61131-3标准创建的一种专用的高级编程语言。与梯形图相比，其能实现复杂的数学运算，编写的程序非常简洁，结构紧凑。

1.9.6 S7-200 PLC编程软件

PLC是一种工业计算机，不仅要有硬件，而且要有软件。

PLC编程软件有几个版本，STEP7 Micro/WIN32是S7-200 PLC的专用编程软件。现在的趋势是使用以个人计算机为基础的编程软件，轻便的笔记本电脑配上PLC的编程软件，非常适用于在现场调试程序。

项目二　S7-200 PLC的编程软件STEP7 Micro/WIN32的操作

技术要点

掌握利用S7-200 PLC的编程软件STEP7 Micro/WIN32编辑、调试等基本操作。

知识要点

熟悉S7-200 PLC的编程软件STEP7 Micro/WIN32界面，掌握梯形图的基本输入操作。

2.1　STEP7 Micro/WIN32编程软件主界面

STEP7 Micro/WIN32是S7-200 PLC的专用编程软件，其工作平台为Windows，其主界面如图2-1所示。

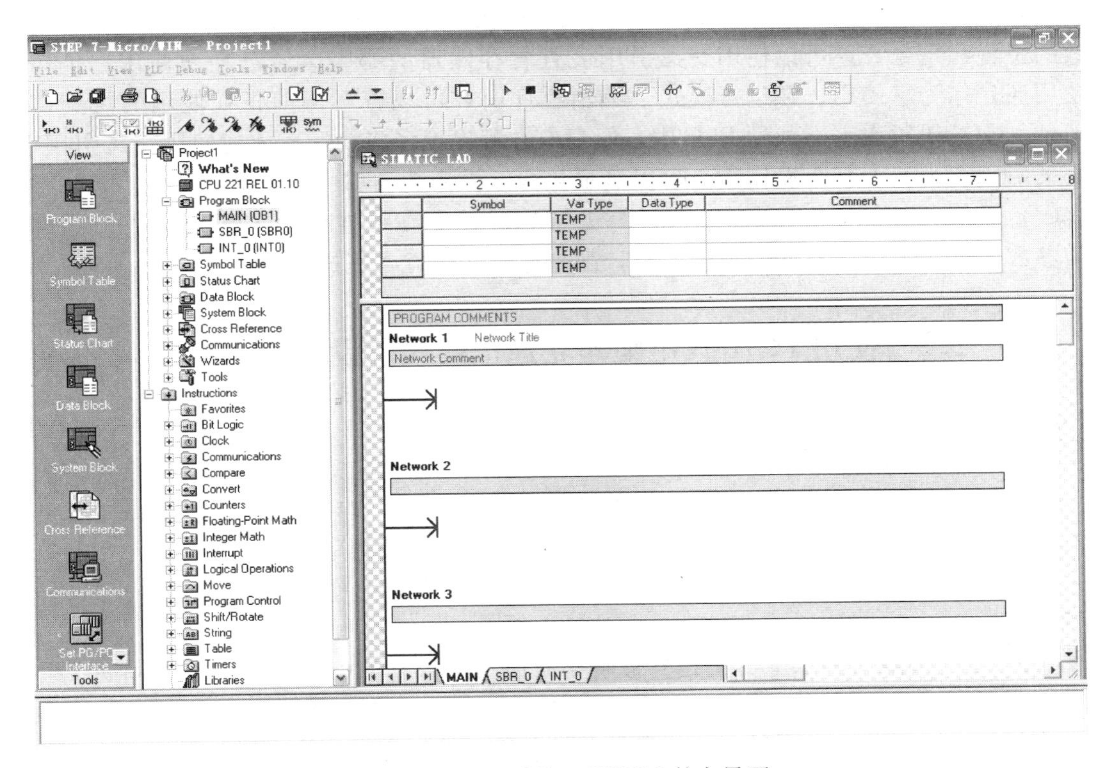

图2-1　STEP7 Micro/WIN32的主界面

2.2 项目（Project）

主界面的标题栏是STEP7 Micro/WIN32-Project1。项目包含的基本组件如下：

（1）程序块（program block）。程序块由可执行的代码和注释组成，可执行的代码由主程序（OB1）、子程序（可选）和中断服务程序（可选）组成。代码被编译并下载到PLC，而程序注释则被忽略。

（2）符号表（symbol table）。为便于记忆和理解，编程人员可通过符号表编写符号地址。程序编译后下载到PLC时，所有的符号地址都被转换成绝对地址。

（3）状态图（status chart）。在程序执行时，可通过状态图监控指定的内部变量的状态。状态图并不下载到PLC中，它只是用于监控用户程序运行情况的工具。

（4）数据块（data block）。数据块由数据（存储器的初始值和常数值）和注释组成，只有数据被编译并下载到PLC中。

（5）系统块（system block）。系统块用于设置系统的组态参数，常用的系统组态包括设置数字量输入滤波和模拟量输入滤波、设置脉冲捕捉、配置数字量输出表、定义存储器保持范围、设置CPU密码、设置通信参数、设置模拟电位器、设置高速计数器、设置高速脉冲输出等。

系统块的信息需要下载到PLC中，如无特殊要求，可采用系统默认的参数值。如果不需要设置CPU密码，可选择“全部特权（1级）”。

（6）交叉引用表（cross reference）。交叉引用表用于索引用户程序中所使用的各个操作数的位置和指令。还可以使用交叉引用表查看存储器的哪些区域已经被使用，是作为位使用还是作为字使用。在运行模式下编辑程序时，可以查看当前正在使用的跳变信号的地址。交叉引用表不下载到PLC中，但只有在程序编译成功后，才能使用交叉引用表。在交叉引用表中双击某个操作数，可以显示包含该操作数的那一部分程序。

（7）通信（communications）。当计算机与PLC建立在线连接后，就可以对PLC进行通信参数设置。上传或下载用户程序时，都是通过通信方式完成的。

2.3 使用PC/PPI电缆建立通信连接及设置通信参数

1. PC/PPI电缆的安装与设置

用计算机作为编程器时，计算机与PLC之间的连接是通过PC/PPI电缆进行通信的。

PC/PPI电缆带有RS232/RS485转换器，将标有“PC”的RS232端连接到计算机的RS232通信接口，将标有“PPI”的RS485端连接到PLC的通信接口。

在PC/PPI电缆上有一个选择DIP开关，用于波特率的设置和通信模式的设置，如图2-2所示。

用PC/PPI电缆上的DIP开关设置波特率时应与编程软件中设置的波特率相同，默认值为9600bit/s，DIP开关的第4位用于选择10位或11位通信模式，第5位用于选择将RS232接口设置为数据终端设备（DTE）模式或数据通信设备（DCE）模式。

在编程软件STEP7 Micro/WIN32中设置通信参数时，可用鼠标单击“通信”图标

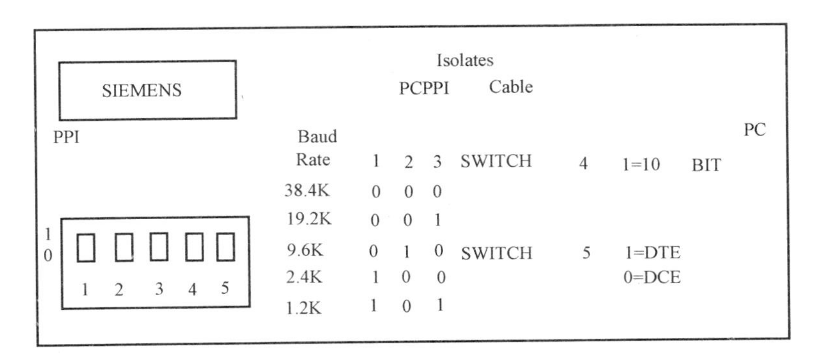

图 2-2　PC/PPI 电缆上的 DIP 开关

，或从菜单栏选择“检视”选项卡，在弹出的下拉菜单中选择“通信”选项，然后在“通信连接”对话框中双击“PC/PPI 电缆”图标，再单击对话框中的“属性”按钮，出现“PC/PPI 电缆属性”对话框，即可设置通信参数。

2. 建立计算机与 PLC 的在线连接

如果在“通信连接”对话框中显示为尚未建立通信连接，则应双击对话框中的“双击刷新”图标，编程软件将检查所有可能与计算机连接的 S7-200 CPU 站，并在对话框中显示已建立起连接的每个站的 CPU 图标、CPU 型号和站地址。

3. 设置和修改通信参数

在“通信连接”对话框中，双击“PC/PPI 电缆”图标，在对话框中单击“属性”按钮，出现“PC/ PPI 电缆属性”对话框后，即可进行通信参数设置。

STEP7 Micro/WIN32 默认设置为多主站 PPI 协议，此协议允许 STEP7 Micro/WIN32 与其他主站（TD200 等）在网络中同为主站。在“属性”对话框中选中“多主站网络”，即可启动多主站 PPI 协议。未选择时为单主站协议。

设置 PPI 参数的步骤如下：

（1）在“PC/PPI 电缆属性”对话框中，单击 PPI 按钮，在站参数区的地址框中，设置站地址。其中，运行编程软件 STEP7 Micro/WIN32 的计算机的默认地址为 0，网络中第一台 PLC 的默认地址为 2。

（2）在超时框中设置通信设备建立联系的最长时间，默认值为 1s。

（3）如果使用多主站 PPI 协议，选中“多主站网络”即可。使用调制解调器时，不支持多主站网络。

（4）设置网络通信的波特率。

（5）根据网络中的设备数据选择最高站地址，这是 STEP7 Micro/WIN32 停止寻找网络中其他主站的地址。

（6）单击“本机连接”按钮，选择连接 PC/PPI 电缆的计算机的通信接口，以及是否使用调制解调器。

（7）单击“确定”按钮，完成通信参数设置。

4. 读取 PLC 的信息

如果想知道 PLC 的型号与版本、工作方式、扫描速度、I/O 模板设置，以及 CPU 和

I/O模板的错误，可选择菜单栏中的PLC，在下拉菜单中选择“信息”后，将显示出PLC的RUN/STOP状态、以ms为单位的扫描速度、CPU的版本、错误情况及各模板的信息。

2.4 程序的编写与下载操作

程序编写与下载的操作步骤如下：

(1) 创建项目。在为控制系统编写应用程序前，首先应当创建一个项目。可用菜单命令“文件—新建”或按工具条中的“新建项目”按钮，创建一个新的项目。使用菜单命令“文件—另存为”，可修改项目的名称和项目文件所在的目录。

(2) 打开一个已有的项目。使用菜单命令“文件—打开”，可打开一个已有的项目。如果最近在某个项目上工作过，它将在文件菜单的下部列出，可直接选择。项目存放在*.mwp的文件中。

(3) 设置与读取PLC的型号。在给PLC编程前，为防止创建程序时发生编程错误，应正确地设置PLC的型号。使用菜单命令“PLC—类型”，在出现的对话框中选择PLC的型号。在建立了通信连接后，单击对话框中的“读PLC”按钮，可读取PLC的型号与硬件版本。

(4) 选择编程语言和指令集。使用菜单命令“工具—选项”，在弹出的选项对话框中单击“通用”按钮，可选择SIMATIC指令集或IEC 1131指令集，还可以选择程序编辑器(LAD、FBD及STL)的类型。

(5) 确定程序结构。数字量控制程序一般只有系统较大、功能复杂的主程序，还可能有子程序、中断程序和数据块。

1) 主程序(在S7-200中为OB1)在每个扫描周期被顺序执行一次。

2) 子程序的指令存放在独立的程序块中，仅在被别的程序调用时才执行。

3) 中断程序也被存放在独立的程序块中，用于处理预先规定的中断事件。中断程序不由主程序调用，而是在中断事件发生时由操作系统调用。

(6) 编写符号表。为了便于记忆和理解，可采用符号地址编程，通过编写符号表，可以用符号地址代替编程元件的地址。

(7) 编写数据块。数据块用于对变量寄存器(V)进行初始数据赋值，数字量控制程序一般不需要数据块。

(8) 编写用户程序。用选择的程序编辑器(编程语言)编写用户程序。

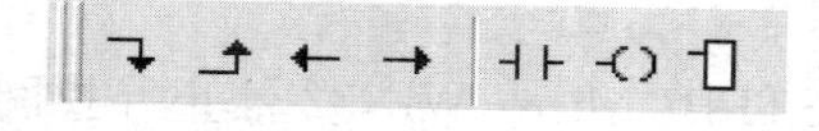

图2-3 “指令触点”图标

使用梯形图语言编程时，单击工具栏中的“指令触点”图标，如图2-3所示，可在矩形光标的位置上放置一个触点，在与新触点同时出现的窗口中可选择触点的类型。单击触点上面或下面的“红色问号”┤??├，可设置该触点的地址或其他参数。用相同的方法可在梯形图中放置线圈和功能框。单击工具条中带箭头的线段，可在矩形光标处连接触点间的连线；双击梯形图中的网络编号，在弹出的窗口中可输入网络的标题和注释。

(9) 编译程序。用户程序编写完成后，要进行程序编译。使用菜单命令“PLC—编译”或“PLC—全部编译”，或单击工具条中的“编译”按钮或“全部编译”按钮，进行程序编译。

编译后在屏幕下部的输出窗口显示语法错误的数量、各条语法错误的原因和产生错误的位置。双击输出窗口中的某一条错误，程序编辑器中的光标会自动移到程序中产生错误的位置。必须改正程序中的所有错误，且待编译成功后，才可能将程序下载到PLC中。

（10）程序的下载、上传及清除。当计算机与PLC建立起通信连接，且用户程序编译成功后，可以进行程序的下载操作。

下载操作需在PLC的运行模式选择开关处于STOP的位置时才能进行。如果运行模式选择开关不在STOP位置，可将CPU上的运行模式选择开关拨到STOP位置，或者单击工具条中的“停止”按钮，或者选择菜单命令“PLC—停止”，也可以使PLC进入STOP工作模式。

单击工具栏中的“下载”按钮，或者选择菜单命令“文件—下载”，将会出现“下载”对话框。在对话框中可以分别选择是否下载程序块、数据块和系统块。单击“确定”按钮，开始将计算机中的信息下载到PLC中。下载成功后，确认框显示“下载成功”。

如果在编程软件中设置的PLC型号与实际型号不符，将出现警告信息，应在修改PLC的型号后再进行下载操作。

也可以将PLC中的程序块、数据块、系统块上传到运行编程软件的计算机中。上传前应在STEP7 Micro/WIN32中建立或打开一个项目，最好新建一个空的项目，用于保存从PLC中上传的块。单击工具栏的“上传”按钮，或者选择菜单命令“文件—上传”，在“上传”对话框中选择需要上传的块后，单击“确定”按钮。

2.5　用编程软件监视与调试程序

1. 用状态表监视与调试程序

（1）打开和编辑状态表。在程序运行时，可以用状态表来读、写、强制和监视PLC的内部编程元件。单击指令树中的“状态表”图标，或者用菜单命令“检视—状态表”均可打开已有的状态表，并可以进行编辑。如果一个项目中有多个状态表，可以用状态表底部的“标签”按钮进行切换。

在启动状态表前，可在状态表中输入监视的编程元件的地址和数据类型，定时器和计数器可按位或者按字进行监视。如果按位监视，显示的是它们输出位的I/O状态；如果按字监视，则显示的是它们的当前值。

用菜单命令“编辑—插入”，或者用鼠标右键单击状态表中的单元，可以在状态表当前光标位置的上部插入新的行。也可以将光标置于最后一行中的任意单元后，单击向下的箭头键，将新的行插在状态表的底部。在附表中选择编程元件，并将其复制到状态表中，可以加快创建状态表的速度。

（2）创建新的状态表。可以将要监视的编程元件进行分组监视，分别创建几个状态表，用鼠标右键单击指令树中的“状态表”图标，在弹出的窗口中选择“插入状态表”

选项可创建新的状态表。

(3) 启动和关闭状态表。当计算机与PLC的通信连接成功后，用菜单命令“调试—状态表”打开状态表，或者用鼠标单击调试工具栏上的“状态表”图标来启动状态表。再操作一次就可以关闭状态表。

启动状态表以后，编程软件从PLC中收集状态信息，并对表中的数据更新；还可以根据需要强制修改状态表的数据。

(4) 单次读取状态信息。状态表关闭时，用菜单命令“调试—单次读取”，可以从PLC中读取当前的数据，并在状态表中显示当前数值，但在执行用户程序时对状态表中的数值不进行更新。

2. 用状态表强制改变数值

当PLC工作在RUN模式下，可对程序中的某些变量进行强制性的赋位操作。S7-200 CPU允许强制性地给所有的I/O点赋值，此外还可以改变最多16个内部寄存器（如V、M）的数据或者模拟量I/O（AI或AQ）的数据。对V或M可按字节、字、双字来改变。对模拟量只能从偶数字节开始，以字为单位来改变模拟量。强制的数据可以永久地存储在CPU的EEPROM中。

在读取输入（输入采样）阶段，强制值被当作输入读取；在程序执行阶段，强制数据用于由立即读和立即写指令指定的I/O点；在通信处理阶段，强制值用于通信的读、写请求；在修改输出（输出刷新）阶段，强制数据被当作输出写入输出电路；当进入STOP状态时，输出将为强制值，而不是系统中的设置值。

通过强制V、M、T或C，强制功能可用来模拟立即条件；通过强制I/O点，强制功能可用来模拟物理条件。注意：强制操作可能导致系统出现无法预料的情况，甚至引起人员伤亡或设备损坏。

显示状态表后，可以用“调试”菜单命令中的选项或者用鼠标单击调试工具栏中的相关按钮（调试工具栏中的操作按钮见图2-4）来执行相应的操作，例如，强制、取消强制、取消全部强制、读取全部强制、单次读取和全部写入等。

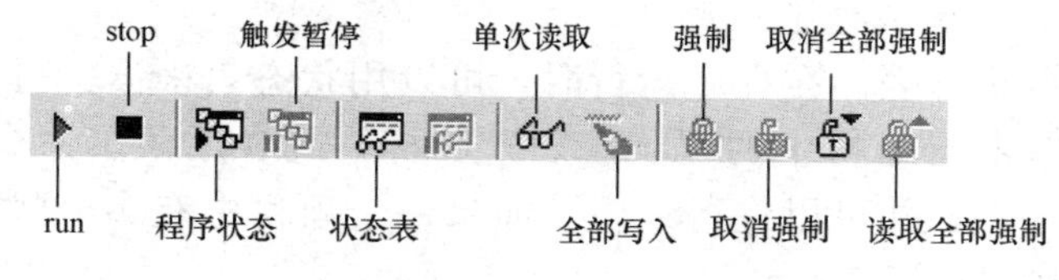

图2-4　调试工具栏中的操作按钮

用鼠标右键单击操作数，从弹出的窗口中可选择对该操作数强制或取消强制。

(1) 全部写入。当完成了对状态表中的变量改动后，可用全部写入功能将所有的改动传送到PLC中，但物理输入点不能用此功能改动。

(2) 强制操作。在状态表的地址列中选中一个操作数，在“新数值列”中写入希望的数据，然后按工具栏中的“强制”按钮。一旦使用了强制功能，则每次扫描都会将修改的数值用于该操作数，直到取消对它的强制。在被强制的数值旁将显示强制锁定图标。

(3) 对单个操作数取消强制操作。选择一个被强制的操作数，然后取消强制操作，锁定图标将会消失。

（4）读取全部强制。执行读取全部强制功能时，状态表中被强制地址的当前值位置将在曾经被显式强制（explicitly）、隐式强制（implicitly）或部分强制的地址处显示一个图标。

锁定图标表示该地址被显式强制，对它取消强制之前，不能改变此地址的值。

灰色的锁定图标表示该地址被隐式强制。例如，如果 VW0 被显式强制，则 VB0 和 VB1 被隐式强制，因为它们包含在 VW0 中。被隐式强制的数值本身不能取消强制，在改变 VB0 的强制之前，必须取消对 VW0 的强制。

半块锁定图标表示该地址的一部分被强制。例如，如果 VW0 被显式强制，因为 VW0 的第二字节是 VW1 的第一个字节，所以 VW1 的一部分也被强制。不能对部分强制的数值本身取消强制。在改变该地址的数值之前，必须取消使它被部分强制地址的强制。

3. 梯形图程序的状态监视

PLC 处于 RUN 方式并建立起通信连接后，选择菜单命令“调试—程序状态”，或者单击工具栏中的“程序状态”按钮，在梯形图中可显示出各个编程元件的状态。如果位操作数为 1（ON），触点、线圈将出现彩色块，并允许以最快的通信速度显示、更新触点和线圈的状态。可用菜单命令“工具—选项”打开窗口，然后在窗口中选择“LADDER 编辑”标签，设置功能框的大小和显示方式。

被强制的数值用与状态表中相同的符号来表示。例如，锁定图标表示该数值已被显式强制，灰色的锁定图标表示该数值已被隐式强制，半块锁定图标表示该数值被部分强制。

可以在程序状态中启动强制与取消强制操作，但不能使用状态表中提供的其他功能。

2.6　调试程序的其他方法

（1）单次扫描。从 STOP 方式进入 RUN 方式，首次扫描位（SM0.1）在第一次扫描时为 1 状态。由于执行速度太快，在程序运行状态中很难观察到首次扫描后的状态。

选择菜单命令“调试—单次扫描”，PLC 从 STOP 方式进入。执行一次扫描后，回到 STOP 方式，可以观察到首次扫描后的状态。

（2）多次扫描。可以指定执行有限次的程序扫描次数（1～65 535 次）。通过选择扫描次数，当过程变量变化时，可以监视用户程序的执行。当 PLC 处于 STOP 方式时，用菜单命令“调试—多次扫描”来设置扫描执行的次数。

（3）触发暂停功能的使用。用触发暂停功能可以在执行某一子程序或中断程序时，保持程序状态信息以供检查，并显示出要监控的那部分程序。启动“程序状态”功能，如果显示的是灰色（未激活）的状态信息，可以用触发暂停功能捕捉下一次该段程序被执行后的状态信息。

单击触发暂停图标或用鼠标右键单击处于程序状态的程序区，在弹出的菜单中选择“触发暂停”。获得新的信息后，它将保持在屏幕上，直至触发暂停功能被关闭。再次选择触发暂停功能可取消该功能。

项目三　S7-200 PLC 基本逻辑指令

技术要点

熟悉梯形图的编程规则，掌握基本逻辑指令的应用，具有 S7-200 PLC 梯形图调试和系统调试的方法和能力，具有 S7-200 PLC 系统故障检查及维修的能力。

知识要点

掌握 S7-200 PLC 编程规则，掌握 S7-200 PLC 常用编程软元件分类及其范围表示，掌握 S7-200 PLC 的基本指令（LD、LDN、=、O、ON、A、AN、OLD、ALD）的用法及注意事项，掌握 S7-200 PLC 基本指令的应用及注意事项。

3.1　梯形图的基本编程规则

（1）Network * * *。Network 为网络段，后面的 * * * 是网络段序号。为了使程序易读，可以在 Network 后面输入程序标题或注释，但不参与程序执行。

（2）能流/使能。梯形图基于继电控制系统的电气图，在梯形图中有一个提供能量的左母线。在梯形图中有两种基本类型的输入输出，一种是能量流，另一种是数据，在此使用能流的概念。对于功能性指令，EN 为能流输入，为布尔类型。如果与之相连的逻辑运算结果为 1，则能量可以流过该指令盒，执行这条指令。ENO 为能流输出，如果 EN 为 1，而且正确执行了本条指令，则 ENO 输出能把能流传到下一个单元；否则，指令执行错误，能流在此终止。

功能性质的指令盒，都有 EN 输入和 ENO 输出。线圈或线圈性质的指令盒，没有 EN，但有一个与 EN 性质和功能相同的输入端；输出端没有 ENO，但应理解为有能流通过。在语句表中，可用语句表指令 AENO 访问，即能产生与 ENO 输出相同的结果。

（3）编程顺序。梯形图按照从上到下、从左到右的顺序编制，每个逻辑行开始于左母线。一般来说，触点要放在左侧，线圈和指令盒放在右侧，且线圈和指令盒的右边不能再有触点，整个梯形图形成阶梯形结构。

（4）编号分配。对外接电路各元件分配编号，编号的分配必须是主机或扩展模块本身实际提供的，而且是用来进行编程的。无论是输入设备还是输出设备，每个元件都必须分配不同的输入点和输出点。两个设备不能共用一个输入点和输出点。

（5）内、外触点的配合。在梯形图中应正确选择设备所连接的输入继电器的触点类型。输入触点用以表示用户输入设备的输入信号，用动合触点还是动断触点，与以下因素有关：一是输入设备所用的触点类型；二是控制电路要求的触点类型。

可编程序控制器无法识别输入设备用的是动合触点还是动断触点，只能识别输入电路是接通还是断开。

内、外触点的配合关系可理解如下：控制电路所需要的触点类型即为输入设备的触点类型（外部触点）与所用输入继电器触点类型（内部触点）的异或结果。当输入电路接通时，它所对应的输入继电器得电，发生动作，其动合触点接通，动断触点断开；当输入电路断开时，输入继电器断电复位，其动合触点恢复断开，动断触点恢复闭合。由此可见，用可编程序控制器实现电动机的起停控制时，起动按钮和停止按钮既可用动合触点，也可用动断触点。当起动按钮用动合触点时，在梯形图中输入触点应用动合触点；反之，当起动按钮用动断触点时，在梯形图中输入触点应用动断触点。并且当停止按钮用动合触点时，在梯形图中输入触点应用动断触点；当停止按钮用动断触点时，在梯形图中输入触点应用动合触点。

（6）触点的使用次数。因为可编程序控制器的工作是以扫描方式进行的，而且在同一时刻只能扫描梯形图中的一个编程元件的状态。所以，在梯形图中，同一编程元件，如输入/输出继电器、通用辅助继电器、定时器和计数器等元件的动合、动断触点可以任意多次重复使用，不受限制。而在继电器接触控制系统中，设备触点数量不够时要么用复杂的程序结构来减少该触点的使用次数，要么另外增加中间继电器以增加触点，但这样做的工作难度较大。因此，程序员用 PLC 的梯形图时，这一点对编程非常方便。

（7）线圈的使用次数。在绘制梯形图时，不同的多个继电器线圈可以并联输出；但同一个继电器的线圈不能重复使用，只能使用一次。

3.2　基本位操作指令

位操作指令是 PLC 常用的基本指令，梯形图指令有触点和线圈两大类，触点又分为动合和动断两种形式。语句表指令有与、或及输出等逻辑关系，位操作指令能够实现基本的位逻辑运算和控制。

1. LD、LDN 和＝指令

LD（load）：动合触点与起始母线连接指令。每一个以动合触点开始的逻辑行（或电路块）均使用这一指令。梯形图符号为 ┤ bit ├。

LDN（load not）：动断触点与起始母线连接指令。每一个以动断触点开始的逻辑行（或电路块）均使用这一指令。梯形图符号为 ┤ bit / ├。

＝（out）：线圈驱动指令。用于驱动各类继电器的线圈。梯形图符号为 ─(bit)。

LD、LDN 和＝指令的使用方法如图 3-1 所示。

说明：

（1）LD 和 LDN 指令用于与起始母线相接的触点，也可以与 OLD、ALD 指令配合，用于分支电路的起点。

（2）＝指令是驱动线圈的指令，用于驱动各类继电器的线圈，但在梯形图中不应出

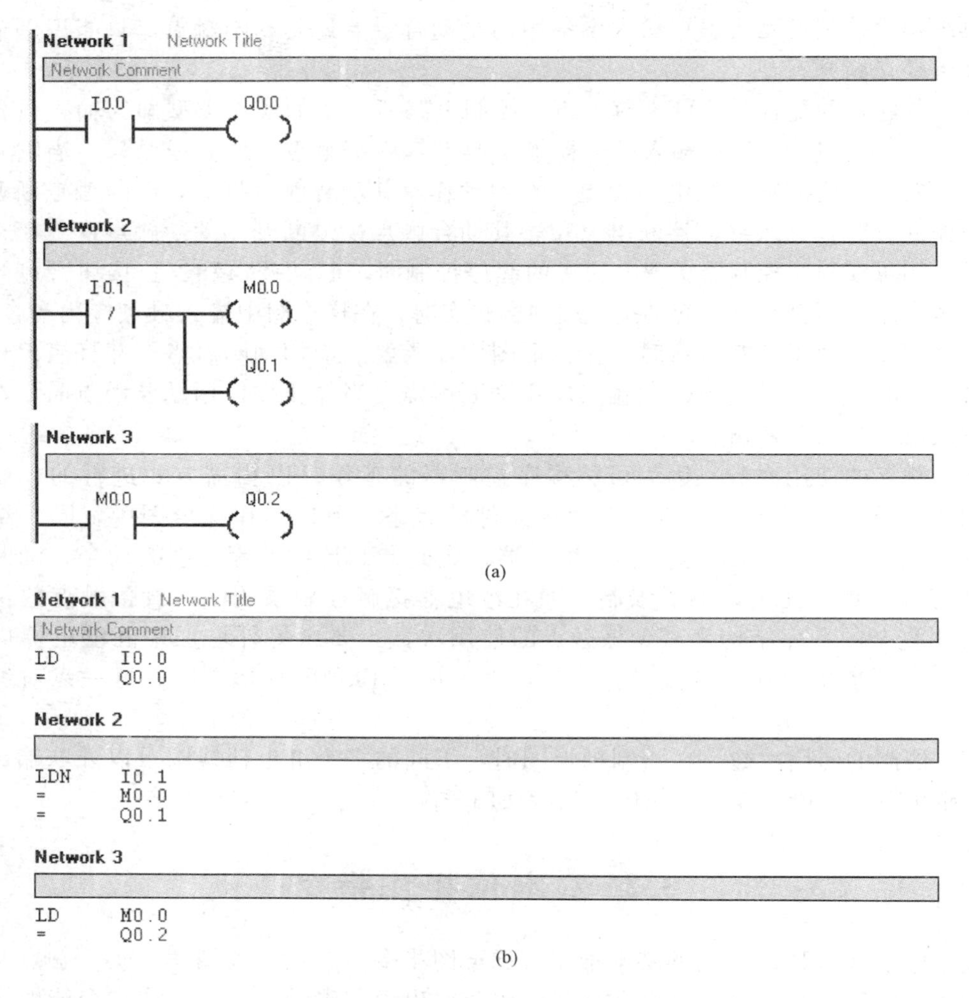

图 3-1 LD、LDN、=指令的应用

(a) 梯形图；(b) 语句表

现输入继电器的线圈。

(3) 并行的=指令可以使用任意次，但不能串联使用。

2. A 和 AN 指令

A (and)：用于单个动合触点与前面的触点（或电路块）串联连接的指令。

AN (and not)：用于单个动断触点与前面的触点（或电路块）串联连接的指令。

A、AN 指令的使用方法如图 3-2 所示。

说明：A 和 AN 指令用于单个触点与前面的触点（或电路块）串联（此时不能用 LD、LDN 和=指令），串联触点的次数不限，该指令可多次重复使用。

3. O 和 ON 指令

O (or)：用于单个触点与上面的触点（或电路块）并联连接的指令。

ON (or not)：用于单个动断触点与上面的触点（或电路块）并联连接的指令。

O 和 ON 指令的使用方法如图 3-3 所示。

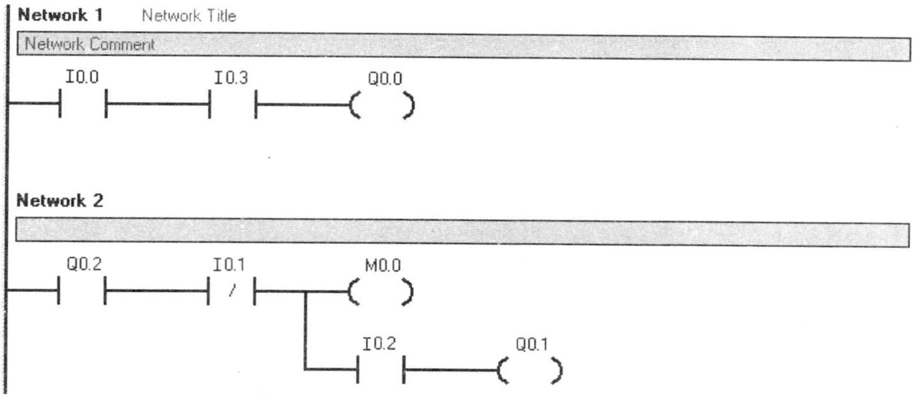

Network 1　Network Title

Network Comment

I0.0　I0.3　Q0.0

Network 2

Q0.2　I0.1　M0.0

I0.2　Q0.1

(a)

Network 1　Network Title

Network Comment

```
LD      I0.0
A       I0.3
=       Q0.0
```

Network 2

```
LD      Q0.2
AN      I0.1
=       M0.0
A       I0.2
=       Q0.1
```

(b)

图 3-2　A、AN 指令的应用

（a）梯形图；（b）语句表

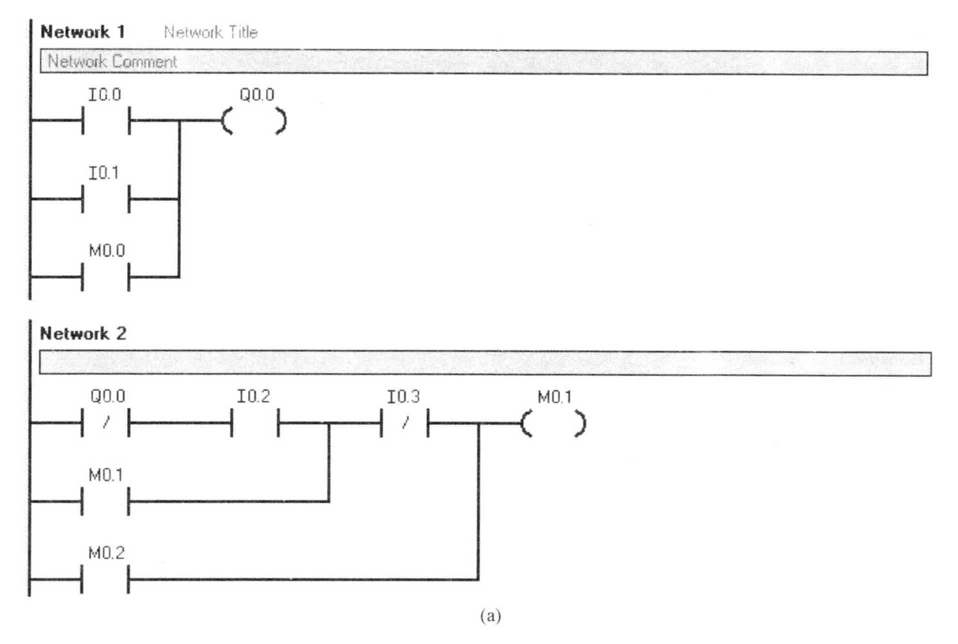

(a)

图 3-3　O、ON 指令的应用（一）

（a）梯形图

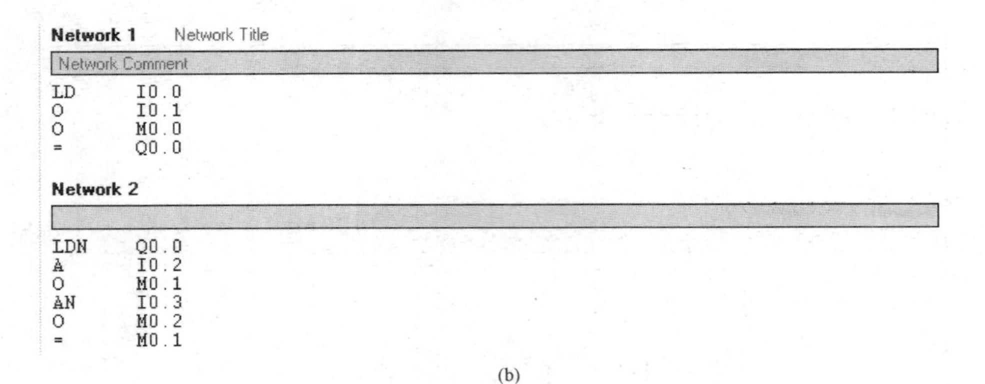

Network 1　Network Title

Network Comment

```
LD      I0.0
O       I0.1
O       M0.0
=       Q0.0
```

Network 2

```
LDN     Q0.0
A       I0.2
O       M0.1
AN      I0.3
O       M0.2
=       M0.1
```

(b)

图 3-3　O、ON 指令的应用（二）

(b) 语句表

说明：

（1）O、ON 是用于将单个触点与上面的触点（或电路块）并联连接的指令。

（2）O 和 ON 指令引起的并联是从 O 和 ON 一直并联到前面最近的母线上，且并联的数量不受限制。

3.3　块操作指令

1. OLD（or load）指令

两个或两个以上触点串联的电路称为串联电路块，如图 3-4 所示，在并联连接这种串联电路块时用 OLD 指令。

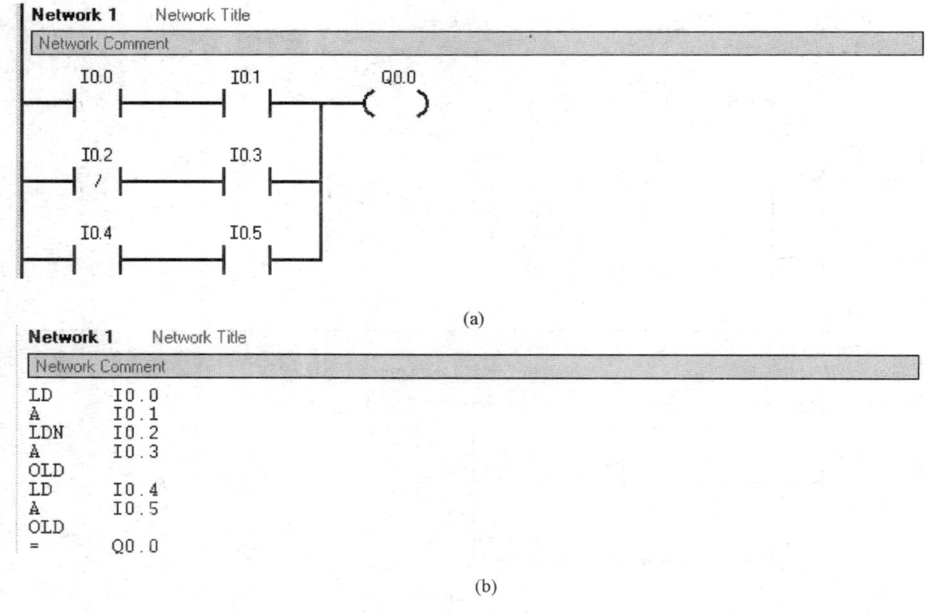

(a)

Network 1　Network Title

Network Comment

```
LD      I0.0
A       I0.1
LDN     I0.2
A       I0.3
OLD
LD      I0.4
A       I0.5
OLD
=       Q0.0
```

(b)

图 3-4　OLD 指令的应用

(a) 梯形图；(b) 语句表

说明：

（1）并联连接“串联电路块”时，在支路起点用LD或LDN指令，在支路终点用OLD指令。

（2）用上述方法，如果将多个“串联电路块”并联连接时，则并联连接的电路块的个数不受限制。

（3）OLD指令是一条独立的指令，无操作数。

2. ALD（and load）指令

两个或两个以上触点并联的电路称为并联电路块，如图3-5所示，将并联电路块与前面电路串联连接时用ALD指令。

说明：

（1）将“并联电路块”与前面电路串联连接时，“并联电路块”始端用LD或LDN指令（使用LD或LDN指令后生成一条新母线），完成并联电路组块后使用ALD指令将“并联电路块”与前面电路串联连接（使用ALD指令后新母线自动终结）。

（2）用上述方法，如果多个“并联电路块”顺次以ALD指令与前面电路连接，ALD的使用次数可以不受限制。

（3）ALD指令是一条独立的指令，无操作数。

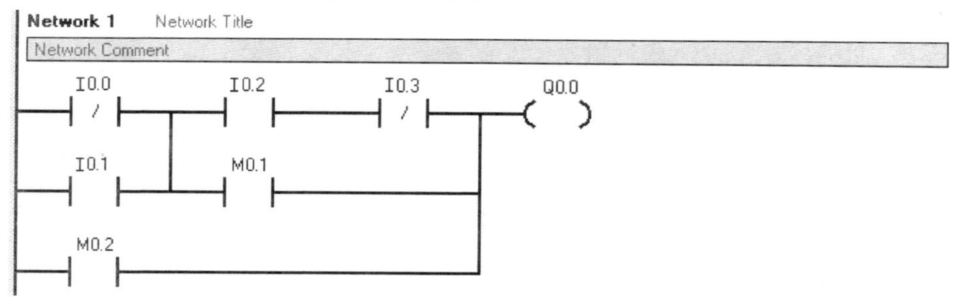

(a)

Network 1　Network Title

Network Comment

```
LDN     I0.0
O       I0.1
LD      I0.2
AN      I0.3
O       M0.1
ALD
O       M0.2
=       Q0.0
```

(b)

图3-5　ALD指令应用

（a）梯形图；（b）语句表

项目四 三相异步电动机的起动、保持、停止 PLC 控制

技术要点

能根据系统的控制任务分析确定系统的控制要求；能确定 PLC 的输入设备、输出设备和相应的输入/输出点数；能设计、安装 PLC 的 I/O 接点电路和主电路；能够按照常用电气控制电路的思路设计 PLC 控制程序；具有 PLC 控制程序调试和系统调试的方法和能力；具有 PLC 系统故障检查及维修的能力；具有将常用电气控制电路设计的方法移植到 PLC 控制程序设计上的能力。

知识要点

掌握 PLC 编程规则；掌握 PLC 常用编程软元件分类及其范围表示；进一步掌握 PLC 的基本指令（LD、LDN、O、ON、A、AN、=）的用法及注意事项；掌握转换法编程的基本知识。掌握三相异步电动机起动、保持、停止控制的工作原理；掌握 PLC 基本指令的应用及注意事项。

知识准备

一、三相异步电动机的起动、保持、停止继电接触式控制电路原理分析

如图 4-1 所示，合上隔离开关 QS 后，按下“起动”按钮 SB2，接触器 KM 的线圈获电吸合，KM 的三个主触点闭合。三相异步电动机获电起动，同时又使与 SB2 并联的一个动合触点闭合，这个触点称为自锁触点。松开 SB2，控制电路通过 KM 自锁触点使线圈仍保持获电吸合。如需三相异步电动机停转，只需按一下“停止”按钮 SB1，接触器 KM 的线圈断电释放，KM 的三个主触点断开，三相异步电动机断电停转。同时，KM 的自锁触点也断开，所以松开 SB1，接触器 KM 的线圈不再获电，需重新起动。

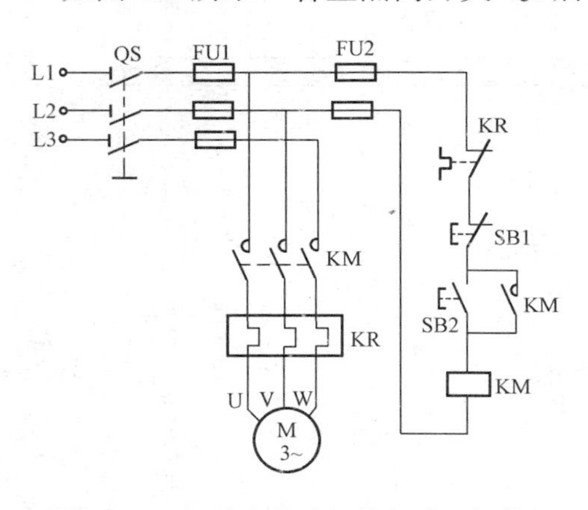

图 4-1 三相异步电动机的起动、保持、停止继电器控制电路

二、转换开关

转换开关又名组合开关，是由分别装在数层绝缘体内的动、静触点组合而成，主要作为工频交流电压为 500V 电路中的电源引入开关使用，控制小型笼型电动机的起动、停止、正/反转、变速。转换开关的外形如图 4-2 所示，电气符号如图 4-3 所示。

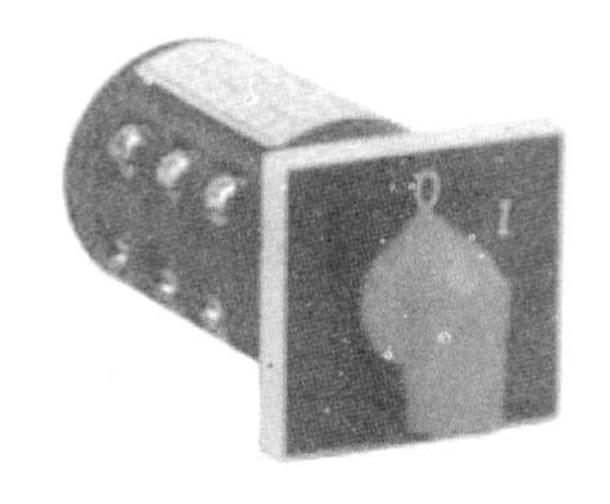

图 4-2　转换开关的外形

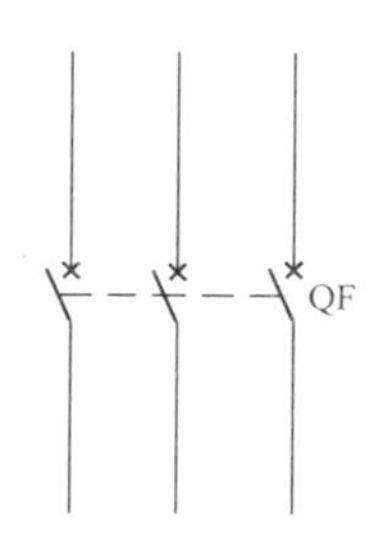

图 4-3　转换开关的电气符号

应根据电源种类、电压等级、极数及负载的容量来选择转换开关。用于直接控制电动机的开关，其额定电流应不小于电动机额定电流的 1.5～2.5 倍。转换开关的额定电压及电流见表 4-1。

表 4-1　转换开关的额定电压及电流

型　号	极数	额定电流(A)	额定电压(V)	可控制电动机容量(kW)
HZ10-10	2、3	6、10	DC 220 AC 380	3
HZ10-25	2、3	25		5.5
HZ10-60	2、3	60		—
HZ10-100	2、3	100		—

三、按钮

按钮又称为控制按钮，是一种结构简单、使用广泛的输入电器。按钮在控制电路中发出手动指令远距离控制其他电器，再由其他电器去控制电路或传递各种信号；也可以直接用在转换信号电路和电器连锁电路中。

当按下按钮时，按钮内部结构保证了先断开动断触点，然后才接通动合触点；按钮释放后，在复位弹簧作用下使触点复位。因此，按钮常用来实现电器的点动。按钮接线没有进线和出线之分，直接将所需的触点连入电路即可。在没有按动按钮时，接在动合触点接线柱上的线路是断开的，动断触点接线柱上的线路是接通的；当按下按钮时，触点上的状态改变，同时也使与之相连的电路状态发生改变。

按钮一般由钮帽、复位弹簧、触点和外壳等部分组成，部分按钮实物外形如图 4-4 所

图 4-4　部分按钮的外形

示，按钮结构示意图与电气符号如图4-5所示。每个按钮中触点的形式和数量可根据需要，装配成1对动合、1对动断或6对动合、6对动断的形式。按钮可做成单式（一个按钮）、复式（两个按钮）和三联式（三个按钮）的形式。为便于识别各个按钮的作用，避免误操作，通常在按钮帽上做出不同标志或涂以不同颜色。其颜色有红、绿、黄、蓝、白等，如红色表示停止按钮，绿色表示起动按钮等。常用的国产产品有LAY3、LAY6、LAY20、LAY25、LAY38、LAY101、NP1等系列。

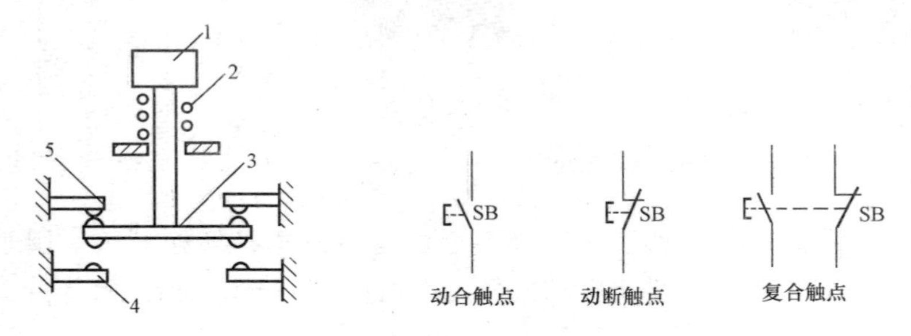

图4-5 按钮结构示意与电气符号

1—按钮；2—复位弹簧；3—动触点；4—动合静触点；5—动断静触点

按钮的选用，可根据所需要的触点数、使用场合及颜色标注来选择。通常按钮的交流额定电压为500V，触点允许持续电流为5A。常用按钮的技术数据见表4-2。

表4-2 常用按钮技术数据

型号	额定电流（A）	额定电压（V）	结构形式	触点对数		按钮数
				动合	动断	
LA10-2K	5	500	开启式	2	2	2
LA10-2H			保护式	2	2	2
LA10-3K			开启式	3	3	3
LA10-3H			保护式	3	3	3
LA10-3S			防水式	3	3	3
LA10-2F			防腐式	2	2	2

四、熔断器

熔断器是一种使用方便、价格低廉的保护电器。当电路发生短路和严重过载时，它的熔体迅速熔断，从而切断电路，使导线和电气设备不致损坏，故熔断器主要用于短路保护。其中，RL系列的螺旋式熔断器多用于电动机控制电路中。

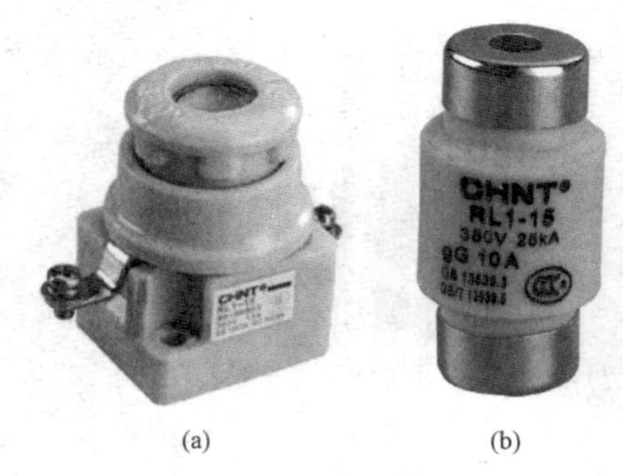

(a) (b)

图4-6 熔断器的外形

（a）RL1系列螺旋式熔断器；（b）熔体

熔断器一般由熔体（俗称保险丝）、熔管、熔座三部分组成。熔断器的外形如图4-6所示，熔断器型号的含义和电气符号如图4-7所示。

选择熔断器时，不仅要满足线路要求和安装条件，而且必须满足熔断器的额定电压不小于线路的工作电

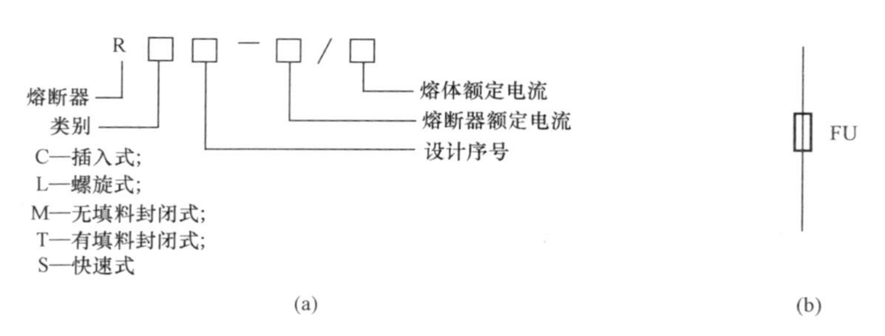

图 4-7　熔断器型号的含义和电气符号
(a) 型号的含义；(b) 电气符号

压和熔断器的额定电流不小于所装熔体的额定电流。

熔体额定电流的选择标准如下：

(1) 若照明线路等没有冲击电流的负载，则熔体额定电流大于等于被保护设备的额定电流。

(2) 一台电动机的熔体为

熔体额定电流≥电动机的起动电流/(1.5～2.5)

如果电动机起动频繁，则

熔体额定电流≥电动机的起动电流/(1.6～2)

(3) 多台电动机合用的总熔体为

熔体额定电流＝(1.5～2.5)(容量最大的电动机额定电流)＋其余电动机额定电流之和

常用螺旋式熔断器规格见表 4-3。

表 4-3　常用螺旋式熔断器规格

型号	额定电流 (A)	额定电压 (V)	熔体额定电流 (A)
RL1-15	15	500	2、4、5、6、10、15
RL1-60	60		20、25、30、35、40、50、60
RL1-100	100		60、80、100
RL1-200	200		100、125、150、200

五、接触器

接触器是一种用来接通或分断带有负载的交流、直流主电路或大容量控制电路的自动化电器，主要控制电动机、变压器等电力负荷，也称继电器。接触器可以实现远距离接通或分断电路，操作频繁，工作可靠，还具有零压保护、欠压释放保护等作用。

接触器按其流过触点工作电流的种类不同，可分为交流接触器 CJ 型和直流接触器 CZ 型两类。

交流接触器主要由电磁机构、触点系统、灭弧装置等部分组成。当电磁线圈通电后，产生磁场，使静铁芯产生足够的吸力以克服反作用弹簧与动触点压力弹簧片的反作用力，将衔铁吸合，同时带动传动杠杆，使动触点和静触点的状态发生改变，其中三对动合主触点闭合，动断辅助触点首先断开，接着，动合辅助触点闭合。当电磁线圈断电后，由于铁芯电磁吸力消失，衔铁在反作用弹簧作用下释放，各触点也随之恢复到原始状态。

部分交流接触器的实物外形如图 4-8 所示。交流接触器结构示意如图 4-9 所示。交流接触器的电气符号如图 4-10 所示。

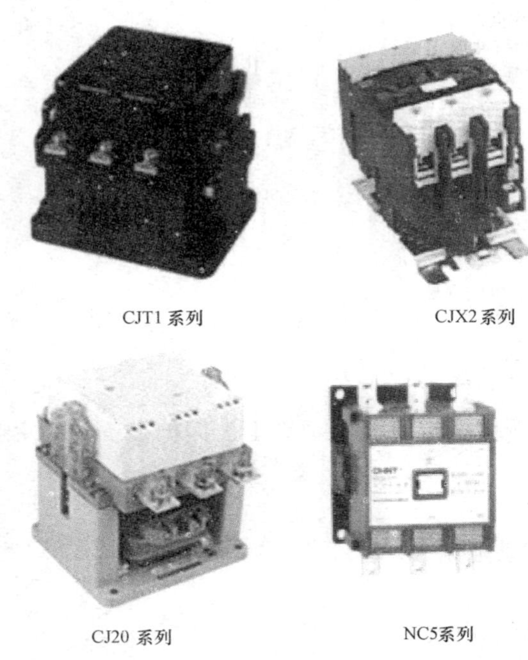

图 4-8　部分交流接触器的实物外形

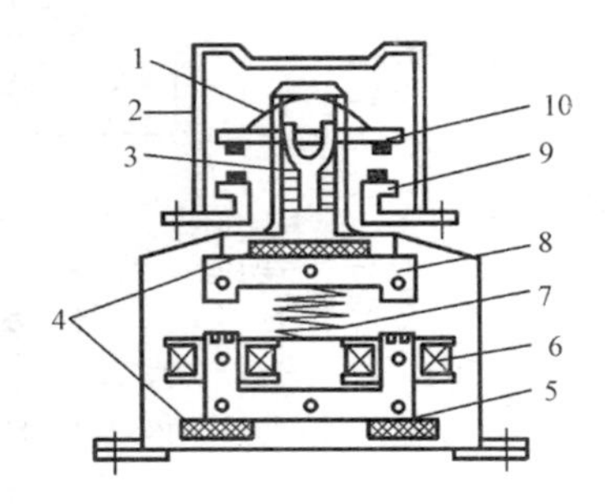

图 4-9　交流接触器结构示意

1—触点压力簧片；2—灭弧罩；3—触点弹簧；4—垫毡；5—铁芯；6—电磁线圈；7—缓冲弹簧；8—衔铁；9—静触点；10—动触点

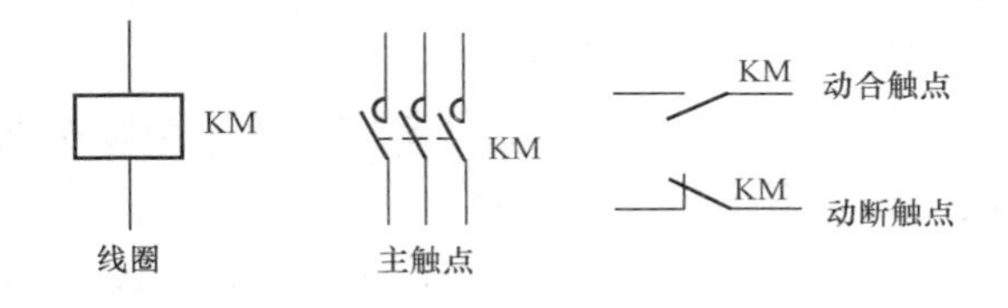

图 4-10　交流接触器的电气符号

接触器的选择标准如下：

(1) 控制交流负载应选择交流接触器，控制直流负载应选择直流接触器。

(2) 主触头的额定工作电压应大于或等于负载电路的电压。

(3) 主触头的额定工作电流应大于或等于负载电路的电流。如果使用在频繁起动、制动和反转的场合，应选用大一等级的交流接触器。

(4) 接触器吸引线圈的电压的选择，从安全角度考虑，可选得低一些。当控制电路中的受电线圈超过 5 个且采用变压器供电时，可采用 110V 电压；但当控制电路简单时，为节省变压器，可选用 380V 电压。

(5) 接触器触点的数量、种类应满足控制线路的要求。

CJ10 系列交流接触器的技术数据见表 4-4。

表 4-4　　CJ10 系列交流接触器的技术数据

型号	触点额定电压 (V)	主触点额定电流 (A)	辅助触点额定电流 (A)	可控电动机功率 (kW)		吸引线圈电压 (V)	额定操作频率 (次/h)
				220V	380V		
CJ10-10		10		2.2	4		
CJ10-20		20		5.5	10		
CJ10-40	500	40	5	11	20	AC 36、110、127、220、DC 380 110、220	600
CJ10-60		60		17	30		
CJ10-100		100		29	50		

六、热继电器

热继电器是利用电流热效应原理工作的电器，主要用于三相异步电动机的过载、缺相及三相电流不平衡的保护。

热继电器主要由热元件、双金属片和触点组成，结构如图 4-11 所示。热元件由发热电阻丝组成。双金属片作为热继电器的感受机构，由两种热膨胀系数不同的金属碾压而成，当双金属片受热膨胀时，会产生弯曲变形。在实际应用中，把热元件串接于电动机的主电路中，而动断触点串接于电动机控制电路中。电动机正常运行时产生的热量使双金属片弯曲变形的程度不足以导致热继电器触点动作。当电动机过载时，双金属片弯曲位移增大，推动导板断开动断触点，切断电动机控制回路，从而实现对电动机的过载保护。

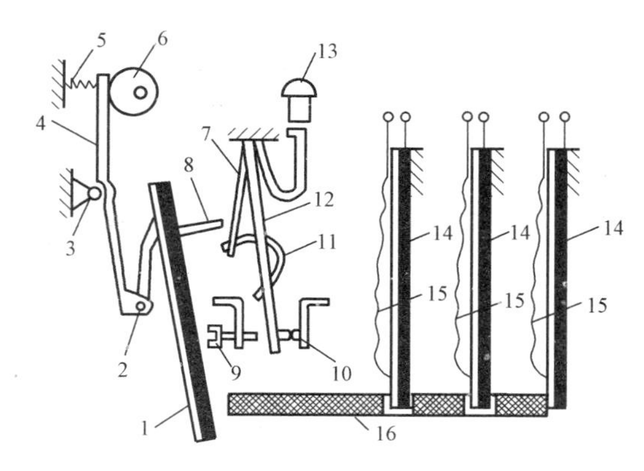

图 4-11　热继电器的结构

1—补偿双金属片；2—销子；3—支承；4—杠杆；5—弹簧；6—凸轮；7、12—片簧；8—推杆；9—调节螺钉；10—触点；11—弓簧；13—复位按钮；14—主双金属片；15—发热元件；16—导板

热继电器动作后，经一段时间冷却后自动复位或经手动复位。其动作电流的调节可通过旋转凸轮旋钮于不同位置来实现。

热继电器外形如图 4-12 所示。热继电器的型号含义和电气符号如图 4-13 所示。JR16、JR20 系列是目前应用广泛的热继电器。

图 4-12　热继电器外形

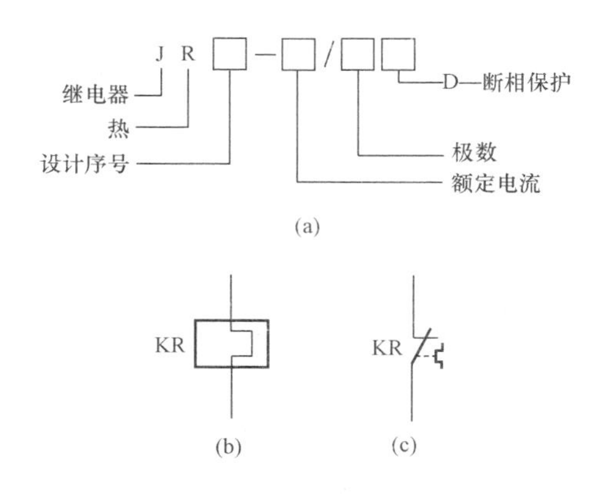

图 4-13　热继电器的型号含义和电气符号

(a) 型号含义；(b) 热元件；(c) 动断触点

热继电器的额定电流是指热元件的最大整定电流值。热继电器的整定电流是指热元件能够长期通过而不致引起热继电器动作的最大电流值。选用热继电器时一般只要选择热继电器的整定电流等于或略大于电动机的额定电流即可。在结构形式上，一般都选用三相结构；对于三角形接法的电动机，可选用带断相保护装置的热继电器。但对于短时工作制的电动机，可不用热继电器来进行过载保护。常用热继电器的技术数据见表 4-5。

表 4-5 常用热继电器的技术数据

型号	额定电流（A）	热元件等级		主要用途
		额定电流（A）	整定电流范围（A）	
JR16-20/3 JR16-20/3D	20	0.35	0.25～0.35	供 AC 500V 以下的电气回路中作为电动机的过载保护之用；D表示带有断相保护装置
		0.5	0.32～0.50	
		0.72	0.45～0.72	
		1.1	0.68～1.1	
		1.6	1.0～1.6	
		2.4	1.5～2.4	
		3.5	2.2～3.5	
		5	3.2～5	
		7.2	4.5～7.2	
		11	6.8～11	
		16	10～16	
		22	14～22	
JR16-40/3D	40	0.64	0.4～0.64	
		1	0.64～1	
		1.6	1～1.6	
		2.5	1.6～2.5	
		4	2.5～4	
		6.4	4～6.4	
		10	6.4～10	
		16	10～16	
		25	16～25	
		40	25～40	

七、变压器

变压器是利用电磁感应原理，以相同频率在多个绕组之间实现变换交流电压、变换交流电流或变换阻抗的静止电气设备。

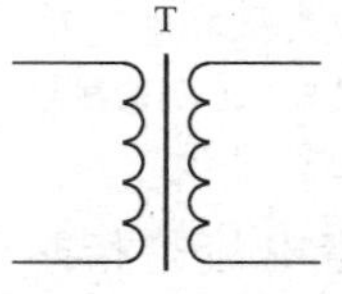

图 4-14 双绕组变压器电气图形和文字符号

1. 控制变压器

控制变压器适用于频率为 50～60Hz、输入电压不超过交流 660V 的电路，常作为各类机床、机械设备中一般电器的控制电源、局部照明及指示灯的电源。其电气图形和文字符号如图 4-14 所示。

各类机床、机械设备中常用的控制变压器有 JBK、BK 两个系列。JBK 系列型号含义如图 4-15 所示，BK 系列型号含义如图 4-16 所示。

2. 三相变压器

电气控制线路中常用三相绕组共用一个铁芯的三相芯式变压器。各相的高压绕组首端和末端分别用 U1、V1、W1 和 U2、V2、W2 表示，而各相低压绕组的

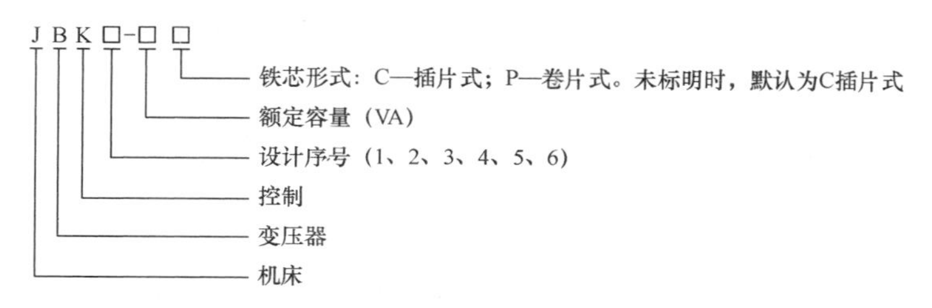

图 4-15　JBK 系列型号含义

首端和末端分别用 u1、v1、w1 和 u2、v2、w2 表示。高压绕组可采用星形或三角形连接，而低压绕组则采用星形连接，各自的电气图形和文字符号如图 4-17 所示。

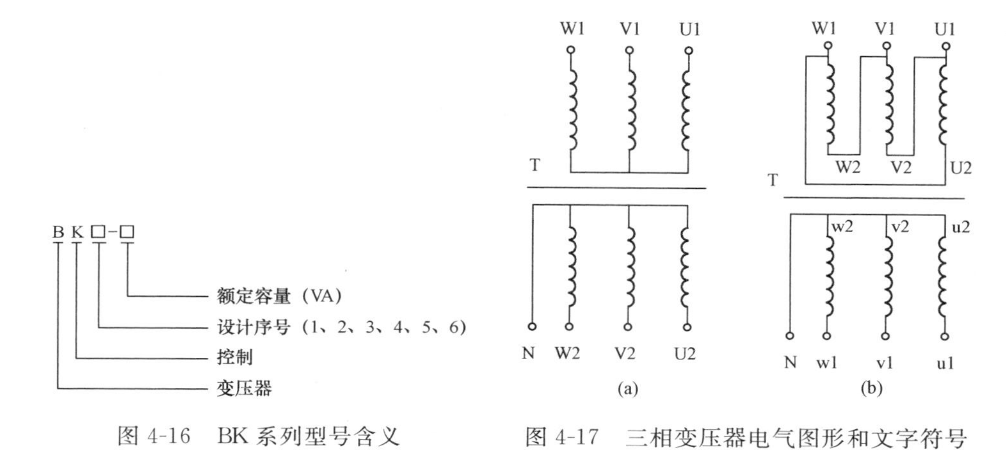

图 4-16　BK 系列型号含义

图 4-17　三相变压器电气图形和文字符号
（a）星-星连接；（b）三角-星连接

三相变压器系列型号含义如图 4-18 所示。

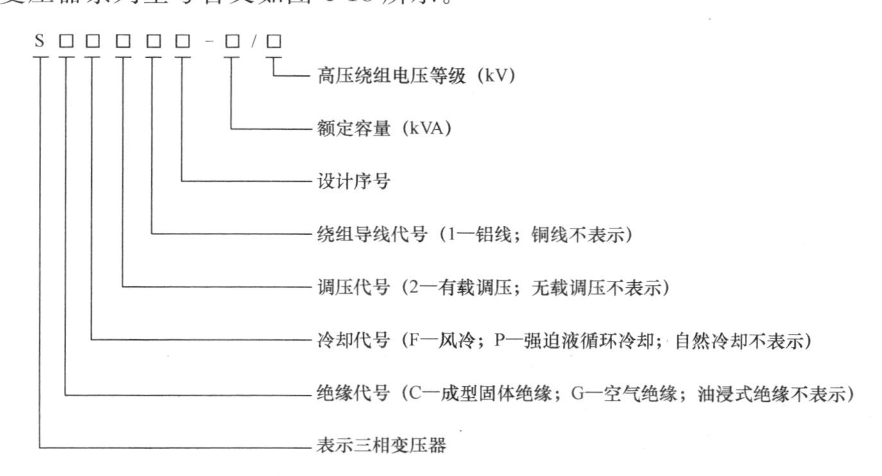

图 4-18　三相变压器系列型号含义

3. 变压器选用

变压器选用主要依据变压器的额定值。根据接至一次绕组上的电源电压选定一次额定电压U_1，再选择二次额定电压U_2、U_3等。带负载时变压器二次侧电压将有5%的压降，因此选择的输出额定电压应略高于负载额定电压。

各二次绕组的额定电流（I_2、I_3等）应不小于额定负载电流，二次侧的额定容量S_{N2}则由总容量确定，计算公式为

$$S_{N2}=U_2I_2+U_3I_3+\cdots$$

八、电磁继电器

1. 电压继电器

触点是否动作与线圈中电压相关的继电器称为电压继电器。电压继电器在电气控制线路中起电压保护和控制作用，其线圈是电压线圈，与负载并联。常按吸合电压大小，分为过电压继电器与欠电压继电器。

（1）过电压继电器。过电压继电器在电路中起过电压保护作用。过电压继电器线圈在额定电压时，衔铁不会产生吸合动作，只有当线圈电压高于其额定电压时衔铁才产生吸合动作，并利用其动断触点断开需要保护电器的电源。由于直流电路一般不会产生波动较大的过电压现象，所以没有直流过电压继电器产品。交流过电压继电器吸合电压U_X调节范围为

$$U_X=(1.05\sim1.2)U_N \tag{4-1}$$

式中 U_X——吸合电压；

U_N——额定电压。

过电压继电器选用的主要参数是额定电压和动作电压，过电压继电器的动作值一般按系统额定电压的1.1～1.2倍整定。

（2）欠电压继电器。欠电压继电器在电路中起欠电压保护作用。欠电压继电器线圈在额定电压时衔铁处于吸合状态，一旦所接电气控制线路中的电压降低至线圈释放电压时，衔铁由吸合状态转为释放状态，欠电压继电器利用其动合触点断开需要保护电器的电源。

通常直流欠电压继电器吸合电压$U_X=(0.3\sim0.5)U_N$；释放电压U_F整定范围为$U_F=(0.07\sim0.2)U_N$；交流欠电压继电器吸合电压$U_X=(0.6\sim0.85)U_N$；释放电压U_F整定范围为$U_F=(0.1\sim0.35)U_N$。

部分电压继电器的实物外形如图4-19所示。

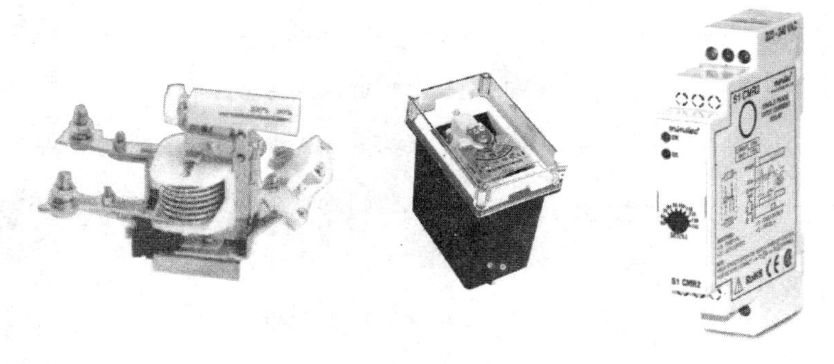

图4-19 部分电压继电器的实物外形

电压继电器电气图形和文字符号如图 4-20 所示。在电压线圈方框中，$V>$表示过电压，$V<$表示欠电压，$V=0$ 表示零电压。

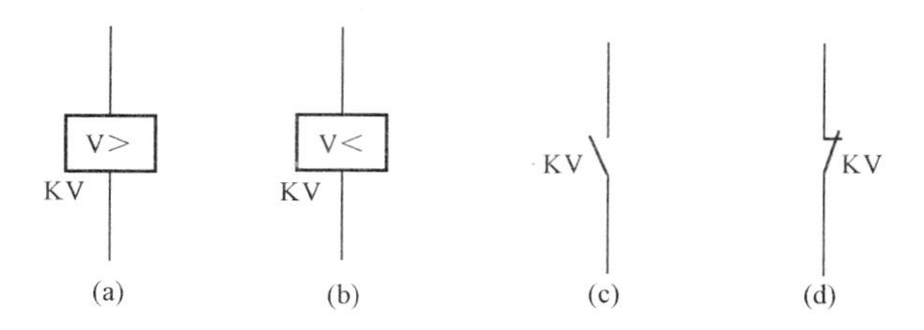

图 4-20　电压继电器电气图形和文字符号

(a) 过电压继电器线圈；(b) 欠电压继电器线圈；

(c) 电压继电器动合触点；(d) 电压继电器动断触点

(3) 电压继电器型号含义。JT4 系列电压继电器型号含义如图 4-21 所示。

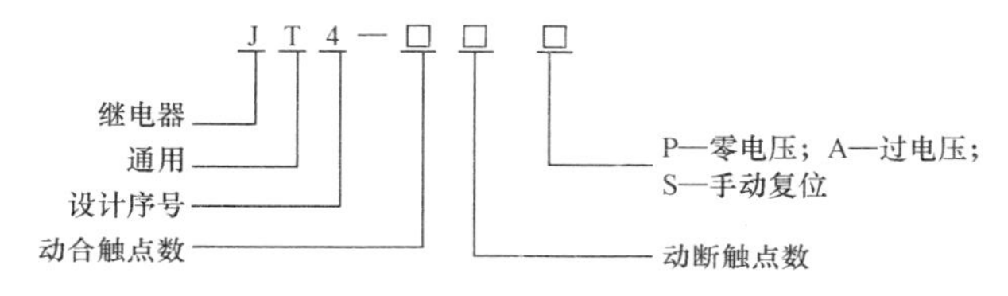

图 4-21　JT4 系列电压继电器型号含义

2. 电流继电器

触点是否动作与线圈中电流大小相关的继电器称为电流继电器。电流继电器在电气控制线路中起电流保护和控制作用，其线圈是电流线圈，与负载串联。常按吸合电流大小，分为过电流继电器与欠电流继电器。

(1) 过电流继电器。过电流继电器正常工作时线圈中虽有负载电流但衔铁不产生吸合动作，当出现超过整定电流的吸合电流时，衔铁才产生吸合动作。在电气控制线路中出现冲击性过电流故障时，过电流使过电流继电器衔铁吸合，利用其动断触点断开过电流继电器线圈通电回路，从而切断电气控制线路中电气设备的电源。

交流过电流继电器整定值 I_X的整定范围为

$$I_X = (1.1 \sim 3.5) I_N \tag{4-2}$$

式中　I_X——吸合电流；

I_N——额定电流。

过电流继电器选用的主要参数是额定电流和动作电流，额定电流应不低于被保护电气设备的额定电流，动作电流可根据电气设备工作情况按额定电流的 1.1～1.3 倍整定。特别需要注意，绕线转子异步电动机的动作电流按 2.5 倍额定电流考虑，鼠笼型异步电动机的动作电流按 5～8 倍额定电流考虑。

(2) 欠电流继电器。欠电流继电器正常工作时衔铁处于吸合状态，当电路的负载电流降低至释放电流时，衔铁释放。在直流电路中，当负载电流降低或消失往往会导致严重后果（如直流电动机励磁回路断线等），但交流电路中一般不会出现欠电流故障，因此低压电器产品中有直流欠电流继电器而无交流欠电流继电器。直流欠电流继电器吸合电流 $I_X = (0.3 \sim 0.65) I_N$，释放电流 I_F 整定范围为 $I_F = (0.1 \sim 0.2) I_N$。

欠电流继电器选用的主要参数是额定电流和释放电流，额定电流应不低于额定励磁电流，释放电流整定值应低于励磁电路正常工作范围内可能出现的最小励磁电流，一般取最小励磁电流的0.85倍。

电流继电器电气图形和文字符号如图4-22所示。线圈方框中用$I>$表示过电流，$I<$表示欠电流。

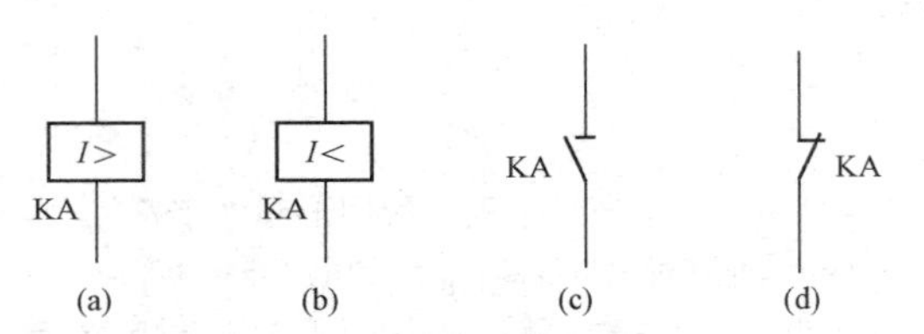

图4-22 电流继电器电气图形和文字符号

(a) 过电流继电器线圈；(b) 欠电流继电器线圈；

(c) 电流继电器动合触点；(d) 电流继电器动断触点

(3) 电流继电器型号含义。JL15系列过电流继电器用于交流50Hz、额定电压为380V或直流额定电压为440V、电流1200A的一次电路中，型号含义如图4-23所示。

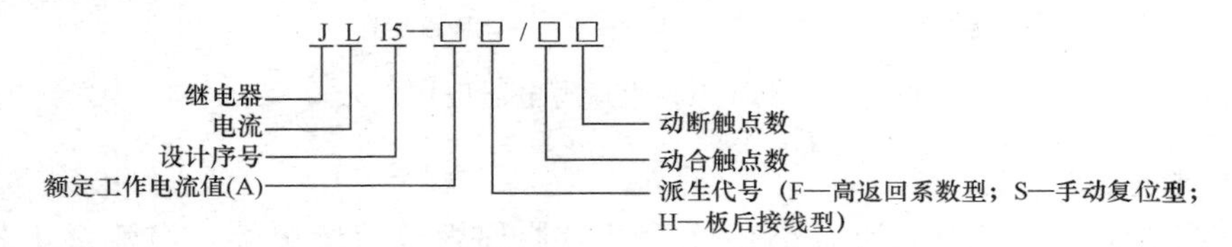

图4-23 JL15系列过电流继电器型号含义

JL18系列过电流继电器用于交流50Hz、额定电压为380V或直流额定电压为440V、电流630A的电气控制线路中作过电流保护，型号含义如图4-24所示。

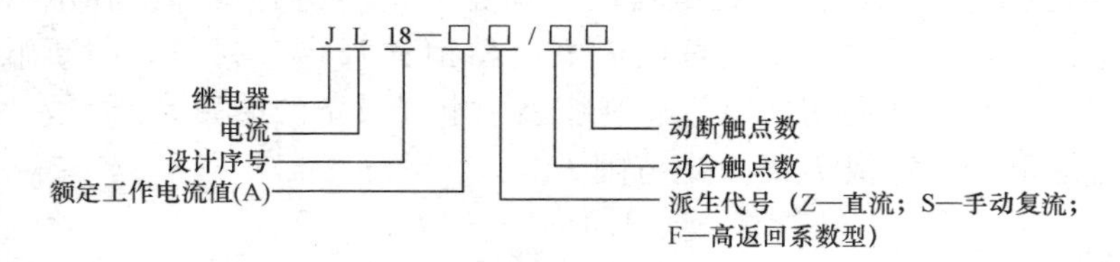

图4-24 JL18系列过电流继电器型号含义

3. 中间继电器

中间继电器是用于转换控制信号的中间电器，与接触器类似，通过线圈的通电与断电控制各触点的接通与断开实现电气控制线路的控制。中间继电器触点数量较多，各触点额定电流相同。

中间继电器的主要用途是当其他继电器触点数量或容量不够时，可借助中间继电器扩充触点数目或增大触点容量，起中间转换作用。将多个中间继电器相组合，还能构成各种逻辑运算电器或计数电器。

部分中间继电器的实物外形如图4-25所示。

中间继电器结构示意如图4-26所示。

图 4-25　部分中间继电器的实物外形

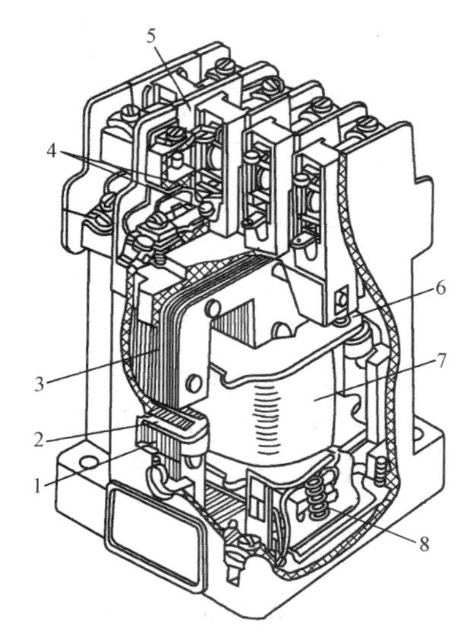

图 4-26　中间继电器结构示意
1—静铁芯；2—短路环；3—衔铁；4—动合触点；5—动断触点；6—反作用弹簧；7—线圈；8—缓冲弹簧

中间继电器电气图形和文字符号如图 4-27 所示。

(1) 中间继电器型号含义。中间继电器型号含义如图 4-28 所示。

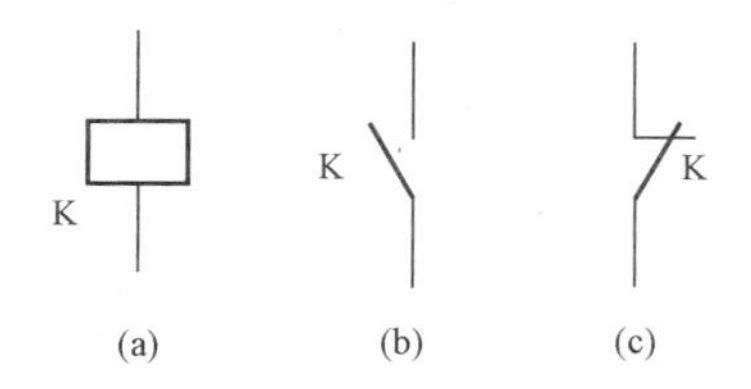

图 4-27　中间继电器电气图形和文字符号
(a) 中间继电器线圈；(b) 中间继电器动合触点；(c) 中间继电器动断触点

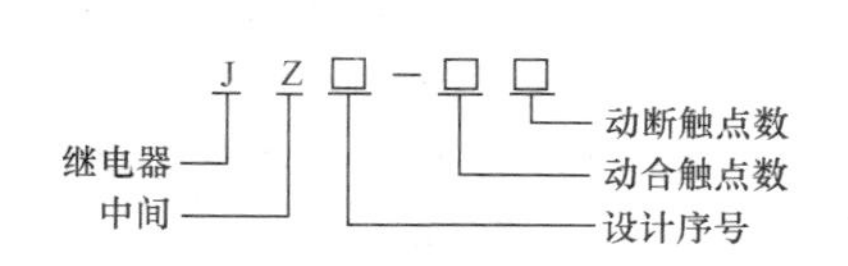

图 4-28　中间继电器型号含义

(2) 中间继电器选用。中间继电器主要依据被控制线路的电压等级、所需触点的容量、种类等选择。

4. 电磁继电器主要技术参数

(1) 继电器额定参数。继电器额定电压（电流）指继电器线圈电压（电流）的额定值，用 $V_N(I_N)$ 表示；继电器吸合电压（电流）指使继电器衔铁开始运动时线圈的电压值(电流值)；继电器释放电压（电流）指衔铁返回动作时线圈的电压值（电流值）。

(2) 动作与返回时间。继电器动作时间指继电器从接通电源起，到继电器动合触点接通为止所经过的时间；继电器返回时间则指从断开继电器电源起，至继电器动断触点断开为止所经过的时间。一般继电器动作时间与返回时间为 0.05～1.5s，快速继电器可达 0.005～0.05s，动作与返回时间直接决定了继电器的可操作频率。

(3) 触点开闭能力。在交、直流电压不大于 250V 的电路中，各种功率的继电器开闭能力见表 4-6。

表 4-6 继电器触点开闭能力

继电器类别	触点的允许断开功率（W）		触点的允许接通电流（A）		继电器长期允许的闭合电流（A）
	直流	交流	直流	交流	
小功率	20	100	0.5	1	0.5
一般功率	50	250	2	5	2
大功率	200	1000	5	10	5

（4）继电器整定值。触点系统切换时，继电器输入相应电参数的数值称为继电器整定值。大部分继电器整定值可以调整，通过调节继电器反作用弹簧与工作气隙，实现继电器的吸合电压或吸合电流、断开电压或断开电流的调节，使之调节到使用时所要求的值。

（5）继电器其他参数。吸合继电器衔铁所必须具有的最小功率称为继电器灵敏度；从继电器引出端测得的一组继电器闭合触点间的电阻值称为继电器接触电阻；继电器寿命则指在规定的环境条件和触点负载下，按产品技术要求，继电器能够正常动作的最小次数。

九、速度继电器

速度继电器常用于交流电动机反接制动电气控制线路中。当交流电动机轴速度达到规定值时，速度继电器动作；当交流电动机轴速度下降到接近零时，速度继电器触点自动及时切断控制回路。

1. 速度继电器结构

如图 4-29 所示，速度继电器的转子 2 由永磁材料制成并与交流电动机同轴连接，交流电动机转动时永磁转子跟随交流电动机转动，笼型绕组 4 切割转子磁场产生感生电动势及环内电流，环内电流在转子磁铁作用下产生电磁转矩使笼型绕组套 3 跟随转子转动方向偏转，即转子顺时针转动时，笼型绕组套随之顺时针方向偏转，而转子逆时针方向转动时，笼型绕组套就随之逆时针方向偏转。

笼型绕组套偏转时带动下方的摆锤摆动并相应地带动簧片 6 或 9，由此改变左方的顺时针转向触点或右方逆时针转向触点的通断状态。

速度继电器电气图形和文字符号如图 4-30所示。

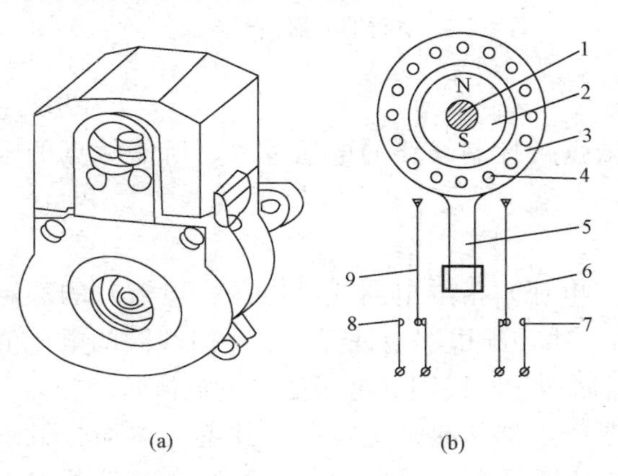

图 4-29 速度继电器

（a）外形；（b）结构

1—转轴；2—永磁转子；3—笼型绕组套；4—笼形绕组；5—摆锤；6、9—簧片；7、8—静触点

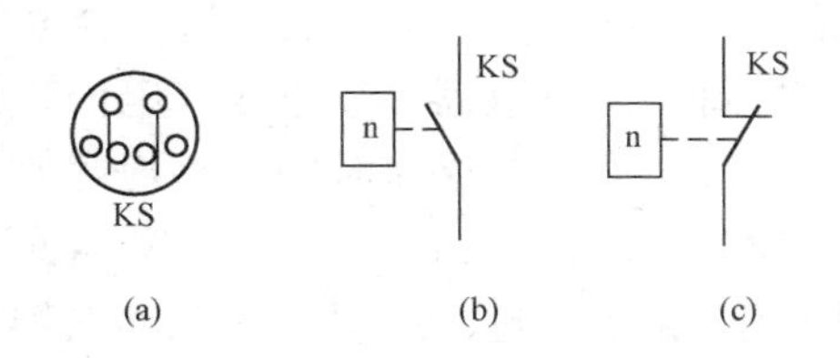

图 4-30 速度继电器电气图形和文字符号

（a）速度继电器转子；（b）速度继电器动合触点；（c）速度继电器动断触点

2. 速度继电器系列

速度继电器动作转速一般不低于 120r/min，复位转速在 100r/min 以下，数值可以调节。工作时允许转速高达 1000～3600r/min。速度继电器有正转和反转切换触点，分别控制交流电动机两个转向的速度。常用型号为 JY1 和 JFZ0 两种系列，JY1 系列工作范围为 700～3600r/min，JFZ0-2 适用于 1000～3600r/min。

3. 速度继电器型号含义

速度继电器型号含义如图 4-31 所示。

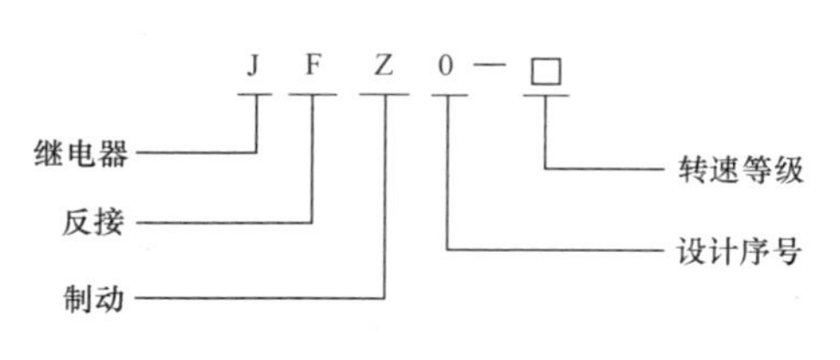

图 4-31　速度继电器型号含义

4. 速度继电器的选用

速度继电器主要根据所需控制的转速大小、触点数量和电压、电流来选用。

5. 速度继电器的安装与使用

(1) 速度继电器的转轴应与交流电动机同轴连接，且使两轴的中心线重合。

(2) 速度继电器安装接线时，应注意正、反向触点不能接错。

(3) 速度继电器的金属外壳应可靠接地。

十、电气图的绘制与阅读

采用国家标准规定的电气图形文字符号绘制而成的，用以表达电气控制系统原理、功能、用途，以及电气元件之间的布置、连接和安装关系的图形，称为电气图。

电气图绘制必须遵守国家颁布的最新电气制图标准。目前主要有 GB/T 4728.1～4728.5—2005 和 GB/T 4728.6～4728.13—2008《电气简图用图形符号》、GB/T 4026—2004《人机界面标志标识的基本和安全规则　设备端子和导体终端的标识》、GB/T 6988.1—2008《电气技术文件的编制　第 1 部分：规则》等，此外还需遵守机械制图与建筑制图的相关标准。电气图主要有电气原理图、电气接线图和电气安装接线图。

1. 电气原理图

电气原理图用图形和文字符号表示电路中各个电气元件的连接关系和电气工作原理，它并不反映电气元件的实际大小和安装位置。现以 CW6132 型普通车床的电气原理图为例来说明绘制电气原理图应遵循的一些基本原则，如图 4-32 所示。

(1) 电气原理图一般分为主电路、控制电路和辅助电路三个部分。主电路包括从电源到电动机的电路，是大电流通过的部分，画在图的左边（见图 4-32 中的 1、2、3、4 区）。控制电路和辅助电路通过的电流相对较小，控制电路一般为继电器、接触器的线圈电路，包括各种主令电器、继电器、接触器的触点（见图 4-32 中的 5、6 区）。辅助电路一般指照明、信号指示、检测等电路（见图 4-32 中的 7、8、9 区）。各电路均应尽可能按动作顺序由上至下、由左至右画出。

(2) 电气原理图中所有电气元件的图形符号和文字符号必须符合国家标准的统一规定。在电气原理图中，电气元件采用分离画法，即同一电器的各个部件可以不画在一起，但必须用同一文字符号标注。对于同类电器，应在文字符号后加数字序号以示区别（见图 4-32 中的 FU1～FU4）。

(3) 在电气原理图中，所有电器的可动部分均按原始状态画出。即对于继电器、接触器的触点应按其线圈不通电时的状态画出；对于控制器，应按其手柄处于零位时的状态画出；

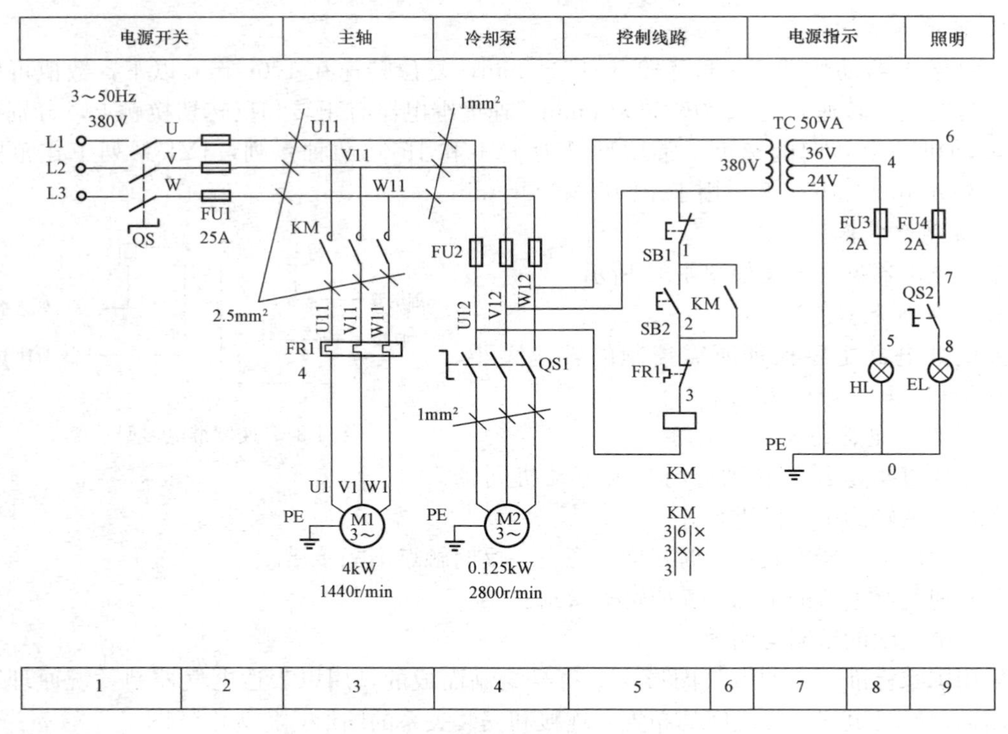

图 4-32 CW6132 型普通车床的电气原理图

对于按钮、行程开关等主令电器，应按其未受外力作用时的状态画出。

(4) 动力电路的电源线应水平画出；主电路应垂直于电源线画出；控制电路和辅助电路应垂直于两条或几条水平电源线之间；耗能元件（如线圈、电磁阀、照明灯、信号灯等）应接在下面一条电源线一侧；而各种控制触点应接在另一条电源线上。

(5) 应尽量减少线条数量，避免线条交叉。各导线之间有电联系时，应在导线交叉处画实心圆点。根据图面布置需要，可以将图形符号旋转绘制，一般按逆时针方向旋转 90°，但其文字符号不可以倒置。

(6) 在电气原理图上应标出各个电源电路的电压值、极性或频率及相数；对某些元件，还应标注其特性（如电阻、电容的数值等）；不常用的电器（如位置传感器、手动开关等），还要标注其操作方式和功能等。

(7) 为方便读图，在电气原理图中可将图幅分成若干个图区，图区行的代号用英文字母表示，一般可以省略，列的代号用阿拉伯数字表示，其图区编号写在图的下面，并在图的顶部标明各图区电路的作用。

(8) 在继电器、接触器线圈下方均列有触点表以说明线圈和触点的从属关系，即“符号位置索引”。也就是在相应线圈的下方，给出触点的图形符号（有时也可省去），对未使用的触点用“×”表明（或不作表明）。

接触器各栏表示的含义如下：

左栏	中栏	右栏
主触点所在图区号	辅助动合触点所在图区号	辅助动断触点所在图区号

继电器各栏表示的含义如下：

左栏	右栏
动合触点所在图区号	动断触点所在图区号

此外，在绘制电气控制线路图中的支路、元件和接点时，一般都要加上标号。主电路标号由文字和数字组成。文字用以标明主电路中的元件或线路的主要特征，数字用以区别电路的不同线段，如三相交流电源引入端采用 L1、L2、L3 标号，电源开关之后的三相交流电源主电路和负载端分别标 U、V、W。例如，U11 表示电动机的第一相的第一个接点，依次类推。控制电路的标号由 3 位或 3 位以下的数字组成，并且按照从上到下、从左至右的顺序标号。

2. 电气接线图

表示电气控制系统中各项目（包括电气元件、组件、设备等）之间连接关系、连线种类和敷设路线等详细信息的电气图称为电气接线图，电气接线图是检查电路和维修电路不可缺少的技术文件，根据表达对象和用途不同，可细分为单元接线图、互连接线图和端子接线图等。

图 4-33 所示为 CW6132 型普通车床电气互连接线图。接线图中各电气元件图形与文字符号均与图 CW6132 型普通车床电气原理图保持一致，但各电气元件位置则按电气元件在控制柜、控制板、操作台或操作箱中的实际位置绘制。图 4-33 中，左侧的点画线方框表示 CW6132 型普通车床电气控制柜，中间小方框表示照明灯控制板，右侧小方框则表示 CW6132 型普通车床运动操作板。

电气控制柜内各电气元件可直接连接，而外部元器件与电气控制柜之间连接则须经过接线端子板进行，连接导线应注明导线根数、导线截面积等，一般不表示导线实际走线途径，施工时由操作者根据实际情况选择最佳走线方式。

3. 电气安装接线图

电气安装接线图反映的是电气设备各控制单元内部元件之间的接线关系。图 4-34 所示为 CW6132 型普通车床电气安装接线图。

（1）各电气元件按在底板上的实际位置绘出，一个元件所有部位应画在一起并用虚线框起来。

（2）电气安装接线图中元件图形符号、文字符号、接线端子符号应与电气原理图一致。

（3）走向相同的相邻导线可绘成一根线，走线通道尽量少。

（4）安装底板内、外的电气元件之间的连线应通过接线端子板连接。

4. 电气图的阅读和分析

（1）分析主电路。从主电路入手，根据每台电动机和执行电器的控制要求去分析它们的控制内容。控制内容包括起动、转向控制、调速、制动等。

（2）分析控制电路。根据主电路中各电动机和执行电器的控制要求，逐一找出控制电路中的控制环节，利用以前学过的典型控制环节的知识，按功能不同将控制线路“化整为零”来分析。分析控制线路最基本的方法是“查线读图法”。

（3）分析辅助电路。辅助电路包括电源指示、各执行元件的工作状态显示、参数测定、

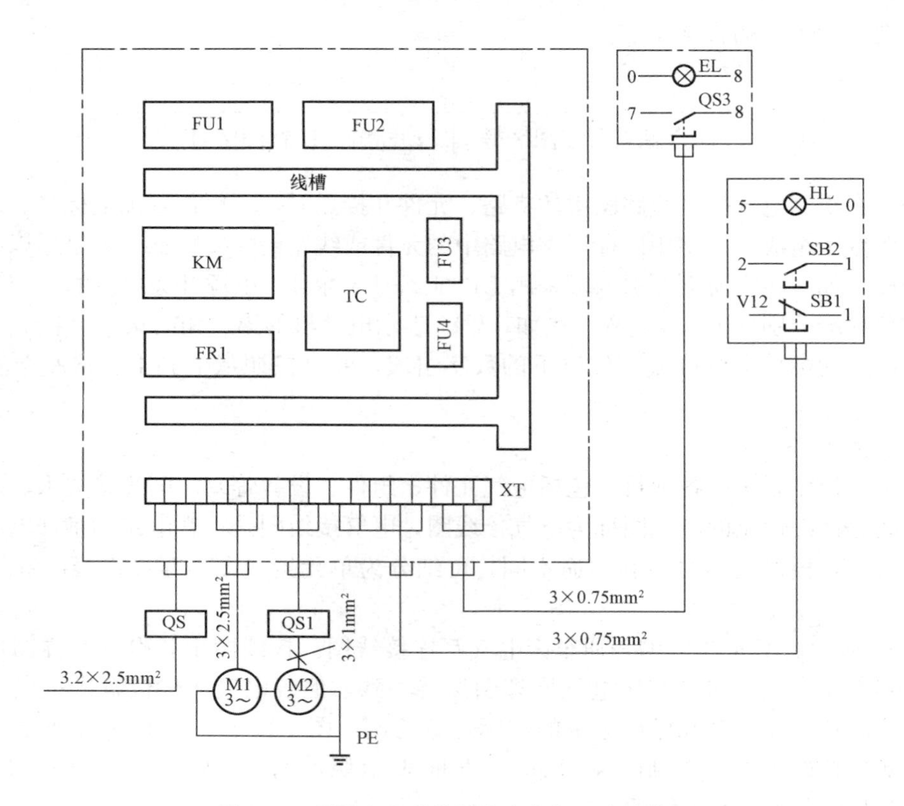

图 4-33　CW6132 型普通车床电气互连接线图

照明和故障报警等部分，它们大多是由控制电路中的元件来控制的，所以在分析辅助电路时，还要回过头来对照控制电路进行分析。

(4) 分析联锁及保护环节。机床对于安全性及可靠性有很高的要求，实现这些要求，除了合理地选择拖动和控制方案外，还在控制线路中设置了一系列电气保护和必要的电气联锁。

(5) 总体检查。经过“化整为零”，逐步分析每个局部电路的工作原理及各部分之间的控制关系后，还必须用“集零为整”的方法，检查整个控制线路，看是否有遗漏。特别要从整体角度去进一步检查和理解各控制环节之间的联系，以达到清晰地理解原理图中每个电气元件的作用、工作过程及主要参数的目的。

5. CW6132 型普通车床电气原理图解读

主电路中合上电源开关 QS，然后按下 5 区的起动按钮 SB2，线圈 KM 吸合，导致主电路中的主触点 KM 接通，主电动机 M1 起动；按下停止按钮 SB1，线圈 KM 断电释放，导致主电路中的主触点 KM 断开，主电动机 M1 断电停转。

QS1 是冷却泵电动机 M2 的控制按钮。合上 QS1，电动机 M2 通电运转；断开 QS1，电动机 M2 断电停转。

QS2 是指示灯 EL 的控制按钮。合上 QS2，指示灯 EL 亮；断开 QS2，指示灯 EL 熄灭。

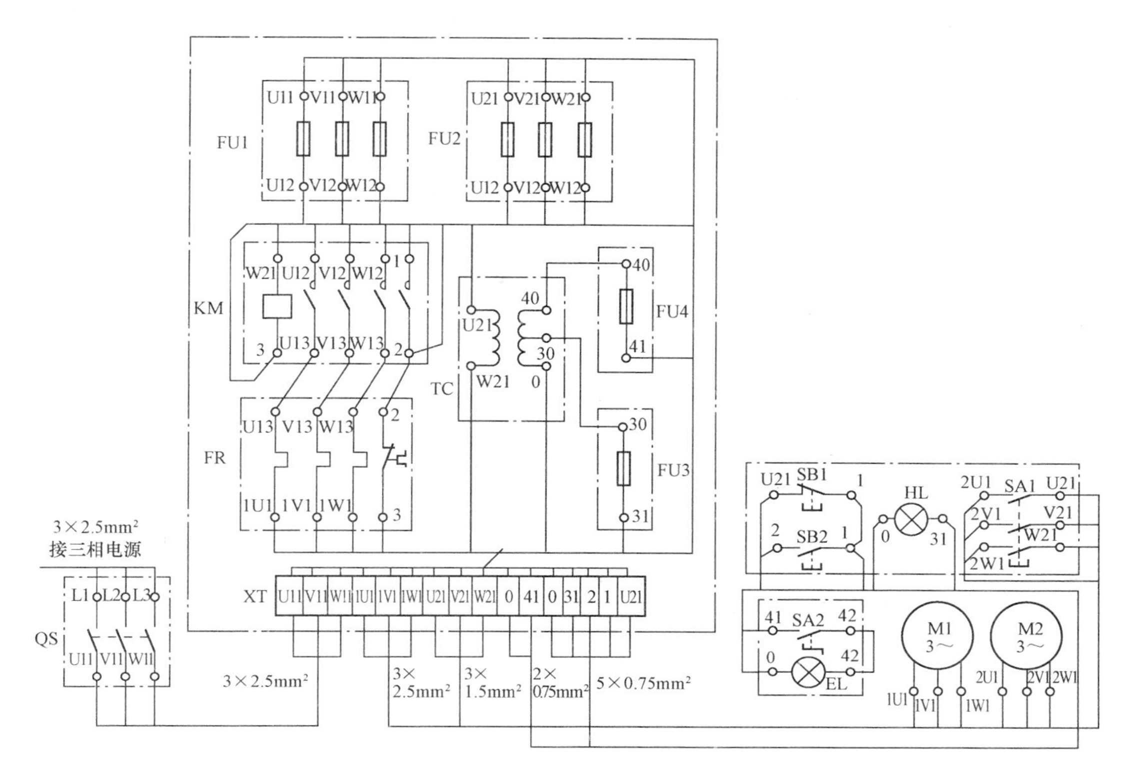

图 4-34　CW6132 型普通车床电气安装接线图

任 务 实 施

一、三相异步电动机的起动、保持、停止 PLC 控制工作原理

用 PLC 实现三相异步电动机的起动、保持、停止 I/O 分配见表 4-7，其硬件接线如图 4-35所示。按硬件接线图接好线，将相应的控制指令程序输入 PLC 中调试好后，按下 SB2 按钮，输出继电器 Q0.0 接通，KM 吸合，KM 的主触点闭合三相异步电动机运行；按下 SB1 按钮，输出继电器 Q0.0 断开，KM 释放，KM 主触点恢复断开，三相异步电动机断电，停止运行；若要模拟三相异步电动机过载，可人为将热继电器 KR 的动合触头接通，使三相异步电动机停转。

表 4-7　　三相异步电动机的起动、保持、停止 I/O 分配

输入			输出		
符号	地址	功能	符号	地址	功能
SB1	I0.1	停止	KM	Q0.0	KM 接触器
SB2	I0.0	起动			
KR	I0.2	过载保护			

二、所需材料及设备

可编程序控制器 S7-200、组合开关、交流接触器、熔断器、按钮、接线端子排、塑料软铜线、电工通用工具、镊子、万用表、绝缘电阻表、配线板等，器材型号或参数见表 4-8。

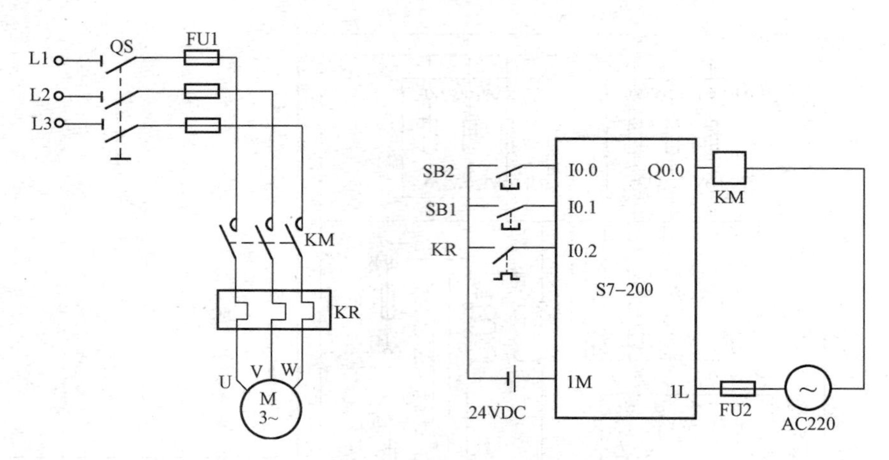

图 4-35 三相异步电动机的起动、保持、停止 PLC 控制硬件接线

表 4-8 项 目 器 材

名称	型号或参数	单 位	数量或长度
三相四线电源	AC 3×380/220V，20A	处	1
单相交流电源	AC 220V 和 36V，5A	处	1
计算机	预装 V4.0 STEP7 编程软件，型号自定义	台	1
可编程序控制器	S7-224	台	1
配线板	500mm×600mm×20mm	块	1
组合开关	HZ10-25/3	个	1
交流接触器	CJ10-20，线圈电压 AC 220V	只	1
熔断器及熔芯配套	RL6-60/20	套	3
熔断器及熔芯配套	RL6-15/4	套	2
按钮	LA10-3H 或 LA4-3H	个	2
接线端子排	JX2-1015，500V、10A	条	1
塑料软铜线	BVR-1.5mm^2	m	20
塑料软铜线	BVR-0.75mm^2	m	10
别径压端子	UT2.5-4，UT1-4	个	40
行线槽	TC3025	条	5
异形塑料管	ϕ3mm	m	0.2
木螺钉	ϕ3mm×20mm，ϕ3mm×15mm	个	20
平垫圈	ϕ4mm	个	20

三、设计程序

根据控制电路要求，在计算机中编写程序，程序设计如图 4-36 所示。

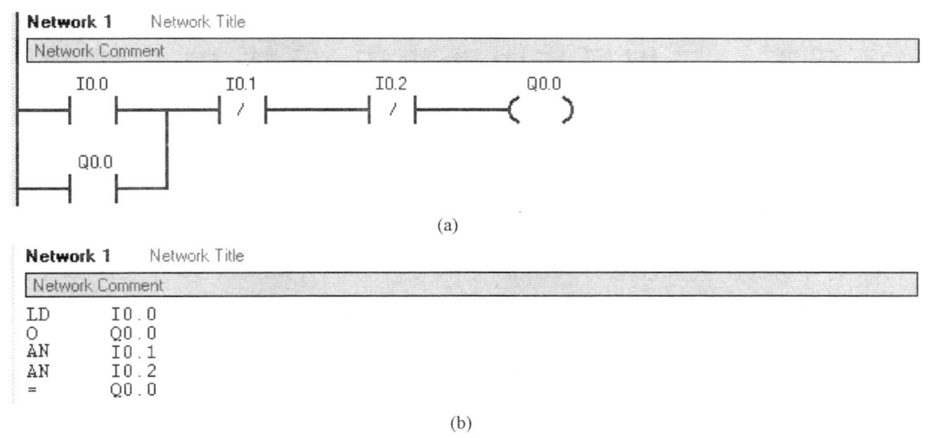

图 4-36　三相异步电动机的起动、保持、停止 PLC 控制程序

(a) 梯形图；(b) 语句表

四、安装配线

按图 4-35 所示进行配线，安装方法及要求与继电接触式电路相同并确认接线正确。

五、运行调试

(1) 在断电状态下，连接好 PC/PPI 电缆。

(2) 打开 PLC 的前盖，将“运行模式”选择开关拨到 STOP 位置，此时 PLC 处于停止状态，或者用鼠标单击工具栏中的 STOP 按钮，可以进行程序编写。

(3) 在作为编程器的计算机上，运行 V4.0 STEP7 Micro 编程软件。

(4) 用菜单命令“文件—新建”，生成一个新项目；用菜单命令“文件—打开”打开一个已有的项目；用菜单命令“文件—另存为”可修改项目的名称。

(5) 用菜单命令“PLC—类型”设置 PLC 的型号。

(6) 设置通信参数。

(7) 编写控制程序。

(8) 用鼠标单击工具栏中的“编译”按钮或“全部编译”按钮来编译输入的程序。

(9) 下载程序文件到 PLC。

(10) 将“运行模式”选择开关拨到 RUN 位置，或者用鼠标单击工具栏中的 RUN 按钮使 PLC 进入运行方式。

(11) 按下“起动”按钮 SB2，观察三相异步电动机是否起动。

(12) 松开“起动”按钮 SB2，观察三相异步电动机是否仍然处于运行状态。

(13) 按下“停止”按钮 SB1，观察三相异步电动机是否能够停止。

(14) 热继电器 KR 动合触点动作，观察三相异步电动机是否能够停止。

(15) 再次按下“起动”按钮 SB2，如果系统能够重新起动运行，并能在按下“停止”按钮 SB1 后停车，则程序调试结束。

项目五　三相异步电动机正/反转PLC控制

技术要点

能够熟练使用编程工具；能够根据控制要求写出I/O分配点并正确设计出外部接线图；能根据控制要求选择PLC的编程方法；能根据控制要求正确编制、输入和传输PLC程序；能独立完成整机安装与调试；会根据系统调试出现的情况，修改相关设计。

知识要点

掌握PLC基本指令（ALD、OLD、LPS、LRD、LPP）；掌握PLC程序设计的注意事项；掌握PLC程序设计的方法和技巧；掌握三相异步电动机正/反转联锁控制系统主电路设计的注意事项与电路原理；掌握三相异步电动机正/反转联锁控制系统PLC控制硬件设计的注意事项与电路原理。

知识准备

一、三相异步电动机正/反转继电接触式控制电路原理分析

三相异步电动机正/反转继电接触式控制电路原理如图5-1所示。

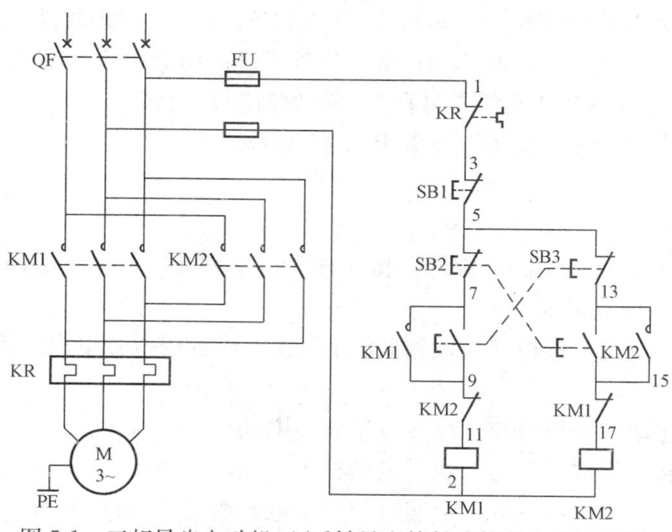

图5-1　三相异步电动机正/反转继电接触式控制电路原理图

1. 电气原理分析

电机要实现正/反转控制，将其电源的相序中任意两相对调即可（称为换相），通常是V相不变，将U相与W相对调，为了保证两个接触器动作时能够可靠调换电动机的相序，接线时应使接触器的上端接线保持一致，在接触器的下端调相。由于将两相相序对调，故须确

保两个接触器线圈不能同时得电，否则会发生严重的相间短路故障，因此必须采取联锁。为安全起见，常采用按钮联锁（机械）与接触器联锁（电气）的双重联锁正/反转控制线路（见图 5-1）；使用了按钮联锁，即使同时按下正/反转按钮，调相用的两接触器也不可能同时得电，机械上避免了相间短路。另外，由于应用了接触器联锁，所以只要其中一个接触器得电，其动断触点就不会闭合，这样在机械、电气双重联锁的作用下，电动机的供电系统不可能相间短路，有效地保护了电动机，同时也避免在调相时相间短路造成事故，损坏接触器。

2. 电气原理说明

如图 5-1 所示，主回路采用两个接触器，即正转接触器 KM1 和反转接触器 KM2。当接触器 KM1 的三对主触点接通时，三相电源的相序按 U—V—W 接入电动机。当接触器 KM1 的三对主触点断开、接触器 KM2 的三对主触点接通时，三相电源的相序按 W—V—U 接入电动机，电动机就向相反方向转动。电路要求接触器 KM1 和接触器 KM2 不能同时接通电源，否则它们的主触点将同时闭合，造成 U、W 两相电源短路。为此在 KM1 和 KM2 线圈各自支路中相互串联对方的一对辅助动断触点，以保证接触器 KM1 和 KM2 不会同时接通电源，KM1 和 KM2 的这两对辅助动断触点在线路中所起的作用称为联锁或互锁作用，这两对起联锁或互锁作用的辅助动断触点就称为联锁或互锁触点。

3. 正向起动过程

按下“起动”按钮 SB3，接触器 KM1 线圈通电，与 SB3 并联的 KM1 的辅助动合触点闭合，以保证 KM1 线圈持续通电，串联在电动机回路中的 KM1 的主触点持续闭合，电动机连续正向运转。

4. 停止过程

按下“停止”按钮 SB1，接触器 KM1 线圈断电，与 SB3 并联的 KM1 的辅助动合触点断开，以保证 KM1 线圈持续失电，串联在电动机回路中的 KM1 的主触点持续断开，切断电动机定子电源，电动机停转。

5. 反向起动过程

按下“起动”按钮 SB2，接触器 KM2 线圈通电，与 SB2 并联的 KM2 的辅助动合触点闭合，以保证 KM2 线圈持续通电，串联在电动机回路中的 KM2 的主触点持续闭合，电动机连续反向运转。

二、PLC 应用的设计步骤

（1）熟悉被控对象。首先要全面、详细地了解被控对象的机械结构和生产工艺过程，了解机械设备的运动内容、运动方式和步骤，归纳出工作循环图或者状态（功能）流程图。

（2）明确控制任务与设计要求。要了解工艺过程和机械运动与电气执行元件之间的关系和对电气控制系统的基本要求，归纳出电气执行元件的动作节拍表。

（3）制订电气控制方案。根据生产工艺和机械运动的控制要求，确定电气控制系统的工作方式及其他应有的功能。

（4）确定电气控制系统的输入/输出信号。通过研究工艺过程或机械运动的各步骤，各种状态，各种功能的发生、维持、结束、转换和其他的相互关系来确定各种控制信号和检测反馈信号、相互的转换和联系信号。还可以确定哪些信号需要输入 PLC，哪些信号要由 PLC 输出，或者哪些负载要由 PLC 驱动，并分类统计出各输入/输出量的性质及参数。

(5) PLC的选型与硬件配置。根据以上各步骤所得到的结果，选择合适的PLC型号并确定各种硬件配置。

(6) PLC元件的编号分配（硬件接线）。对各种输入/输出信号占用的PLC输入、输出端点及其他PLC元件进行编号分配，编制输入/输出分配表并设计出PLC的外部接线图。

(7) 程序设计。根据工艺流程控制要求设计出梯形图程序或语句表程序，这一步是整个应用系统设计的最核心工作，也是比较困难的一步，要设计好程序，首先要十分熟悉控制要求，同时还要有一定的电气设计实践经验。

(8) 模拟运行与调试程序。将设计好的程序输入PLC，再逐条检查与验证，并改正程序设计时的语法、数据等错误，然后，可以在实验室进行模拟运行与调试程序，观察在各种可能情况下各个输入量、输出量之间的变化关系是否符合设计要求。如果发现问题，应及时修改设计和已传送到PLC中的程序，直到完全满足工作循环图或状态流程图的要求为止。

(9) 现场运行调试。完成以上各项工作后，即可将已初步调试好的程序传送到现场使用的PLC存储器中，PLC接入实际输入信号与实际负载进行现场运行调试，及时解决调试中发现的问题，直到完全满足设计要求为止。

三、PLC的选型与硬件配置

PLC的选用与继电接触式控制系统元件的选用不同。继电接触式控制系统元件的选用，必须要在设计结束之后才能定出各种元件的型号、规格和数量等；而PLC的选用在应用设计的开始即可根据工艺提供的资料及控制要求等预先进行。

选用PLC时一般从以下几方面来考虑：

1. 根据所需要的功能进行选择

基本原则是需要什么功能，就选择具有什么样功能的PLC，同时适当兼顾维修、备件的通用性，以及今后设备的改进和发展方向。

各种新型系列的PLC，从小型到中、大型已普遍可以进行PLC与PLC、PLC与上位计算机的通信与联网，具有进行数据处理和高级逻辑运算、模拟量控制等功能。因此，在功能的选择方面，要着重注意对特殊功能的需求。一方面，要选择具有所需功能的PLC主机；另一方面，根据需要选择相应的模块。

2. 根据I/O的点数或通道数进行选择

多数小型机为整体式，同一型号的整体式PLC，除按点数分成许多挡以外，还配以不同点数的I/O扩展单元来满足对I/O点数的不同需求。模块式结构的PLC采取主机模块与输入/输出模块和各种功能模块分别选择组合使用的方式。

对于一个被控对象，所用的I/O点数不会轻易发生变化，但是考虑到工艺和设备的改动，或I/O点损坏、故障等，一般应保留1/8的裕量。

3. 根据输入、输出信号进行选择

除了I/O点的数量，还要注意输入与输出信号的性质、参数和特性要求等。另外，也要注意输出端点的负载特点、数量等级及对响应速度的要求等。据此来选择和配置适合的输入、输出信号特点和要求的I/O模块。

4. 根据程序存储器容量进行选择

通常 PLC 的程序存储器容量以字或步为单位，PLC 程序的单位步是由字构成的，即每个程序步占一个存储器单元。

PLC 应用程序所需的存储器容量可以预先进行估算。根据经验数据，对于开关量控制系统，程序所需要存储器字数等于 I/O 信号总数乘以 8；而对于有数据处理，模拟量输入、输出的系统，所需要的容量要大得多。大多数 PLC 的存储器采用模块式的存储器盒，同一型号的 PLC 可以选配不同容量的存储器盒，实现可选择的多种用户程序的存储容量。

此外，还应根据用户程序的使用特点来选择存储器的类型。当程序需要频繁地修改时，应选用 CMOS-RAM 存储器；当程序需要长期使用并保持 5 年以上不变时，应选用 EEPROM 或 EPPROM 存储器。

四、PLC 程序设计方法——转换法

这是一种模仿继电接触式控制系统的编程方法。其图形甚至元件名称都与继电接触式控制电路十分相似。这种方法很容易地就可以把原继电接触式控制电路原理图转换成与原有功能相同的 PLC 内部的梯形图。这对于熟悉继电接触式控制电路的人来说是最方便的一种编程方法。目前继电接触式控制系统还很多，继电接触式控制电路改造成 PLC 控制的范围还很大，熟悉继电接触式控制电路的人越多，越有利于 PLC 的迅速推广，另一方面将现成的继电接触式控制电路改造成功能相近的 PLC 梯形图可达到事半功倍的效果。因此，这种方法有很大的应用空间。

1. 基本方法

基本的方法是根据继电接触式控制电路原理图来设计 PLC 的梯形图，关键是要抓住它们的对应关系，即控制功能的对应、逻辑功能的对应，以及继电接触式硬件元件和 PLC 软件元件的对应。

2. 转换设计的步骤

（1）了解和熟悉被控设备的工艺过程和机械动作情况，根据继电接触式控制电路原理图，分析和掌握控制系统的工作原理，这样才能在设计和调试系统时做到心中有数。

（2）确定 PLC 的输入信号和输出负载，以及与它们对应的梯形图中的输入/输出地址，画出 PLC 的外部接线图。

（3）确定与继电接触式控制电路原理图的中间继电器、时间继电器对应的梯形图中的存储器位（M）和定时器（T）的地址。这两步建立了继电接触式控制电路原理图中的元件和梯形图中的位地址之间的对应关系。

（4）根据上述对应关系画出 PLC 的梯形图。

（5）根据被控设备的工艺过程、机械动作及梯形图编程规则，优化梯形图。

3. 注意事项

根据继电接触式控制电路原理图设计 PLC 的外部接线图和梯形图时，应注意以下问题：

（1）应遵守梯形图语言中的语法规定。在继电接触式控制电路原理图中，触点可以放在线圈的左边，也可以放在线圈的右边，但是在梯形图中，线圈必须放在电路的最右边。

（2）设置中间单元。在梯形图中，若多个线圈都受某一触点串/并联电路的控制，为了简化电路，在梯形图中可设置该电路控制的存储器位，它类似于继电接触式控制电路中的中间继电器。

(3) 尽量减少PLC的输入信号和输出信号。与继电接触式控制电路不同，一般只需要同一输入器件的一个动合触点给PLC提供输入信号，而在梯形图中，可以多次使用同一输入的动合触点和动断触点。

在继电接触式控制电路原理图中，如果几个输入器件触点的串/并联电路总是作为一个整体出现，可以将它们作为PLC的一个输入信号，而只占一个输入点。

某些器件的触点如果在继电接触式控制电路原理图中只出现一次，并且与PLC输出端的负载串联（如热继电器的动断触点），就可以将它们放在PLC外部的输出回路，仍与相应的外部负载串联。

继电接触式控制系统中某些相对独立且比较简单的部分，可以用继电接触式电路控制，这样同时减少了所需PLC的输入点和输出点。

(4) 外部联锁电路的设立。为了防止如正/反转的两个交流接触器同时动作造成三相电源短路，应在PLC外部设置硬件联锁电路。

五、PLC程序设计方法——经验法

经验法是运用自己或别人的经验进行设计。多数是设计前先选择与自己工艺要求相近的程序，把这些程序看成是自己的试验程序。结合自己工程实践的经验，对这些“试验程序”逐一修改，使之适合自己的工程要求。这里所说的经验，有的是来自自己的经验总结，有的可能是别人的设计经验，这就需要日积月累，善于总结。经验法依靠的经验不易掌握，因此设计的程序因人而异，造成维护困难，一般只适用于比较简单的或与某些典型系统相似的控制系统进行设计。

六、PLC程序设计方法——顺序控制法

如果一个控制系统可以分解成几个独立的控制动作，且这些动作必须严格按照一定的先后次序执行才能保证生产过程的正常运行，其控制总是一步一步按顺序进行，这样的控制系统称为顺序控制系统。在工业控制领域，顺序控制系统的应用很广，尤其在机械行业，几乎无一例外地利用顺序控制来实现加工的自动循环。顺序控制法就是针对顺序控制系统的一种专门的设计方法。这种设计方法很容易被初学者接受，对于有经验的设计者，也会提高设计效率，方便程序的调试、修改和阅读。

七、程序设计注意事项

(1) 程序结构简明，逻辑关系清晰。所设计的程序要注意层次结构，尽可能清晰，采用标准化模块设计。由于PLC触点可以使用无数次，因此，在程序设计时不必考虑节约触点，而应把主要精力放在逻辑功能的实现上，使程序一目了然，简单可读。

(2) 程序实现要动作可靠，能经得起实际运行工作的检验。可靠性除硬件的可靠保证外，还要求程序运行可靠。程序设计时要考虑连锁、互锁保护等措施。

(3) 程序简短，占用内存少，扫描周期短。这样既可以提高PLC对输入的相应速度，也可以提高PLC系统的控制精度。

八、硬件设计注意事项

(1) 最大限度地满足被控对象的工艺要求。任何一种电气控制系统都是为了实现被控对象（生产设备或生产过程）的控制要求和工艺需要，从而提高产品质量和输出效率，这是进行PLC系统设计最基本的要求。

（2）经济实用和维护方便。在满足生产工艺控制的前提下，要充分考虑其经济性，提高性价比，降低成本。考虑成本时应重点考虑设备和器件的成本，同时还要考虑设计、运行和维护过程中的成本。

（3）保证控制系统的安全可靠。安全可靠就是要在控制设备运行过程中使其故障率降为最小，这也是 PLC 在工业自动控制领域中的优势。

（4）具有先进性及可扩展性。在满足经济性和可靠性的前提下，考虑到生产发展和工艺的改进，在选择 PLC 的型号、I/O 点数、存储器容量等内容时，应留有适当的余量，以利于系统的调整和扩充。

九、PLC 程序设计转换法技巧

1. 对各种继电器、电磁阀等的处理

在继电接触式控制系统中，大量使用各种控制电器，如交/直流接触器、电磁阀、电磁铁、中间继电器等。交/直流接触器、电磁阀、电磁铁的线圈是执行元件，在用 PLC 控制时要为这些执行元件分配相应的 PLC 输出继电器。中间继电器可以用 PLC 内部辅助继电器来代替。

2. 对动合、动断按钮的处理

在继电接触式控制系统中，一般起动用动合按钮，停止用动断按钮。用 PLC 控制时，起动和停止一般都用动合按钮。尽管使用哪种按钮都可以，但是设计出的 PLC 梯形图却不同。

3. 对热继电器触点的处理

在继电接触式控制系统中，一般用热继电器的动断触点以实现过载时切断控制电路，从而保护电动机的作用。用 PLC 控制时，热继电器要作为 PLC 的输入点，一般用动合触点。

4. 对时间继电器的处理

时间继电器可分为通电延时型和断电延时型两种。通电延时型时间继电器的触点延时动作、瞬时复位；断电延时型时间继电器的触点瞬时动作，延时复位。用 PLC 控制时，可用 PLC 的定时器来代替时间继电器。PLC 定时器的工作原理与时间继电器的工作原理相似。

5. 对联锁触点的处理

在继电接触式控制系统中，三相异步电动机正/反转一般用按钮、接触器双重联锁，以避免三相异步电动机正/反转时造成电源相间短路。用 PLC 控制时，除采用程序上软继电器的触点联锁外，最好还应在接触器的线圈支路上采用接触器动断触点的电路硬件联锁。

任务实施

一、三相异步电动机正/反转 PLC 控制工作原理

用PLC 实现三相异步电动机正/反转控制 I/O 分配表，见表 5-1，其硬件接线如图 5-2 所示。按硬件接线图接好线，将相应的控制指令程序输入 PLC 中调试好后，按下 SB3 按钮，输出继电器 Q0.0 接通，KM1 吸合，KM1 的主触点闭合电动机正转；按下 SB1 按钮，输出继电器 Q0.0 断开，KM1 释放，KM1 主触点恢复断开，电动机断电，停止正转。按下 SB2 按钮，输出继电器 Q0.1 接通，KM2 吸合，KM2 的主触点闭合，电动机反

转；按下SB1按钮，输出继电器Q0.1断开，KM2释放，KM2主触点恢复断开，电动机断电，停止反转。若要模拟电动机过载，可人为将热继电器KR的动合触点接通，使电动机停转。

表5-1　三相异步电动机正/反转I/O分配表

输入			输出		
符号	地址	功能	符号	地址	功能
SB1	I0.4	停止	KM1	Q0.0	KM1接触器
SB2（动断）	I0.2	反转按钮联锁	KM2	Q0.1	KM2接触器
SB2（动合）	I0.3	反转			
SB3（动断）	I0.0	正转按钮联锁			
SB3（动合）	I0.1	正转			
KR	I0.5	过载保护			

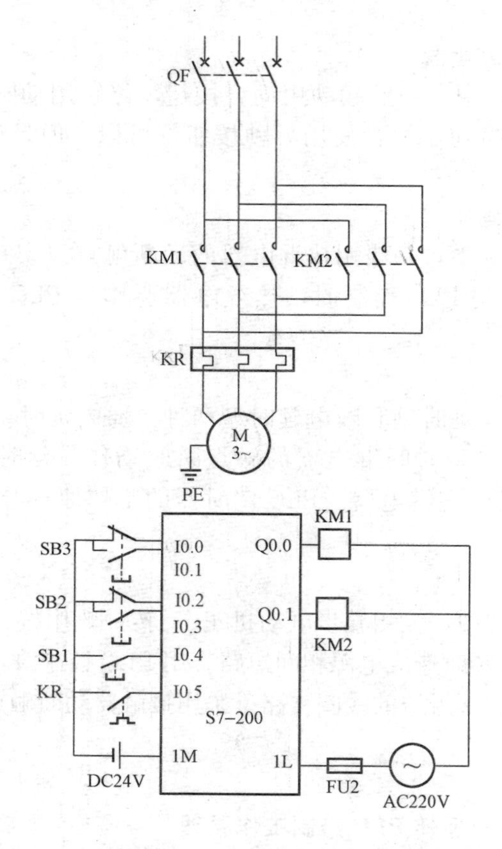

图5-2　三相异步电动机正/反转PLC控制硬件接线

二、所需材料及设备

可编程序控制器S7-200、组合开关、交流接触器、熔断器、按钮、接线端子排、塑料软铜线、电工通用工具、镊子、万用表、绝缘电阻表、配线板等，器材型号或参数见表5-2。

表 5-2　项目器材

名　称	型号或参数	单位	数量或长度
三相四线电源	AC 3×380/220V，20A	处	1
单相交流电源	AC 220V 和 36V，5A	处	1
计算机	预装 V4.0 STEP7 编程软件，型号自定义	台	1
可编程序控制器	S7-224	台	1
配线板	500mm×600mm×20mm	块	1
组合开关	HZ10-25/3	个	1
交流接触器	CJ10-20，线圈电压 AC220V	只	2
熔断器及熔芯配套	RL6-15/4	套	2
复合按钮	LA16	个	2
按钮	LA10-3H 或 LA4-3H	个	1
接线端子排	JX2-1015，500V、10A	条	1
塑料软铜线	BVR-1.5mm²	m	20
塑料软铜线	BVR-0.75mm²	m	10
别径压端子	UT2.5-4，UT1-4	个	40
行线槽	TC3025	条	5
异形塑料管	ϕ3mm	m	0.2
木螺钉	ϕ3mm×20mm，ϕ3mm×15mm	个	20
平垫圈	ϕ4mm	个	20

三、设计程序

根据控制电路的要求，利用转换法，由继电接触式控制电路原理图按照对应关系在计算机中编写并设计程序，程序设计如图 5-3 所示。

根据三相异步电动机正/反转的动作情况及梯形图编程的基本规则，对图 5-3 进行优化，其优化控制程序如图 5-4 所示。

四、安装配线

按图 5-2 所示进行配线，安装方法及要求与继电接触式电路相同并确认接线正确。

五、运行调试

（1）在断电状态下，连接好 PC/PPI 电缆。

（2）打开 PLC 的前盖，将“运行模式”选择开关拨到 STOP 位置，此时 PLC 处于停止状态，或者用鼠标单击工具栏中的 STOP 按钮，可以进行程序编写。

（3）在作为编程器的计算机上，运行 V4.0 STEP7 Micro 编程软件。

（4）用菜单命令“文件—新建”生成一个新项目；用菜单命令“文件—打开”打开一个已有的项目；用菜单命令“文件—另存为”，可修改项目的名称。

（5）用菜单命令“PLC—类型”，设置 PLC 的型号。

（6）设置通信参数。

（7）编写控制程序。

（8）用鼠标单击工具栏中的“编译”按钮或“全部编译”按钮来编译输入的程序。

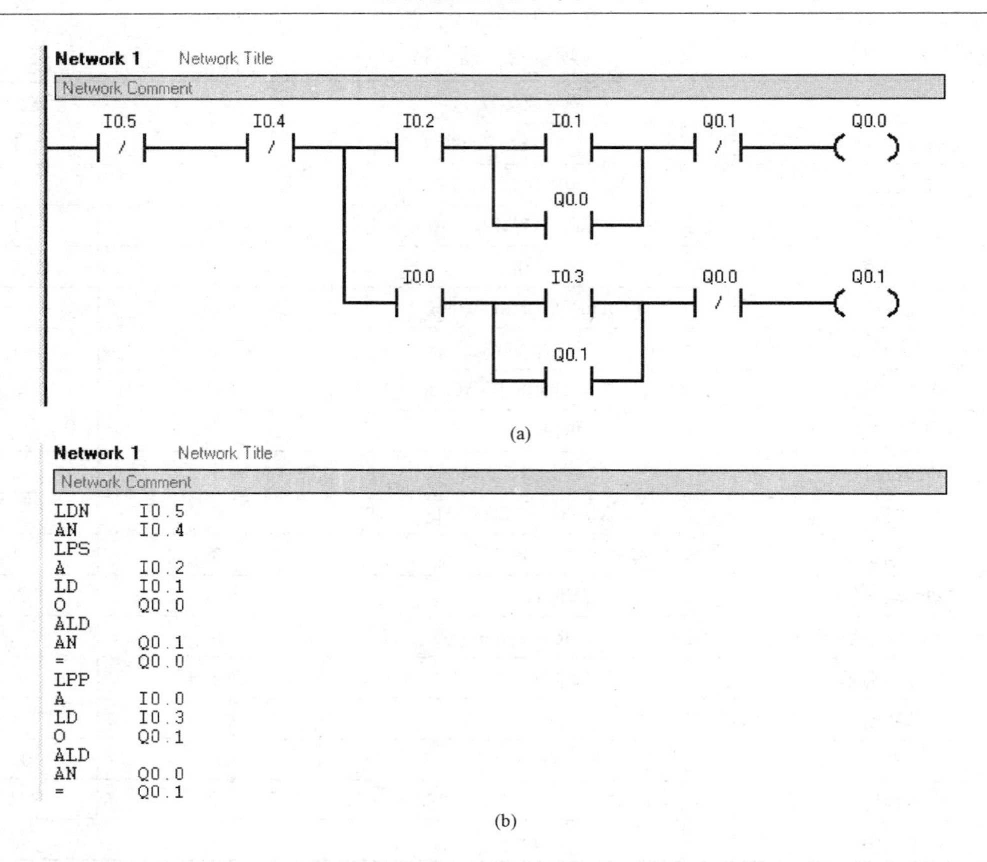


```
LDN     I0.5
AN      I0.4
LPS
A       I0.2
LD      I0.1
O       Q0.0
ALD
AN      Q0.1
=       Q0.0
LPP
A       I0.0
LD      I0.3
O       Q0.1
ALD
AN      Q0.0
=       Q0.1
```

(b)

图 5-3　三相异步电动机正/反转继电接触式控制电路原理图所对应的控制程序

(a) 梯形图；(b) 语句表

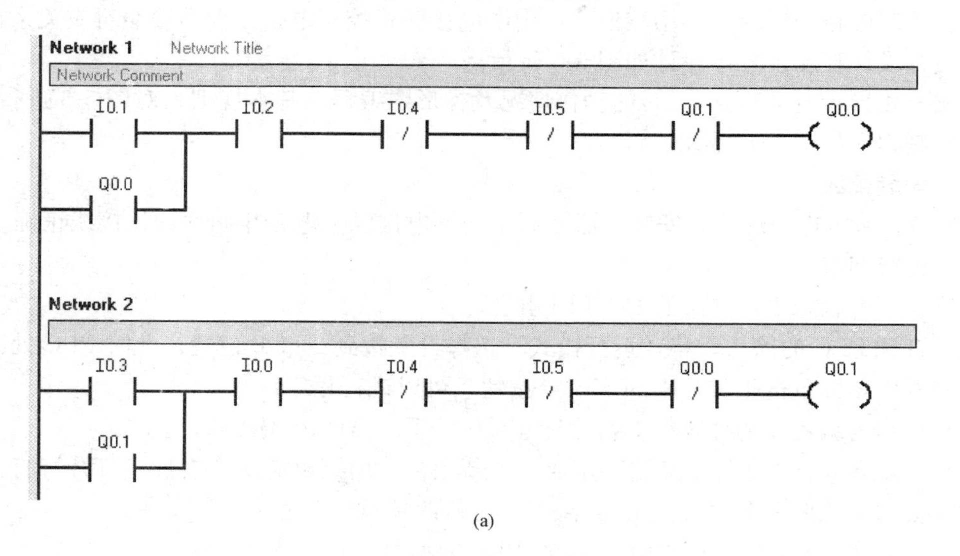

(a)

图 5-4　优化后三相异步电动机正/反转 PLC 控制程序（一）

(a) 梯形图

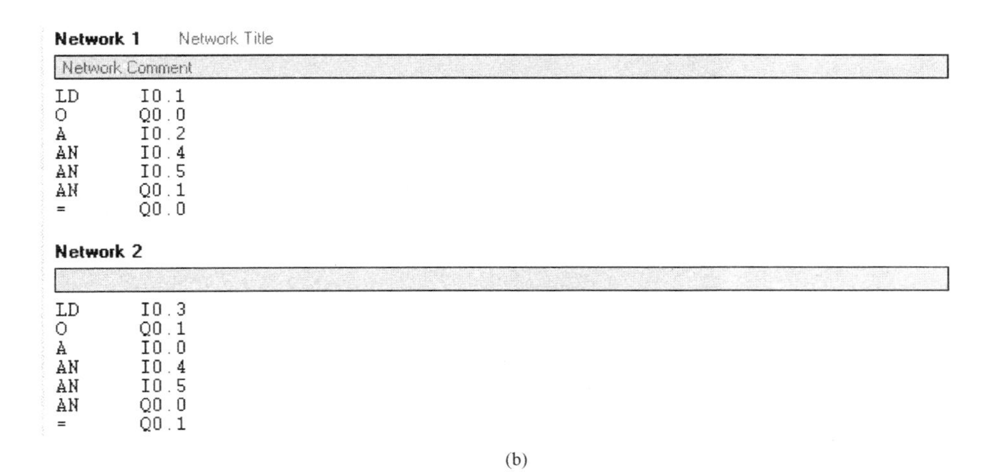

Network 1　Network Title

Network Comment

```
LD      I0.1
O       Q0.0
A       I0.2
AN      I0.4
AN      I0.5
AN      Q0.1
=       Q0.0
```

Network 2

```
LD      I0.3
O       Q0.1
A       I0.0
AN      I0.4
AN      I0.5
AN      Q0.0
=       Q0.1
```

(b)

图 5-4　优化后三相异步电动机正/反转 PLC 控制程序（二）

(b) 语句表

(9) 将程序文件下载到 PLC 中。

(10) 将“运行模式”选择开关拨到 RUN 位置，或者用鼠标单击工具栏中的 RUN 按钮，使 PLC 进入运行方式。

(11) 按下“正转”按钮 SB3，观察三相异步电动机是否正转，会不会反转。

(12) 按下“反转”按钮 SB2，观察三相异步电动机是否反转，会不会正转。

(13) 按下“停止”按钮 SB1，观察三相异步电动机是否能够停止。

(14) 热继电器 KR 动合触点动作，观察三相异步电动机是否能够停止。

(15) 再次按下“正转”按钮 SB3，如果系统能够重新正转运行，并能在按下“停止”按钮 SB1 后停车；再次按下“反转”按钮 SB2，如果系统能够重新反转运行，并能在按下“停止”按钮 SB1 后停车则程序调试结束。

项目六　三相异步电动机 Yd 降压起动 PLC 控制

技 术 要 点

会根据项目分析系统控制要求写出 I/O 分配点并正确设计出外部接线图；会根据控制要求选择 PLC 的编程方法；学会使用 S7-200 系列 PLC 的定时器指令；能正确识读三相异步电动机 Yd 起动控制系统的梯形图和线路图；能根据控制要求正确编制、输入和传输 PLC 程序；能独立完成整机安装与调试；会根据系统调试出现的情况，修改相关设计。

知 识 要 点

掌握 S7-200 系列 PLC 定时器指令；掌握 PLC 的编程技巧；学会使用 S7-200 PLC 的定时器；掌握 PLC 常用的编程方法；掌握整机的安装与调试。

知 识 准 备

一、三相异步电动机 Yd 降压起动继电接触式控制电路原理分析

三相异步电动机 Yd 降压起动继电接触式控制电路原理如图 6-1 所示。

Yd 降压起动适用于正常工作时定子绕组做三角形连接的三相异步电动机。由于该方法简便且经济，所以使用较普遍，但其起动转矩只有全电压起动的 1/3，故只适用于空负载或轻负载起动。合上电源开关 QS 后，按下“起动”按钮 SB2，接触器 KM 线圈通电，并通过

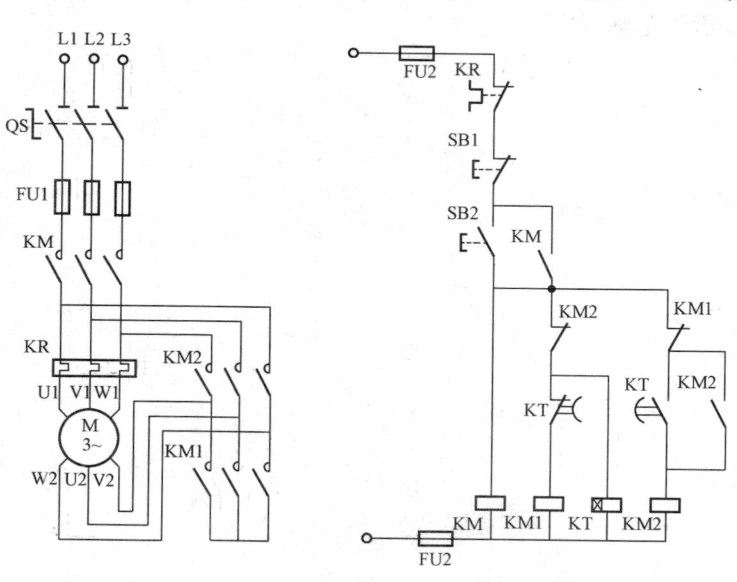

图 6-1　三相异步电动机 Yd 降压起动继电接触式控制电路原理图

KM 动合辅助触点自锁，同时接触器 KM1 线圈通电、时间继电器 KT 线圈也通电，接触器 KM 的主触点与接触器 KM1 的主触点都闭合，三相异步电动机定子绕组连接成星形降压起动。

时间继电器 KT 线圈延时到达后，时间继电器 KT 延时动合触点闭合，接触器 KM2 线圈通电，并通过接触器 KM2 辅助动合触点形成自锁。与此同时，接触器 KM1 线圈因所在支路中的时间继电器 KT 延时动断触点断开而断电，接触器 KM 线圈则保持通电。上述结果导致接触器 KM1 主触点断开，接触器 KM 主触点与接触器 KM2 主触点闭合，三相异步电动机定子绕组连接成三角形。时间继电器 KT 的触点延时动作时间由三相异步电动机的容量及起动时间的快慢等因素决定。

二、时间继电器

在自动控制系统中，有时需要继电器得到信号后不立即动作，而是要顺延一段时间后再动作并输出控制信号，以达到按时间顺序进行控制的目的。时间继电器就能实现这种功能。

常见时间继电器的外形如图 6-2 所示。

图 6-2　常见时间继电器的外形

按延时方式可分为通电延时型时间继电器和断电延时型时间继电器。

对于通电延时型时间继电器，当线圈通电时，其延时动合触点要延时一段时间才闭合，延时动断触点要延时一段时间才断开。当线圈失电时，其延时动合触点迅速断开，延时动断触点迅速闭合。

对于断电延时型时间继电器，当线圈通电时，其延时动合触点迅速闭合，延时动断触点迅速断开。当线圈失电时，其延时动合触点要延时一段时间再断开，延时动断触点要延时一段时间再闭合。通电延时型时间继电器的图形符号和文字符号如图 6-3 所示，断电延时型时间继电器的图形符号和文字符号如图 6-4 所示。

三、定时器

定时器是 PLC 中的重要硬件编程元件。定时器编程时提前输入时间预设值，在运行中当定时器的输入条件满足时则开始计时，当前值从 0 开始按一定的时间单位增加。当定时器的当前值达到预设值时，定时器发生动作，发出中断请求，以便 PLC 响应而做出相应的动作。此时它对应的动合触点闭合，动断触点断开。利用定时器的输入与输出触点就可以得到控制所需要的延时时间。

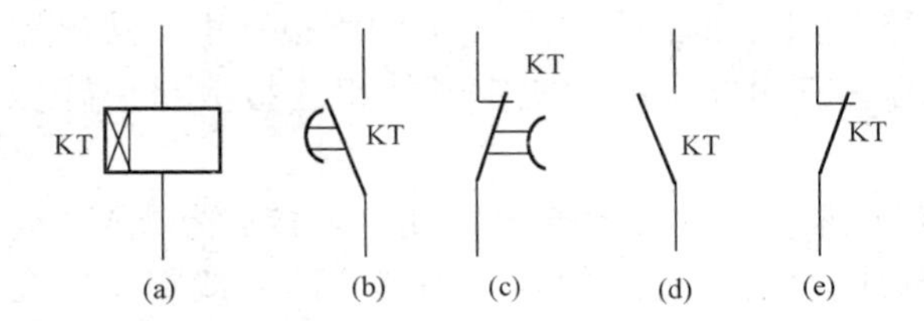

图 6-3　通电延时型时间继电器图形符号和文字符号
(a) 通电延时线圈；(b) 延时动合触点；(c) 延时动断触点；(d) 动合触点；(e) 动断触点

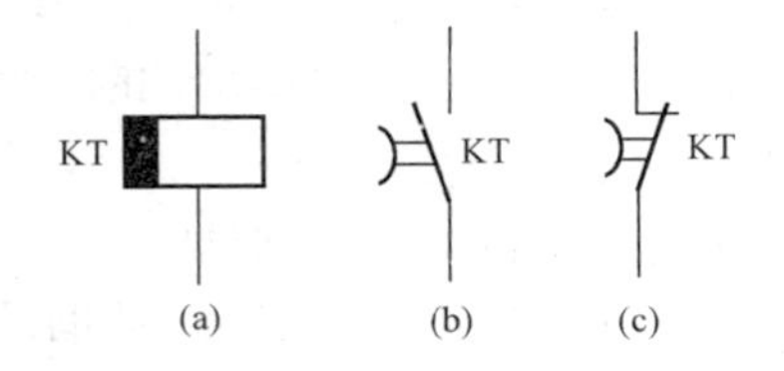

图 6-4　断电延时型时间继电器的图形符号和文字符号
(a) 断电延时线圈；(b) 延时动合触点；(c) 延时动断触点

S7-200 系列 PLC 的定时器 T 按工作方式可分为延时接通定时器、延时断开定时器和保持型延时接通定时器等三种类型；按时基脉冲又可分为 1、10、100ms 三种，具体的相关参数见表 6-1。

表 6-1　定时器 T 的编号与定时精度

定时器 T	定时精度（ms）	最大值（s）	CPU221/CPU222/CPU224/CPU226
TONR	1	32.767	T0，T64
	10	327.67	T1～T4，T65～T68
	100	3276.7	T5～T31，T69～T95
TON/TOF	1	32.767	T32，T96
	10	327.67	T33～T36，T97～T100
	100	3276.7	T37～T63，T101～T255

定时时间的计算 $T=PT\cdot S$（T 为实际定时时间，PT 为预设值，S 为精度等级）。

例如，TON 指令用定时器 T33，预设值为 125，从表 6-1 可查询到编号为 T33 的定时器是时基脉冲为 10ms 的延时接通定时器，则其定时时间为

$$T=125\times10=1250\ (\text{ms})=1.25\ (\text{s})$$

1. 延时接通定时器指令

TON 为延时接通定时器指令，梯形图符号为 ???? IN TON ????-PT ???ms 。

其中，IN 端为输入端，用于接驱动定时器线圈的信号；PT 端为设定端，用于标定定时器的设定值。

定时器 T33 的工作过程如图 6-5（c）所示，当连接于 IN 端的 I0.0 的触点闭合时，T33 开始计时，当前值逐步增大，当时间累计值（时基×脉冲数）达到设定值 PT（10ms×100=1s）时，定时器的状态位被置 1（线圈得电），T33 的动合触点闭合，输出继电器 Q0.0 线圈得电（此时当前值仍增大，但不影响状态位的变化）；当连接于 IN 端的 I0.0 触点断开，则 T33 跟随复位，Q0.0 不会有输出。

特别要强调的是，连接定时器 IN 端信号触点的接通时间必须大于等于其设定值，这样定时器的触点才会转换。

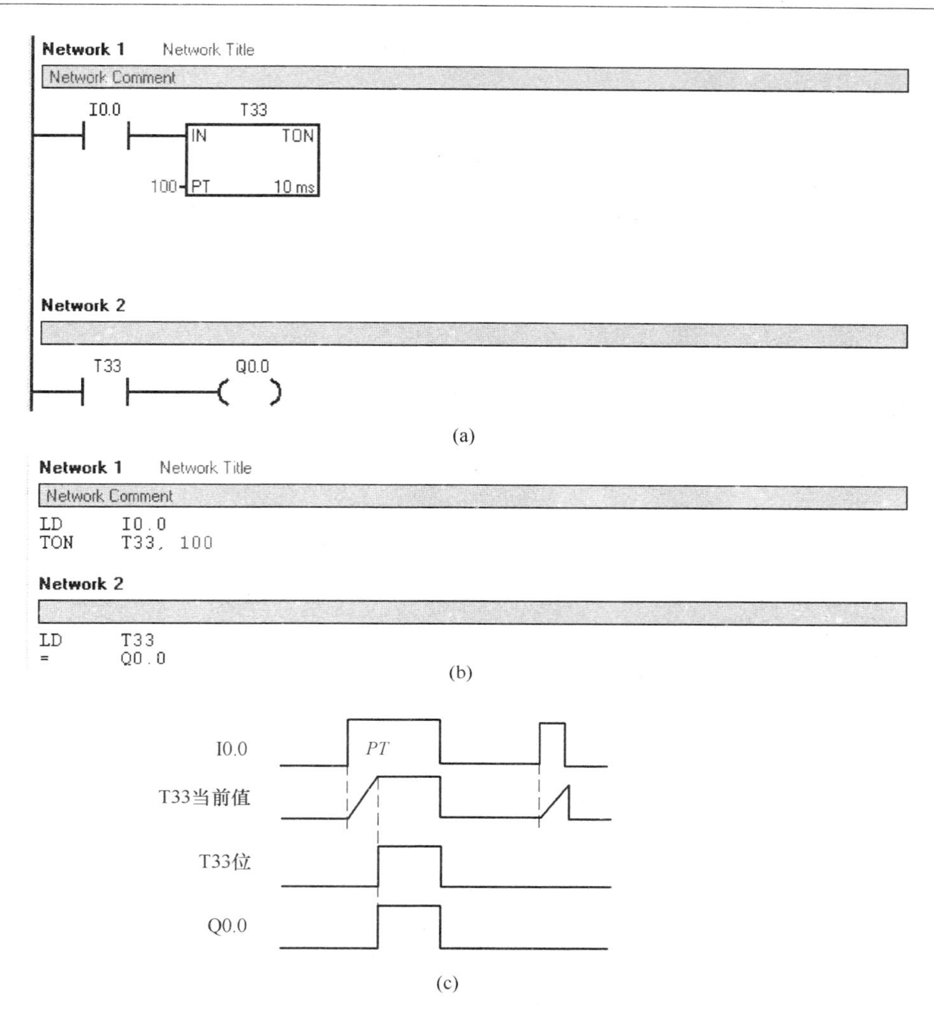

图 6-5　延时接通定时器程序及时序图

（a）梯形图；（b）语句表；（c）时序图

2. 延时断开定时器指令

TOF 为延时断开定时器指令，梯形图符号为 [????　IN　TOF　????-PT　???ms]。

其中，IN 端为输入端，用于接驱动定时器线圈的信号；PT 端为设定端，用于标定定时器的设定值。

图 6-6（a）中，编号为 T33 的延时断开定时器的时基脉冲，从表 6-1 可查询到为 10ms；定时器 T33 的工作过程如图 6-6（c）所示，当连接于 IN 端的 I0.0 的触点由接通到断开时，T33 开始计时，当前值逐步增大，当时间累计值（时基×脉冲数）达到设定值 PT（10ms×100=1s）时，定时器的状态位被置 0（线圈失电），T33 的触点恢复原始状态，其动合触点断开，输出继电器 Q0.0 线圈失电（此时 T33 当前值保持不变）；当连接于 IN 端的 I0.0 触点再次接通时，定时器的状态位置 1（线圈得电），T33 触点闭合，Q0.0 线圈得电，且 T33 当前值清零。若 I0.0 触点的断开时间未到设定值就接通，则 T33 当前值清零，Q0.0 状态不变。

特别要强调的是，连接定时器 IN 端信号触点的断开时间必须大于等于其设定值，这样定时器的触点才会转换。

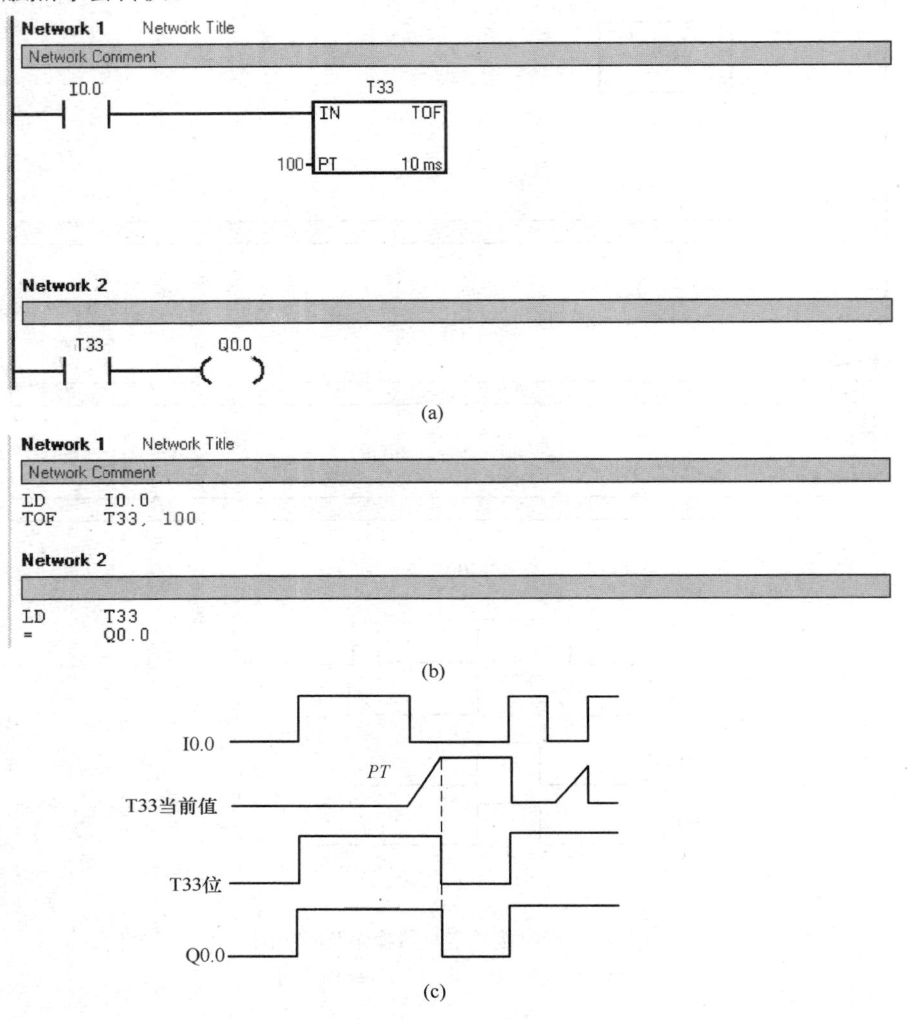

图 6-6 延时断开定时器程序及时序图

(a) 梯形图；(b) 语句表；(c) 时序图

3. 保持型延时接通定时器指令

TORN 为保持型延时接通定时器指令，梯形图符号为 [???? IN TONR ???? PT ???ms]。

其中，IN 端为输入端，用于接驱动定时器线圈的信号；PT 端为设定端，用于标定定时器的设定值。

图 6-7（a）中，编号为 T3 的保持型延时接通定时器的时基脉冲，从表 6-1 可查询到为 10ms；定时器 T3 的工作过程如图 6-7（c）所示，当连接于 IN 端的 I0.0 的触点闭合时，T3 开始计时（数时基脉冲），当前值逐步增大，若当前值未达到设定值，则 IN 端的 I0.0 的触点断开，其当前值保持（不像 TON 一样复位）；当 IN 端的 I0.0 的触点再次闭合时，T3 的

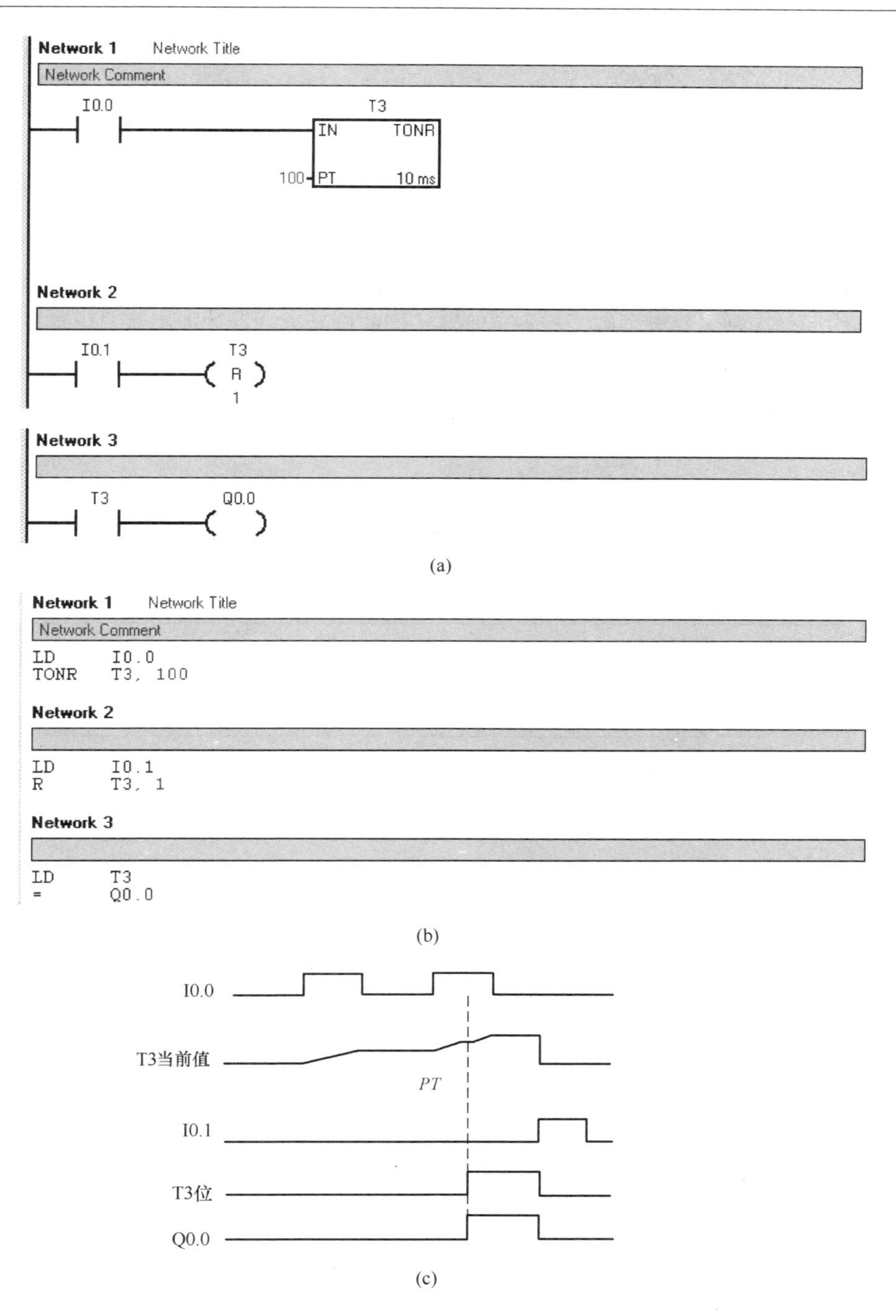

图 6-7　保持型延时接通定时器程序及时序图

(a) 梯形图；(b) 语句表；(c) 时序图

当前值从原保持值开始继续增大；当时间累计值（时基×脉冲数）达到设定值 PT（10ms×100=1s）时，定时器的状态位被置 1（线圈得电），T3 的动合触点闭合，输出继电器 Q0.0 线圈得电（当前值仍继续增大）；此时，即使断开 IN 端的 I0.0 触点也不会使 T3 复位，要使 T3 复位（R-复位指令），即只有接通 I0.1 触点才能达到复位的目的。

对于 S7-200 系列 PLC 的定时器，必须注意的是 1、10 、100ms 定时器的刷新方式是不同的。1ms 定时器由系统每隔 1ms 刷新一次，与扫描周期及程序处理无关，因而当扫描周期较长时，在一个周期内可能被多次刷新，其当前值在一个周期内不一定保持一致；10ms 定时器则由系统在每个扫描周期开始时自动刷新，由于每个扫描周期只刷新一次，故在每次程序处理期间其当前值为常数；100ms 定时器则在该定时器指令执行时才被刷新。

由于定时器内部刷新机制的原因，图 6-8（a）所示定时器循环计时（自复位）电路若选用 1ms 或 10ms 精度的定时器，运行时会出现错误，而图 6-8（b）所示电路可保证 1、10、100ms 三种定时器均运行正常。只有了解了三种定时器不同的刷新方式，才能编写出可靠的程序。

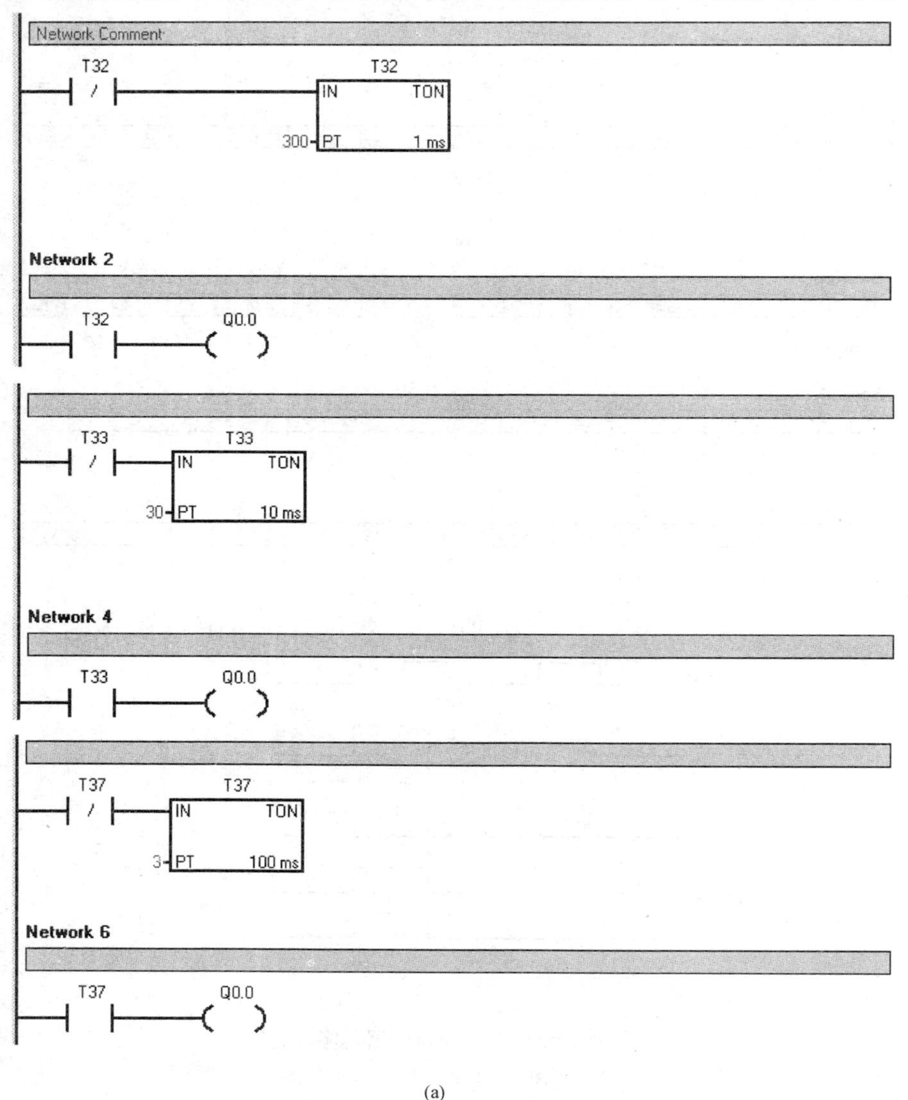

(a)

图 6-8 定时器循环计时程序（一）

（a）不可靠的程序（不能选用 1、10ms 的定时器）

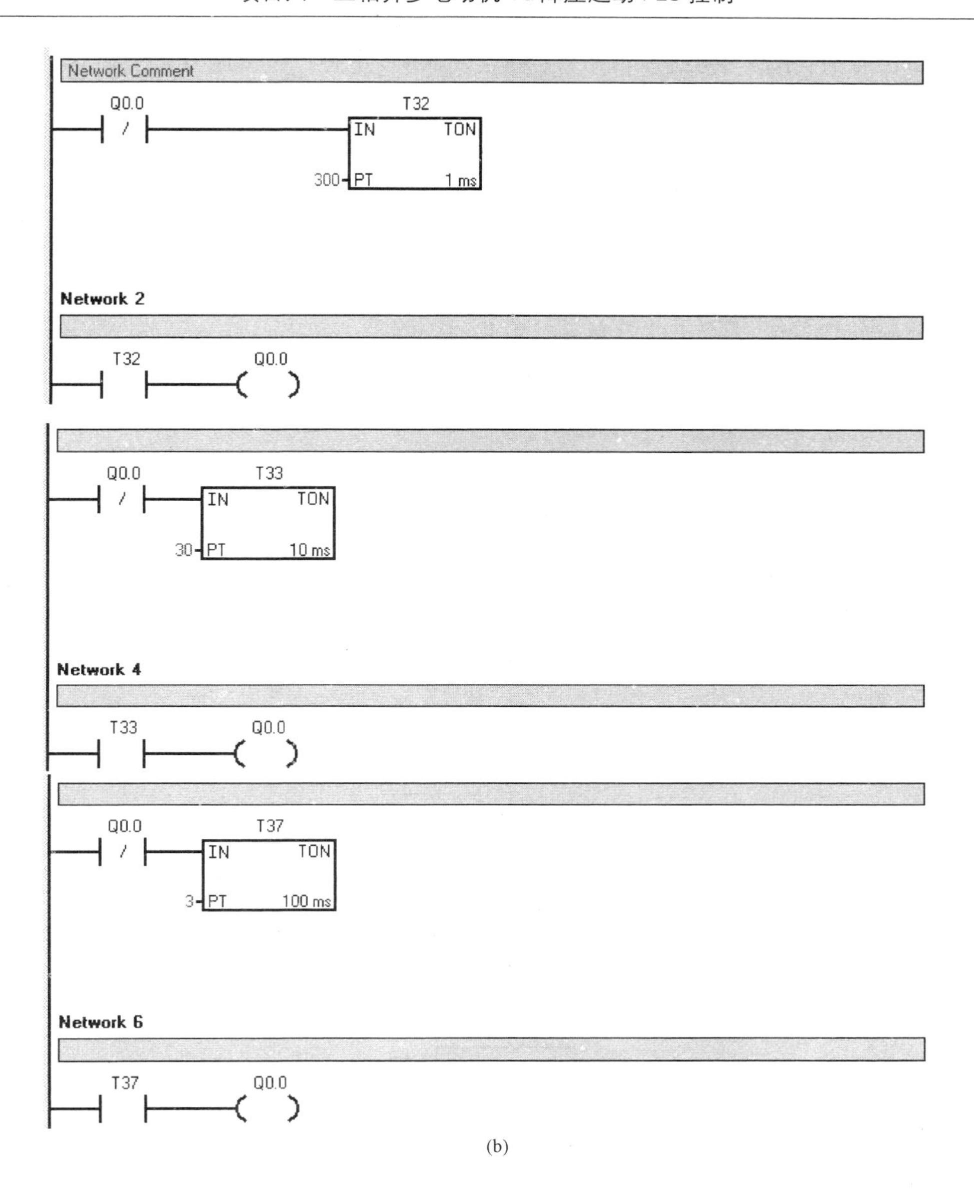

(b)

图 6-8　定时器循环计时程序（二）

(b) 正确的程序

任 务 实 施

一、三相异步电动机 Yd 降压起动 PLC 控制工作原理

用 PLC 实现三相异步电动机 Yd 降压起动控制 I/O 分配表，见表 6-2，其硬件接线图如图 6-9 所示。按硬件接线图接好线，将相应的控制指令程序输入 PLC 中调试好后，按下 SB2 按钮，输出继电器 Q0.0、Q0.1 接通，接触器 KM 、KM1 吸合，KM、KM1 的主触点闭合，三相异步电动机定子绕组接成星形，三相异步电动机开始降压起动，然后延时一段时间（如 5s），输出继电器 Q0.1 断开，而输出继电器 Q0.2 接通，三相异步电动机定子绕组接成三角形进入全电压运行；按下 SB1 按钮，输出继电器 Q0.0、Q0.2 或 Q0.1 断开，接触器 KM、

KM1 或 KM2 释放，KM 主触点、KM1 主触点或 KM2 主触点恢复断开，三相异步电动机断电，停止运行；若要模拟电动机过载，可人为地将热继电器 KR 的动合触头接通，使电动机停转。

表 6-2　　三相异步电动机 Yd 降压起动控制 I/O 分配表

输入			输出		
符号	地址	功能	符号	地址	功能
SB1	I0.1	停止	KM	Q0.0	KM 接触器
SB2	I0.0	起动	KM1	Q0.1	KM1 接触器
KR	I0.2	过载保护	KM2	Q0.2	KM2 接触器

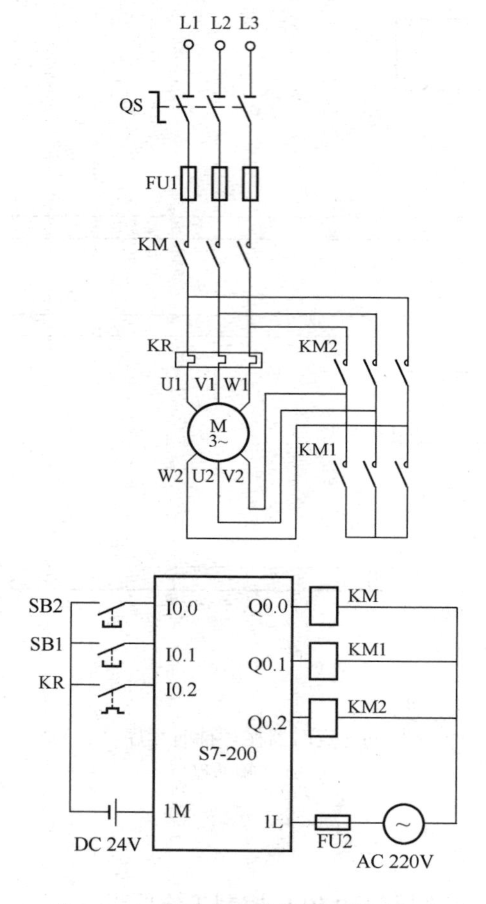

图 6-9　三相异步电动机 Yd 降压起动 PLC 控制硬件接线

二、所需材料及设备

可编程序控制器 S7-200、组合开关、交流接触器、熔断器、按钮、接线端子排、塑料软铜线、电工通用工具、镊子、万用表、绝缘电阻表、配线板等，器材型号或参数见表 6-3。

表6-3　项目器材

名　称	型号或参数	单位	数量或长度
三相四线电源	AC 3×380/220V，20A	处	1
单相交流电源	AC 220V和36V，5A	处	1
计算机	预装V4.0 STEP7编程软件，型号自定义	台	1
可编程序控制器	S7-224	台	1
配线板	500mm×600mm×20mm	块	1
组合开关	HZ10-25/3	个	1
交流接触器	CJ10-20，线圈电压AC220V	只	3
熔断器及熔芯配套	RL6-60/20	套	3
熔断器及熔芯配套	RL6-15/4	套	2
复合按钮	LA16	个	2
按钮	LA10-3H或LA4-3H	个	1
接线端子排	JX2-1015，500V、10A	条	1
塑料软铜线	BVR-1.5mm²	m	20
塑料软铜线	BVR-0.75mm²	m	10
别径压端子	UT2.5-4，UT1-4	个	40
行线槽	TC3025	条	5
异形塑料管	ϕ3mm	m	0.2
木螺钉	ϕ3mm×20mm，ϕ3mm×15mm	个	20
平垫圈	ϕ4mm	个	20

三、设计程序

根据控制电路要求，在计算机中编写程序，程序设计如图6-10所示。

四、安装配线

按图6-9所示进行配线，安装方法及要求与继电接触式电路相同并确认接线正确。

五、运行调试

（1）在断电状态下，连接好PC/PPI电缆。

（2）打开PLC的前盖，将“运行模式”选择开关拨到STOP位置，此时PLC处于停止状态，或者用鼠标单击工具栏中的STOP按钮，可以进行程序编写。

（3）在作为编程器的计算机上，运行V4.0 STEP7 Micro编程软件。

（4）用菜单命令“文件—新建”生成一个新项目；用菜单命令“文件—打开”，打开一个已有的项目；用菜单命令“文件—另存为”，可修改项目的名称。

（5）用菜单命令“PLC—类型”，设置PLC的型号。

（6）设置通信参数。

（7）编写控制程序。

（8）用鼠标单击工具栏中的“编译”按钮或“全部编译”按钮来编译输入的程序。

（9）下载程序文件到PLC。

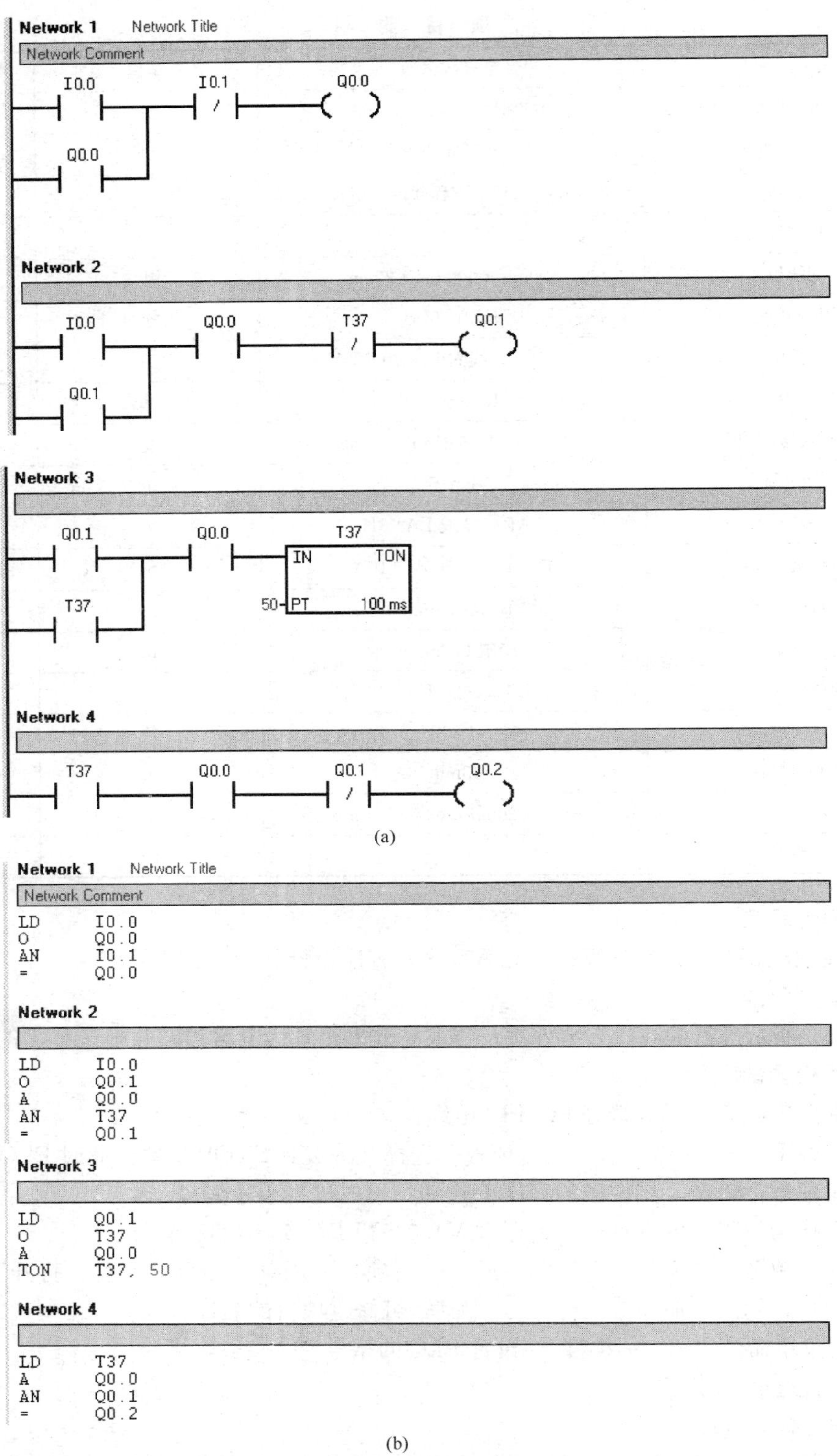

图 6-10　三相异步电动机 Yd 降压起动 PLC 控制程序

(a) 梯形图；(b) 语句表

（10）将“运行模式”选择开关拨到 RUN 位置，或者用鼠标单击工具栏中的 RUN 按钮使 PLC 进入运行方式。

（11）按下“起动”按钮 SB2，观察 KM、KM1 是否立即吸合，三相异步电动机以星形连接降压起动，5s 后 KM1 断开，KM2 吸合，三相异步电动机以三角形连接全压运行。按下“停止”按钮 SB1，KM、KM2（或 KM1）断开，三相异步电动机停止。

（12）热继电器 KR 动合触点动作，观察三相异步电动机是否能够停止。

项目七　平面磨床工作台自动循环 PLC 控制

技术要点

能够熟练使用编程工具；会根据项目分析系统控制要求写出 I/O 分配点并正确设计出外部接线图；会根据控制要求选择 PLC 的编程方法；学会使用 S7-200 系列 PLC 的基本指令（ALD、OLD、LPS、LRD、LPP）；能根据控制要求正确编制、输入和传输 PLC 程序；能独立完成整机安装与调试；会根据系统调试出现的情况，修改相关设计。

知识要点

掌握 PLC 的基本指令（ALD、OLD、LPS、LRD、LPP）；掌握 PLC 程序设计的注意事项；掌握 PLC 程序设计的方法和技巧；掌握平面磨床工作台自动循环 PLC 控制系统主电路设计的注意事项与电路原理；掌握平面磨床工作台自动循环 PLC 控制系统控制程序设计的注意事项与电路原理。

知识准备

一、平面磨床工作台自动循环继电接触式控制电路原理分析

平面磨床工作台自动循环继电接触式控制电路原理如图 7-1 所示。

图 7-1 所示中，合上电源开关 QS，按下“起动”按钮 SB2，接触器 KM1 线圈获电，KM1 主触点闭合，电动机正转，平面磨床工作台向前进方向移动；当平面磨床工作台移动到一定位置时，挡铁 1 碰撞行程开关 SP2，使 SP2 的动断触点断开，接触器 KM1 线圈断电释放，电动机断电；与此同时，行程开关 SP2 的动合触点闭合，接触器 KM2 线圈获电吸合，使电动机反转，拖动平面磨床工作台向后退方向移动，此时行程开关 SP2 虽然复位，但是接触器 KM2 的辅助动合触点已闭合，故电动机继续拖动平面磨床工作台向后退方向移动；当平面磨床工作台向后退方向移动到一定位置时，挡铁 2 碰撞行程开关 SP1，SP1 的动断触点断开，接触器 KM2 线圈断电释放，电动机断电，同时 SP1 动合触点闭合，接触器 KM1 线圈又获电动作，电动机再次正转，拖动平面磨床工作台向前进方向移动。如此循环，平面磨床工作台在预定的距离内自动做往复运动。

图 7-1 所示中行程开关 SP3 和 SP4 安装在平面磨床工作台往复运动的极限位置上，以防止行程开关 SP1 和 SP2 失灵，平面磨床工作台继续运动不停止而造成事故。

二、行程开关

行程开关又称位置开关或限位开关。其主要用途是控制运动部件的运动方向、行程大小或位置进行保护。其作用与按钮相同，只是其触点的动作不是靠手动操作，而是利用生产机械某些运动部件上的挡铁碰撞其滚轮使触点动作来实现电路的接通或分断。

行程开关的结构分为操动机构、触点系统和外壳三部分，行程开关的外形如图 7-2 所

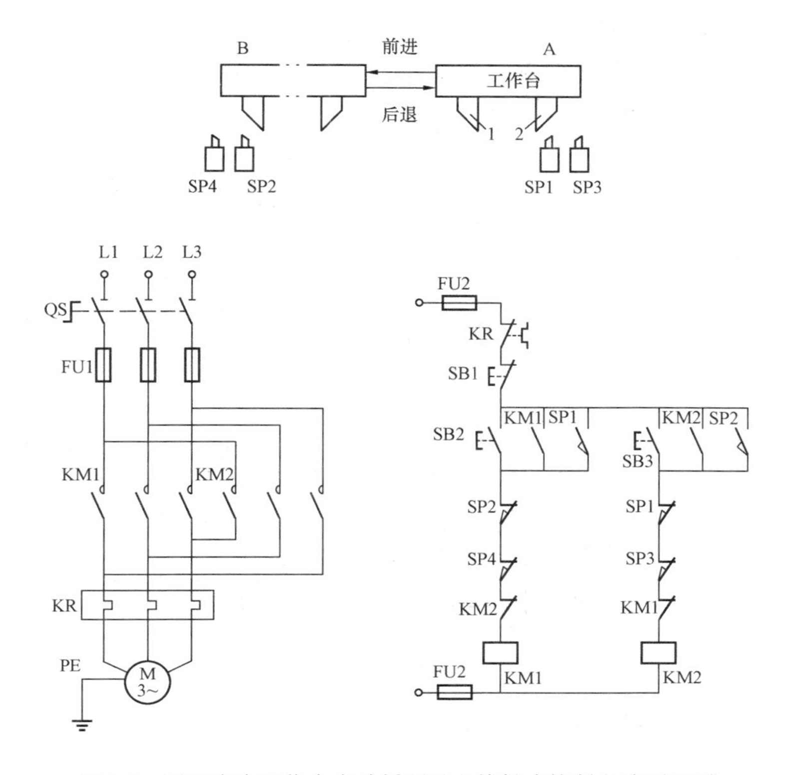

图 7-1 平面磨床工作台自动循环继电接触式控制电路原理图

示。行程开关分为单滚轮、双滚轮及径向传动杆等形式。其中，单滚轮和径向传动杆行程开关可自动复位，双滚轮行程开关为碰撞复位。

常见的行程开关有 LX19 系列、LX22 系列、JLXK1 系列和 JLXW5 系列；其额定电压分别为 AC500、380V，DC440、220V，额定电流分别为 20、5、3A。JLXK1 系列行程开关的技术数据见表 7-1。

表 7-1 **JLXK1 系列行程开关的技术数据**

<table>
<tr><th rowspan="2">型号</th><th colspan="2">触点数量</th><th colspan="2">额定电压（V）</th><th rowspan="2">额定电流（A）</th><th rowspan="2">操作频率（h）</th><th rowspan="2">通电率（%）</th><th rowspan="2">触点换接时间（s）</th><th rowspan="2">动作力（N）</th><th rowspan="2">动作行程或角度</th><th rowspan="2">外形尺寸（mm）</th><th rowspan="2">传动装置及复位方式</th></tr>
<tr><th>动合</th><th>动断</th><th>交流</th><th>直流</th></tr>
<tr><td>JLXK1-111A</td><td rowspan="4">1</td><td rowspan="4">1</td><td rowspan="4">380</td><td rowspan="4">220</td><td rowspan="4">5</td><td rowspan="4">1200</td><td rowspan="4">40</td><td rowspan="4">0.04</td><td>≤14.7</td><td>15°～20°</td><td rowspan="4">142×44×64</td><td>单轮传动，防护式，自动复位</td></tr>
<tr><td>JLXK1-211A</td><td>≤14.7</td><td>40°～50°</td><td>双轮传动，防护式，非自动复位</td></tr>
<tr><td>JLXK1-311A</td><td>≤19.6</td><td>1.5～3mm</td><td>推杆直动，防护式，自动复位</td></tr>
<tr><td>JLXK1-411A</td><td>≤19.6</td><td>1.5～3mm</td><td>滚轮直动，防护式，自动复位</td></tr>
</table>

在选用行程开关时，主要根据机械位置对开关型式的要求，控制线路对触点数量和触点性质的要求，闭合类型（限位保护或行程控制）和可靠性以及电压、电流等级确定其型号。

行程开关的结构示意如图7-2所示。

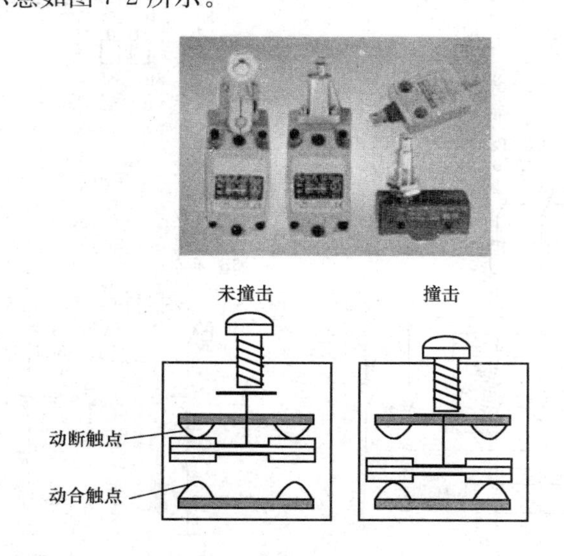

图7-2 行程开关的结构示意

行程开关的型号含义和电气符号如图7-3所示。

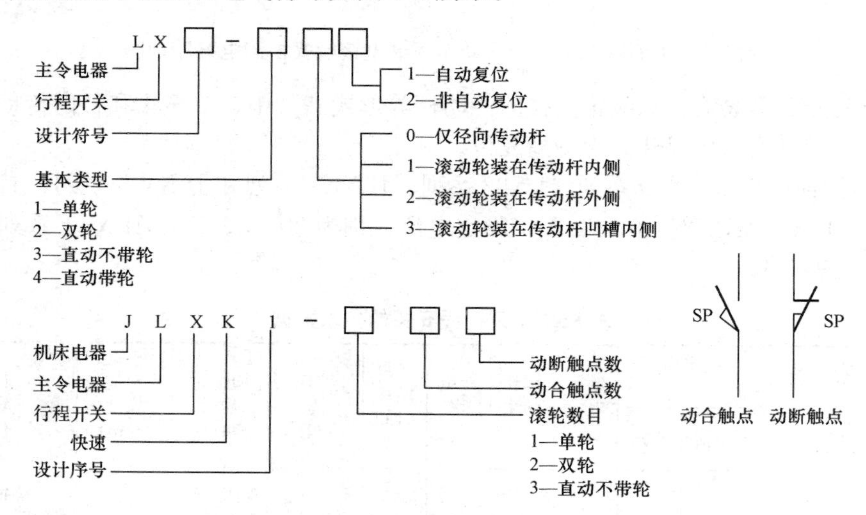

图7-3 行程开关的型号含义和电气符号

三、PLC基本指令（ALD，OLD，LPS，LRD，LPP）

ALD指令：ALD指令把逻辑堆栈第一、第二级的值做“与”操作，结果置于栈顶。ALD执行后堆栈减少一级。

OLD指令：OLD指令把逻辑堆栈第一、第二级的值做“或”操作，结果置于栈顶。OLD执行后堆栈减少一级。

LPS指令：LPS进栈指令把栈顶值复制后压入堆栈，栈底值被压出而丢失。

LRD指令：LRD读栈指令把逻辑堆栈第二级的值复制到栈顶，堆栈没有压入和弹出。

LPP 指令：LPP 出栈指令把堆栈弹出一级，原第二级的值变为新的栈顶值。

图 7-4 所示可以说明这几条指令对逻辑堆栈的影响。其中仅用了 2 层栈，实际上因为逻辑堆栈有 9 层，故可以连续使用多次 LPS，形成多层分支。但要注意，LPS 和 LPP 必须配对使用，LPS、LRD、LPP 指令均无操作数。图 7-5 所示为 LPS、LRD、LPP 指令的应用。

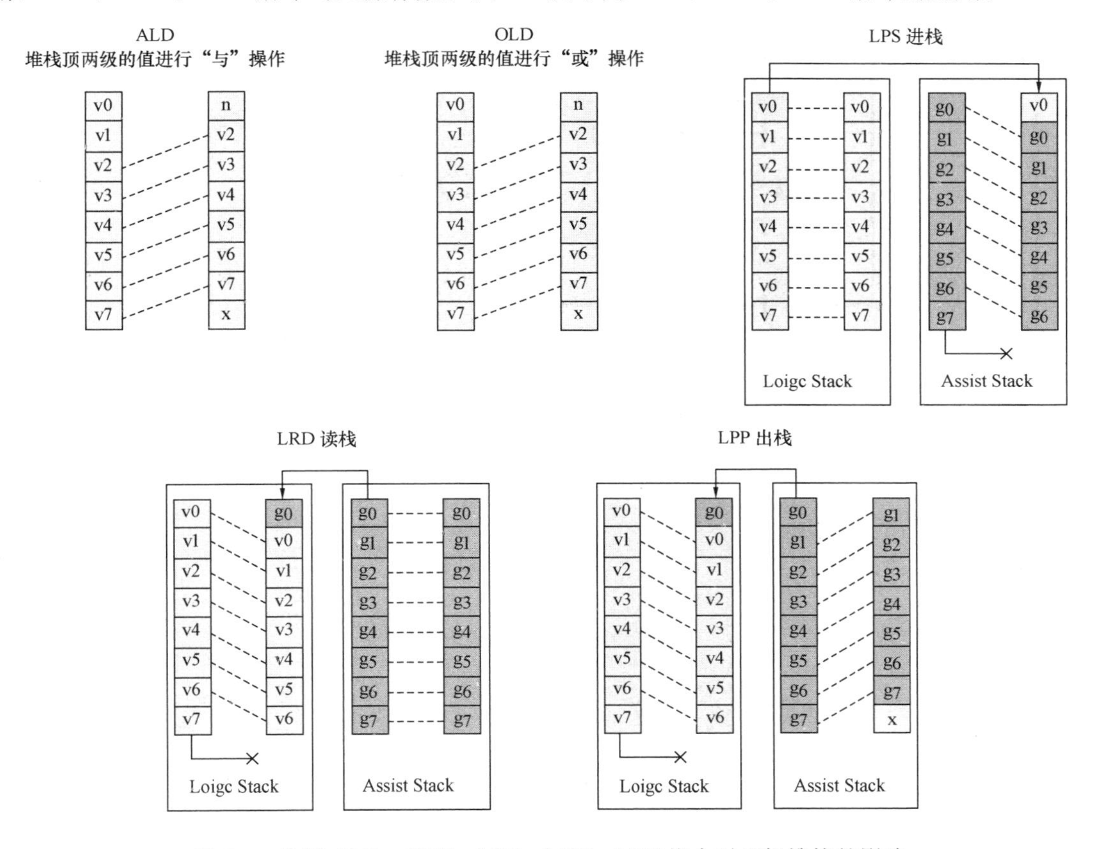

图 7-4　执行 ALD、OLD、LPS、LRD、LPP 指令对逻辑堆栈的影响

任务实施

一、平面磨床工作台自动循环 PLC 控制工作原理

用 PLC 实现平面磨床工作台自动循环控制 I/O 分配表，见表 7-2，其硬件接线如图 7-6 所示。按硬件接线图接好线，将相应的控制指令程序输入 PLC 中调试好后，按下 SB2 按钮，输出继电器 Q0.0 接通，接触器 KM1 吸合，KM1 的主触点闭合，三相异步电动机正转，平面磨床工作台向前进方向移动；当平面磨床工作台移动到一定位置时，挡铁 1 碰撞行程开关 SP2，使 SP2 的动合触点闭合，输出继电器 Q0.0 断开，接触器 KM1 线圈断电释放，电动机断电；与此同时，也由于行程开关 SP2 的动合触点闭合，输出继电器 Q0.1 接通，接触器 KM2 吸合，KM2 的主触点闭合，三相异步电动机反转，平面磨床工作台向后退方向移动；当平面磨床工作台向后退方向移动到一定位置时，挡铁 2 碰撞行程开关 SP1，SP1 的动合触

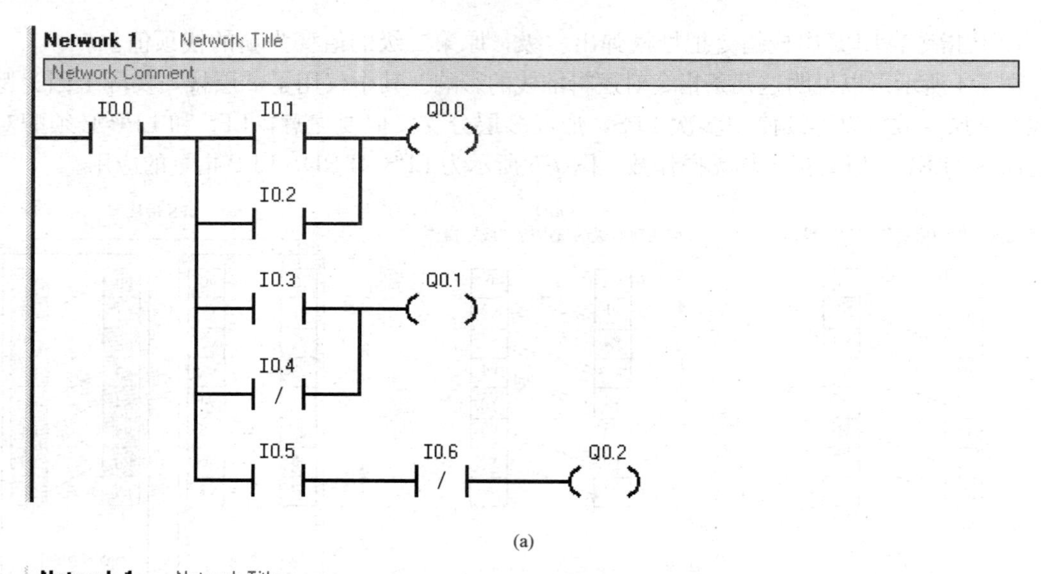

(a)

Network 1 Network Title

Network Comment

```
LD    I0.0
LPS
LD    I0.1
O     I0.2
ALD
=     Q0.0
LRD
LD    I0.3
ON    I0.4
ALD
=     Q0.1
LPP
A     I0.5
AN    I0.6
=     Q0.2
```

(b)

图 7-5 LPS、LRD、LPP 指令的应用

(a) 梯形图；(b) 语句表

点闭合，输出继电器 Q0.1 断开，接触器 KM2 线圈断电释放，电动机断电，同时也由于 SP1 动合触点闭合，输出继电器 Q0.0 接通，接触器 KM1 吸合，KM1 的主触点闭合，三相异步电动机正转，平面磨床工作台向前进方向移动。如此循环，平面磨床工作台在预定的距离内自动做往复运动。若要模拟电动机过载，可人为将热继电器 KR 的动合触点接通，使电动机停转。

表 7-2　　平面磨床工作台自动循环控制 I/O 分配表

输　入			输　出		
符号	地址	功能	符号	地址	功能
SB1	I0.1	停止	KM1	Q0.0	KM1 接触器
SB2	I0.0	手动前进	KM2	Q0.1	KM2 接触器
KR	I0.2	过载保护			
SB3	I0.3	手动后退			
SP1	I0.4	自动前进			
SP2	I0.5	自动后退			

续表

输　入			输　出		
符号	地址	功能	符号	地址	功能
SP3	I0.6	右限位			
SP4	I0.7	左限位			

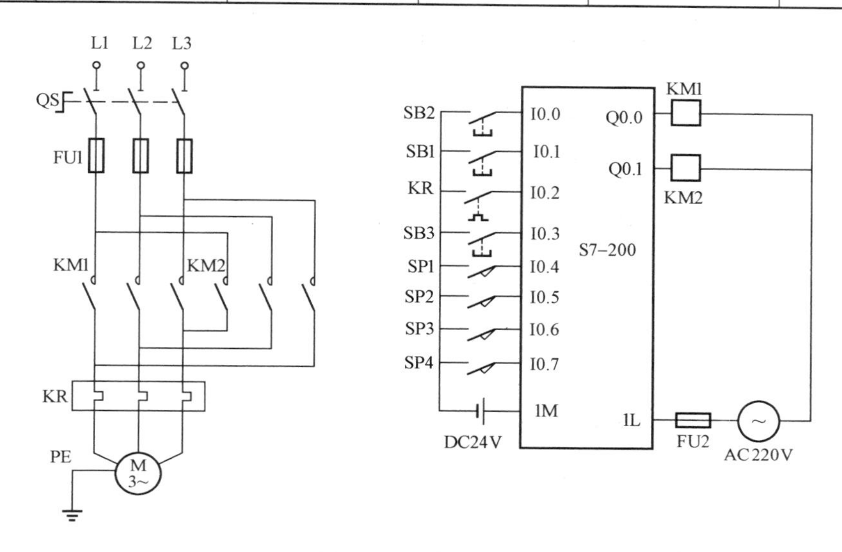

图 7-6　平面磨床工作台自动循环 PLC 控制硬件接线

二、所需材料及设备

可编程序控制器 S7-200、组合开关、交流接触器、熔断器、按钮、接线端子排、塑料软铜线、电工通用工具、镊子、万用表、绝缘电阻表、配线板等，器材型号或参数见表 7-3。

表 7-3　　**项　目　器　材**

名　称	型号或参数	单位	数量或长度
三相四线电源	AC 3×380/220V，20A	处	1
单相交流电源	AC 220V 和 36V，5A	处	1
计算机	预装 V4.0 STEP7 编程软件，型号自定义	台	1
可编程序控制器	S7-224	台	1
配线板	500mm×600mm×20mm	块	1
组合开关	HZ10-25/3	个	1
交流接触器	CJ10-20，线圈电压 AC220V	只	2
熔断器及熔芯配套	RL6-60/20	套	3
熔断器及熔芯配套	RL6-15/4	套	2
三联按钮	LA10-3H 或 LA4-3H	个	2
行程开关	LX19-111	个	4
接线端子排	JX2-1015，500V、10A	条	1
塑料软铜线	BVR-1.5mm^2	m	20
塑料软铜线	BVR-0.75mm^2	m	10
别径压端子	UT2.5-4，UT1-4	个	40
行线槽	TC3025	条	5
异形塑料管	ϕ3mm	m	0.2
木螺钉	ϕ3mm×20mm，ϕ3mm×15mm	个	20
平垫圈	ϕ4mm	个	20

三、设计程序

根据控制电路要求，在计算机中编写程序，程序设计如图 7-7 或图 7-8 所示。

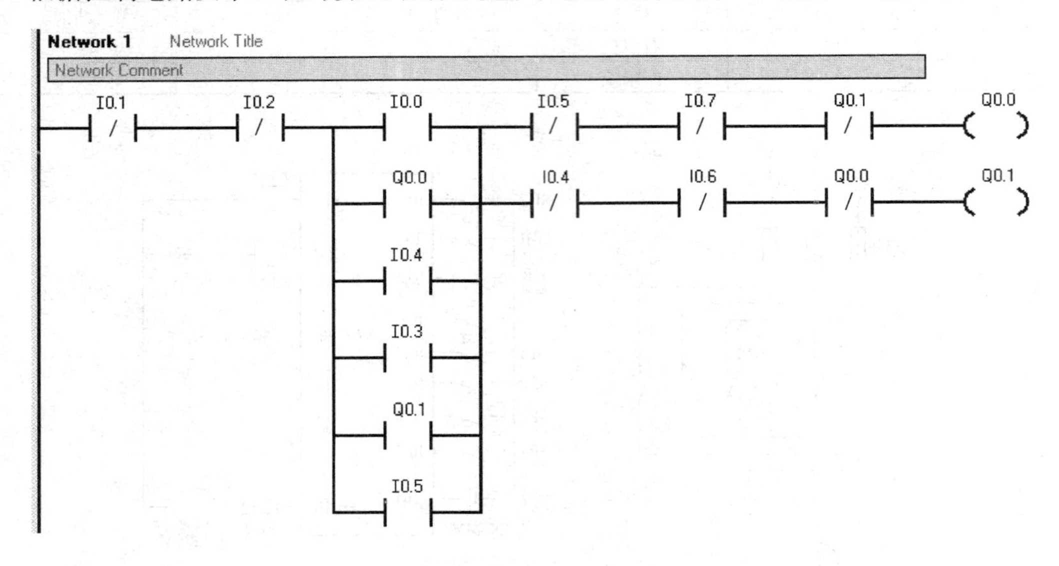

(a)

Network 1　Network Title

Network Comment

```
LDN    I0.1
AN     I0.2
LD     I0.0
O      Q0.0
O      I0.4
O      I0.3
O      Q0.1
O      I0.5
ALD
LPS
AN     I0.5
AN     I0.7
AN     Q0.1
=      Q0.0
LPP
AN     I0.4
AN     I0.6
AN     Q0.0
=      Q0.1
```

(b)

图 7-7　平面磨床工作台自动循环 PLC 控制程序

（a）梯形图；（b）语句表

四、安装配线

按图 7-6 所示进行配线，安装方法及要求与继电接触式电路相同并确认接线正确。

五、运行调试

（1）在断电状态下，连接好 PC/PPI 电缆。

（2）打开 PLC 的前盖，将“运行模式”选择开关拨到 STOP 位置，此时 PLC 处于停止状态，或者用鼠标单击工具栏中的 STOP 按钮，可以进行程序编写。

（3）在作为编程器的计算机上，运行 V4.0 STEP7 Micro 编程软件。

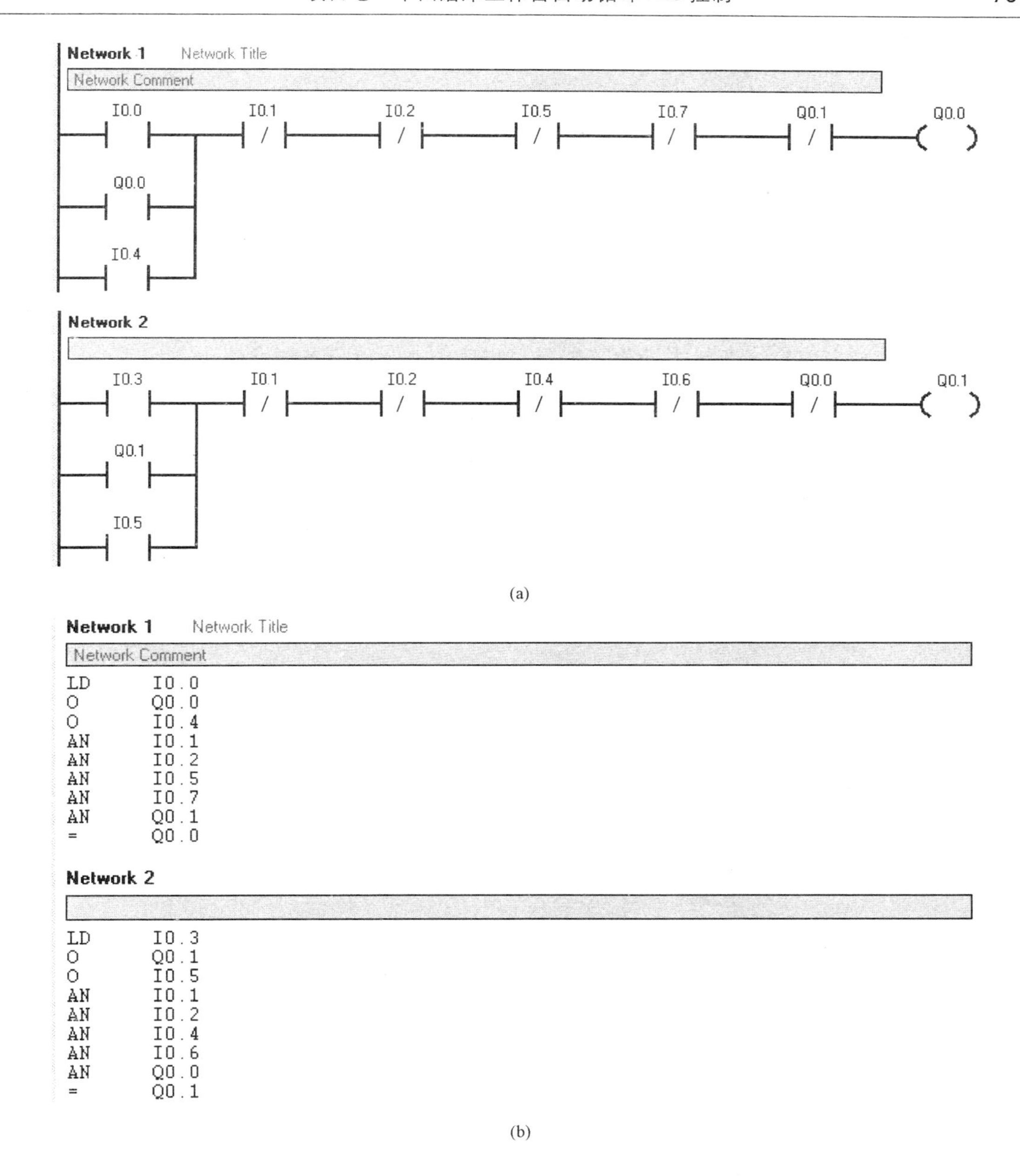

图 7-8　平面磨床工作台自动循环 PLC 控制程序

（a）梯形图；（b）语句表

（4）用菜单命令“文件—新建”生成一个新项目；用菜单命令“文件—打开”打开一个已有的项目；用菜单命令“文件—另存为”，可修改项目的名称。

（5）用菜单命令“PLC—类型”，设置 PLC 的型号。

（6）设置通信参数。

（7）编写控制程序。

（8）用鼠标单击工具栏中的“编译”按钮或“全部编译”按钮来编译输入的程序。

（9）下载程序文件到 PLC。

（10）将“运行模式”选择开关拨到RUN位置，或者用鼠标单击工具栏中的RUN按钮使PLC进入运行方式。

（11）按下“手动前进”按钮SB2，观察KM1是否立即吸合，三相异步电动机是否正向起动，平面磨床工作台是否向前进方向移动。手动模拟按下SP2观察三相异步电动机是否反向，平面磨床工作台是否向后退方向移动。

（12）按下“手动后退”按钮SB3，观察KM2是否立即吸合，三相异步电动机是否反向起动，平面磨床工作台是否向后退方向移动。手动模拟按下SP1观察三相异步电动机是否反向，平面磨床工作台是否向前进方向移动。

（13）热继电器KR动合触点动作，观察三相异步电动机是否能够停止。

（14）按下“停止”按钮SB1，三相异步电动机停止，则程序调试结束。

项目八　自动门 PLC 控制

技术要点

能够熟练使用编程工具；会根据项目分析系统控制要求写出 I/O 分配点并正确设计出外部接线图；会根据控制要求选择 PLC 的编程方法；学会使用 S7-200 系列 PLC 的基本指令（S、R、SI、RI、EU、ED）；能根据控制要求正确编制、输入和传输 PLC 程序；能独立完成整机安装与调试；会根据系统调试出现的情况，修改相关设计。

知识要点

掌握 PLC 基本指令（S、R、SI、RI、EU、ED）的使用及编程方法；能熟练利用编程软件进行程序的编辑、下载、调试、运行及程序监控；能熟练使用 S、R、SI、RI、EU、ED 等指令进行自动门 PLC 控制系统的硬件、软件设计和系统调试。

知识准备

一、三相异步电动机正/反转带行程保护的继电接触式控制电路原理分析

三相异步电动机正/反转带行程保护的继电接触式控制电路原理如图 8-1 所示。

图 8-1 所示为三相异步电动机正/反转带行程保护的继电接触式控制电路。接触器 KM1 的主触点闭合、接触器 KM2 的主触点断开，三相电源线 L1、L2、L3 分别接入三相异步电动机的定子绕组 U、V、W 接线端子上，三相异步电动机正转；而当接触器 KM1 的主触点断开、接触器 KM2 的主触点闭合时，三相电源线 L1、L2、L3 换接至三相异步电动机的定

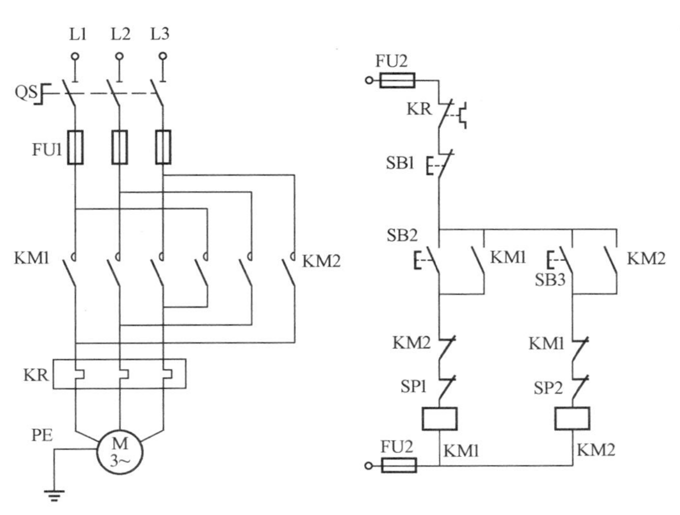

图 8-1　三相异步电动机正/反转带行程保护的继电接触式控制电路原理图

子绕组 W、V、U 接线端子上，三相异步电动机反转。

操作时按下“正转”按钮 SB2，接触器 KM1 线圈通电，并通过 KM1 辅助动合触点自锁。接触器 KM1 的主触点闭合、接触器 KM2 的主触点断开，三相异步电动机正转；当碰撞到行程开关 SP1 时，SP1 的动断触点断开，接触器 KM1 线圈断电释放，接触器 KM1 的主触点断开，三相异步电动机停止。

操作时按下“反转”按钮 SB3，接触器 KM2 线圈通电，并通过 KM2 辅助动合触点自锁。接触器 KM2 的主触点闭合、接触器 KM1 的主触点断开，三相异步电动机反转；当碰撞到行程开关 SP2 时，SP2 的动断触点断开，接触器 KM2 线圈断电释放，接触器 KM2 的主触点断开，三相异步电动机停止。

二、PLC 基本指令（S、R、SI、RI、EU、ED）

S 为置位（置 1）指令，梯形图符号为$—(\overset{\text{bit}}{\underset{\text{N}}{\text{S}}})$。

R 为复位（置 0）指令，梯形图符号为$—(\overset{\text{bit}}{\underset{\text{N}}{\text{R}}})$。

图 8-2 所示为 S、R 指令的使用方法。当使用 S、R 指令时，从指定的位地址开始的 N 个位地址均被置位或复位，$N=1\sim255$，图 8-2 中 $N=1$。I0.0 一旦接通，即使再断开，

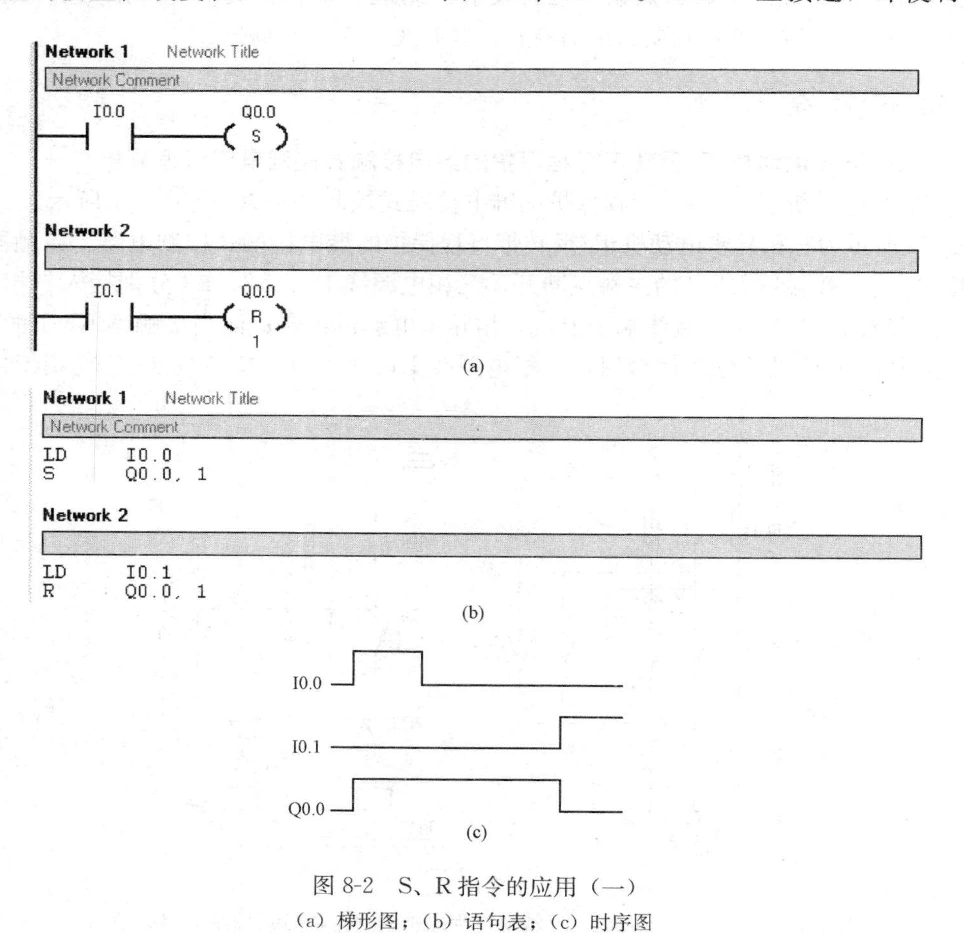

图 8-2　S、R 指令的应用（一）
（a）梯形图；（b）语句表；（c）时序图

Q0.0 仍保持接通；I0.1 一旦接通，即使再断开，Q0.0 仍保持断开。

说明：

(1) S、R 指令具有记忆功能。当使用 S 指令时，其线圈具有自保持功能；当使用 R 指令时，自保持功能消失。其工作状态如图 8-2 所示。

(2) S、R 指令的编写顺序可任意安排，但当一对 S、R 指令被同时接通时，编写顺序在后的指令执行有效，如图 8-3 和图 8-4 所示。

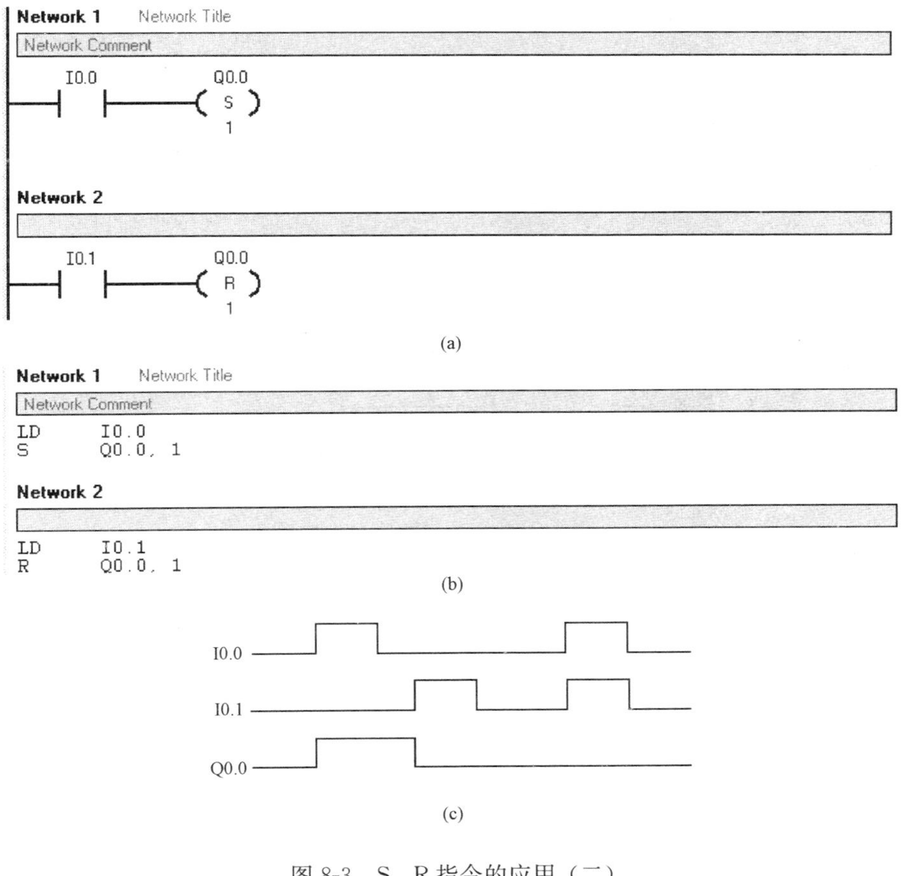

图 8-3　S、R 指令的应用（二）

(a) 梯形图；(b) 语句表；(c) 时序图

(3) 如果被指定复位的是定时器或计数器，将定时器或计数器的当前值清零。

(4) 为了保证程序的可靠运行，S、R 指令的驱动通常采用短脉冲信号。

SI 为立即置位（置 1）指令，梯形图符号为—(bit SI N)。

RI 为立即复位（置 0）指令，梯形图符号为—(bit RI N)。

当使用 SI 与 RI 指令时，从指定的位地址开始的 N 个位地址均被置位或复位，$N=1\sim128$，物理输出点被立即置位或复位，同时相应的输出影响寄存器的内容被刷新。图 8-5 所示为 SI 指令的应用。

EU 正跳变触发指令，梯形图符号为┤ P ├。

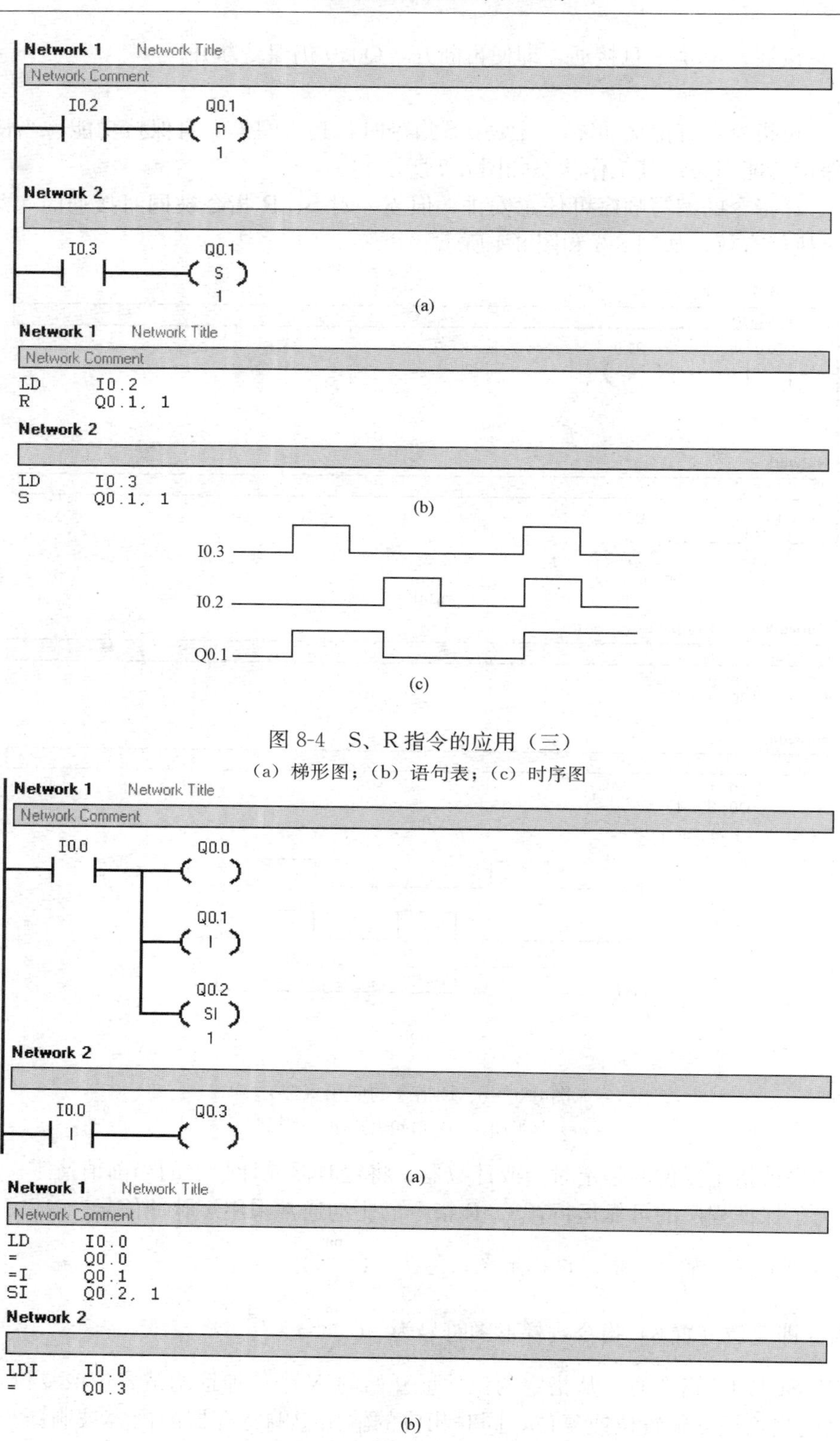

图 8-4 S、R 指令的应用（三）

（a）梯形图；（b）语句表；（c）时序图

图 8-5 SI 指令的应用

（a）梯形图；（b）语句表

ED 负跳变触发指令，梯形图符号为┤ N ├。

图 8-6 所示为 EU、ED 指令的应用。触点符号中的 P 表示正跳变（检测到信号由 0 至 1 转换），N 表示负跳变（检测到信号由 1 至 0 转换）。从时序图可以清楚地看到，EU 指令检测到触点 I0.0 状态变化的正跳变时，M0.0 接通一个扫描周期，Q0.0 线圈保持接通状态；而 ED 指令检测到触点 I0.1 状态变化的负跳变时，M0.1 接通一个扫描周期，Q0.0 线圈保持断开状态。

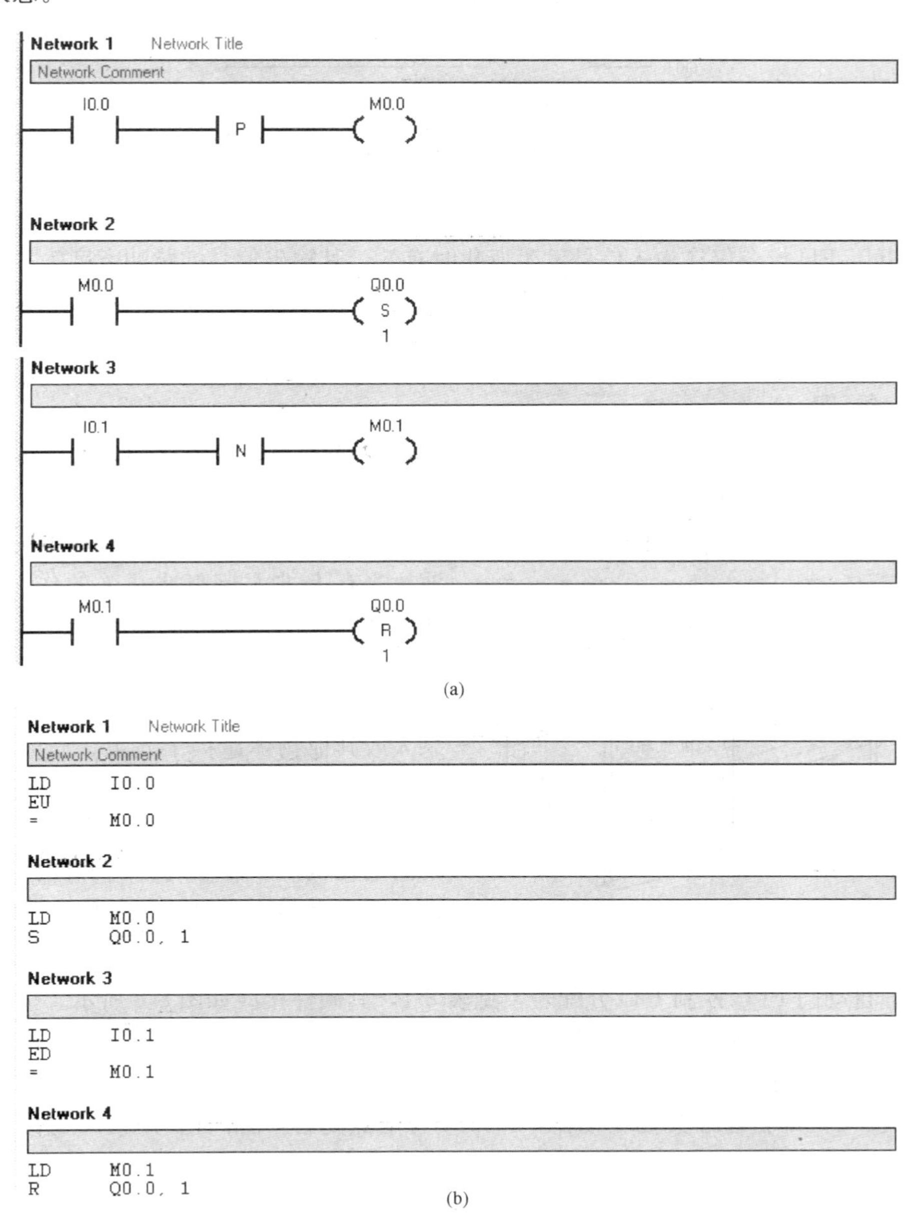

图 8-6　EU、ED 指令的应用（一）

（a）梯形图；（b）语句表

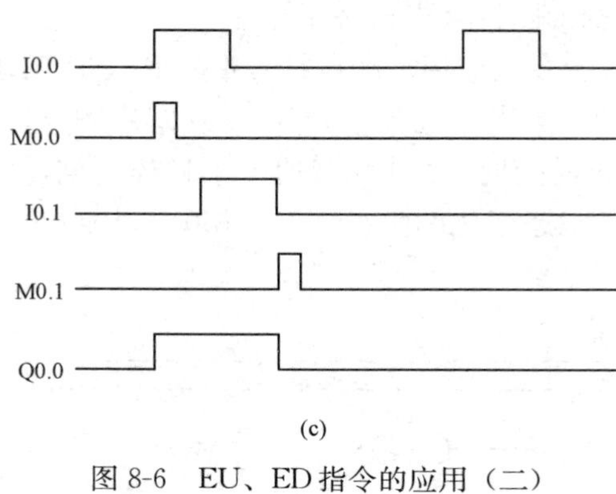

(c)

图 8-6 EU、ED 指令的应用（二）

(c) 时序图

说明：

(1) EU、ED 指令仅在输入信号发生变化时有效，其输出信号的脉冲宽度为一个周期。

(2) 对开机时就为接通状态的输入条件，EU 指令不执行。

(3) EU、ED 指令无操作数。

任务实施

一、自动门 PLC 控制工作原理

自动门在工厂、企业、医院、银行、超市、酒店等行业应用非常广泛。如图 8-7 所示的自动门 PLC 控制系统，它利用两套不同的传感器系统来完成控制要求。超声波开关发射声波。当有人进入超声波开关的作用范围时，超声波开关便检测出物体反射的回波。光电开关由两个元件组成：内光源和接收器。光源连续地发射光束，由接收器加以接收。如果人或其他物体遮挡了光束，光电开关便检测到这个人或物体。作为对这两个开关的输入信号的响应，PLC 产生输出控制信号去驱动门电动机，从而实现升门和降门。除此之外，PLC 还接受来自门顶和门底两个行程开关的信号输入，用以控制升门动作和降门动作的完成。自动门 PLC 控制 I/O 分配表，见表 8-1，其硬件接线如图 8-8 所示。按硬件接线图接好线，将相应的控制指令程序输入 PLC 中调试好后，当超声波开关（A）检测到门前有人时，I0.1 动合触点闭合，升门信号 Q0.0 被置位，升门动作开始。当升门到位时，门顶上限位开关（C）即行程开关 SP1 动作，I0.3 动合触点闭合，升门信号 Q0.0 被复位，升门动作完成。当有人进入到大门遮挡光电开关（B）的光束时，光电开关（B）动作，I0.2 动合触点闭合，人继续进入大门后，光电开关接收器重新接收到光束，I0.2 触点由闭合状态变化为断开状态，此时 ED 指令在其后沿使 M0.0 产生一个脉冲信号，降门信号 Q0.1 被置位，降门动作开始。当降门到位时，门底下限位开关（D）即行程开关 SP2 动作，I0.4 动合触点闭合，降门信号 Q0.1 被复位，降门动作完成。当再次检测到门前有人时，又重复开始

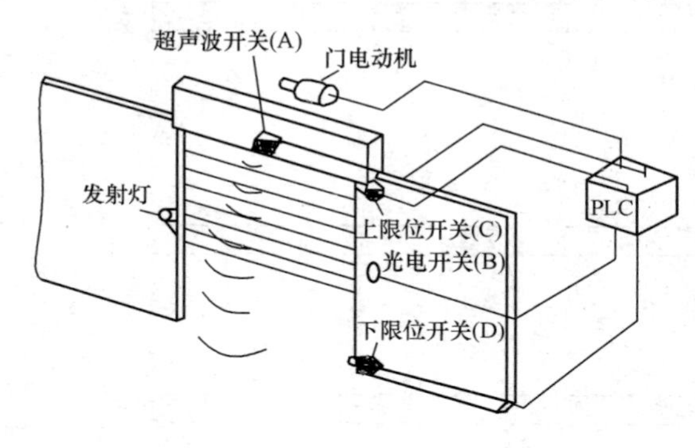

图 8-7 自动门 PLC 控制示意

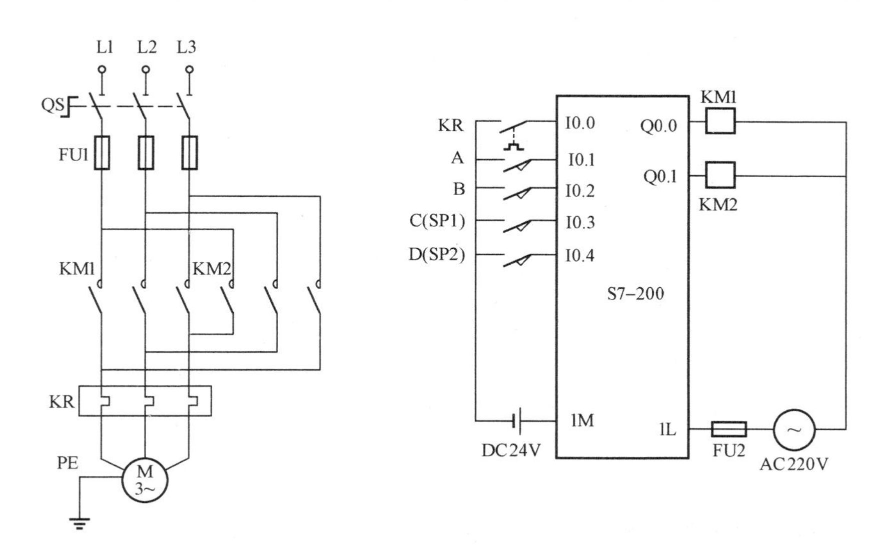

图 8-8　自动门 PLC 控制硬件接线

动作。

表 8-1　　**自动门 PLC 控制 I/O 分配表**

输　入			输　出		
符号	地址	功能	符号	地址	功能
KR	I0.0	过载保护	KM1	Q0.0	KM1 接触器
A	I0.1	超声波开关	KM2	Q0.1	KM2 接触器
B	I0.2	光电开关			
C（SP1）	I0.3	上限位开关			
D（SP2）	I0.4	下限位开关			

二、所需材料及设备

可编程序控制器 S7-200、组合开关、交流接触器、熔断器、按钮、接线端子排、塑料软铜线、电工通用工具、镊子、万用表、绝缘电阻表、配线板等，器材型号或参数见表 8-2。

表 8-2　　**项　目　器　材**

名　称	型号或参数	单位	数量或长度
三相四线电源	AC 3×380/220V，20A	处	1
单相交流电源	AC 220V 和 36V，5A	处	1
计算机	预装 V4.0 STEP7 编程软件，型号自定义	台	1
可编程序控制器	S7-224	台	1
配线板	500mm×600mm×20mm	块	1
组合开关	HZ10-25/3	个	1
交流接触器	CJ10-20，线圈电压 AC220V	只	2
熔断器及熔芯配套	RL6-60/20	套	3
熔断器及熔芯配套	RL6-15/4	套	2

续表

名　　称	型号或参数	单位	数量或长度
超声波开关	ZNUB100018GM75-E6-V15	个	1
光电开关	E3JM	个	1
行程开关	LX19-111	个	2
接线端子排	JX2-1015，500V、10A	条	1
塑料软铜线	BVR-1.5mm^2	m	20
塑料软铜线	BVR-0.75mm^2	m	10
别径压端子	UT2.5-4，UT1-4	个	40
行线槽	TC3025	条	5
异形塑料管	ϕ3mm	m	0.2
木螺钉	ϕ3mm×20mm；ϕ3mm×15mm	个	20
平垫圈	ϕ4mm	个	20

三、设计程序

根据控制电路要求，在计算机中编写程序，程序设计如图 8-9 所示。

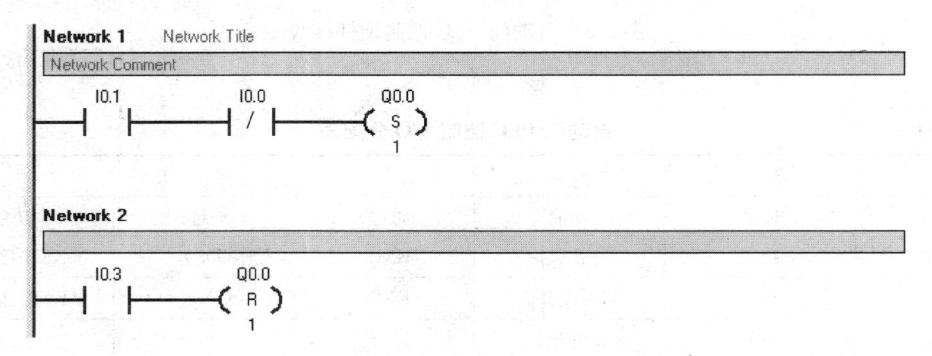

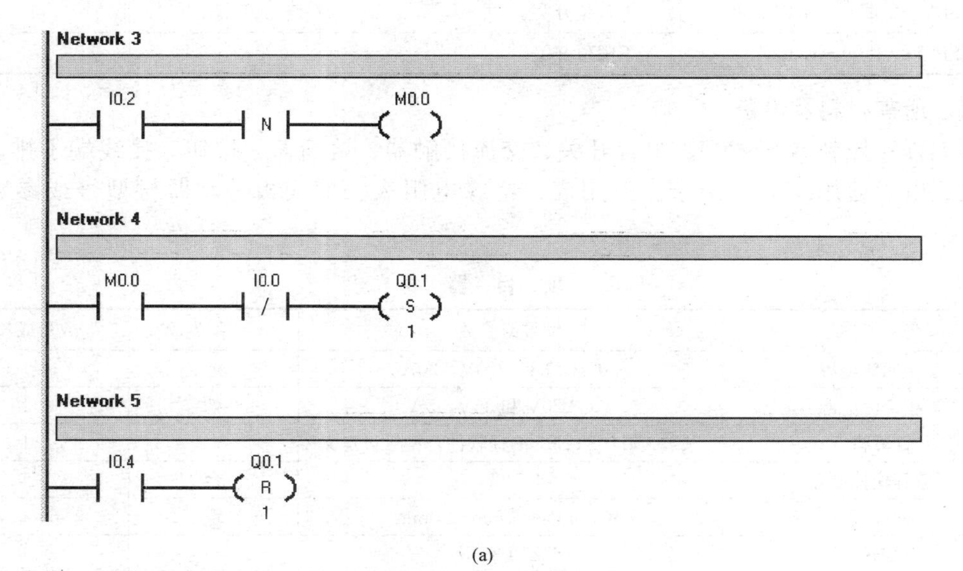

(a)

图 8-9　自动门 PLC 控制程序（一）

（a）梯形图

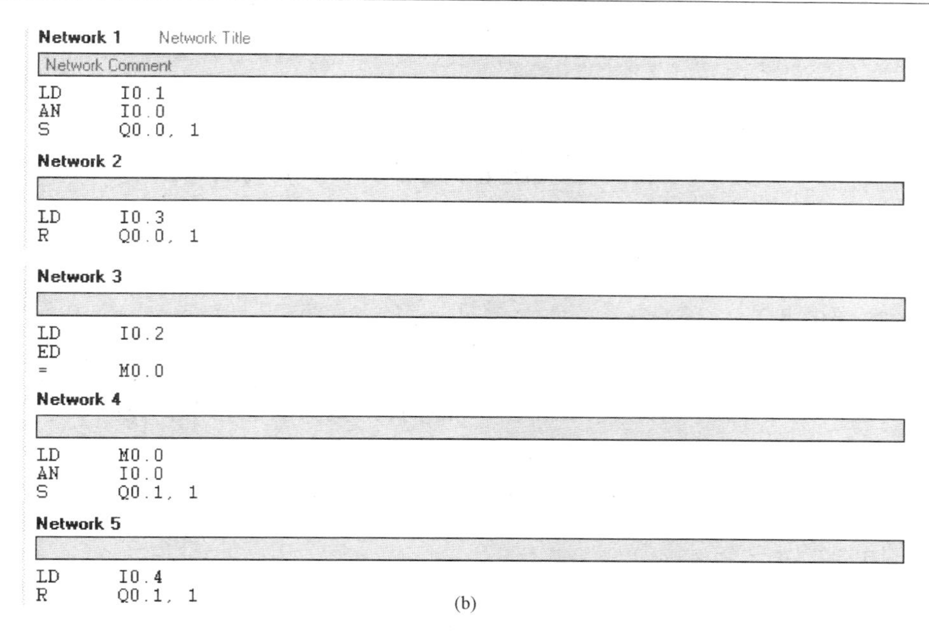

(b)

图 8-9　自动门 PLC 控制程序（二）

（b）语句表

四、安装配线

按图 8-8 所示进行配线，安装方法及要求与继电接触式电路相同并确认接线正确。

五、运行调试

（1）在断电状态下，连接好 PC/PPI 电缆。

（2）打开 PLC 的前盖，将“运行模式”选择开关拨到 STOP 位置，此时 PLC 处于停止状态，或者用鼠标单击工具栏中的 STOP 按钮，可以进行程序编写。

（3）在作为编程器的计算机上，运行 V4.0 STEP7 Micro 编程软件。

（4）用菜单命令“文件—新建”生成一个新项目；用菜单命令“文件—打开”打开一个已有的项目；用菜单命令“文件—另存为”可修改项目的名称。

（5）用菜单命令“PLC—类型”，设置 PLC 的型号。

（6）设置通信参数。

（7）编写控制程序。

（8）用鼠标单击工具栏中的“编译”按钮或“全部编译”按钮来编译输入的程序。

（9）下载程序文件到 PLC。

（10）将“运行模式”选择开关拨到 RUN 位置，或者用鼠标单击工具栏中的 RUN 按钮使 PLC 进入运行方式。

（11）超声波开关（A）动作，观察 KM1 是否立即吸合，三相异步电动机是否正向起动，升门动作是否开始。手动模拟按下 SP1 观察三相异步电动机是否停止。

（12）光电开关（B）动作，观察 KM2 是否立即吸合，三相异步电动机是否反向起动，降门动作是否开始。手动模拟按下 SP2 观察三相异步电动机是否停止。

（13）热继电器 KR 动合触点动作，观察三相异步电动机是否能够停止。

（14）若满足要求，程序调试结束。

项目九　交通信号灯 PLC 控制

技术要点

会根据项目分析系统控制要求写出 I/O 分配点并正确设计出外部接线图；会根据控制要求选择 PLC 的编程方法；学会使用 S7-200 系列 PLC 的计数器指令；进一步学会使用 S7-200 系列 PLC 的定时器指令；能根据控制要求正确编制、输入和传输 PLC 程序；能独立完成整机安装与调试；会根据系统调试出现的情况，修改相关设计。

知识要点

掌握 S7-200 系列 PLC 计数器指令；进一步掌握 S7-200 系列 PLC 定时器指令；掌握 PLC 的编程技巧；学会使用 S7-200 系列 PLC 的计数器指令、定时器指令；掌握 PLC 常用的编程方法；掌握整机的安装与调试。

知识准备

一、交通信号灯控制原理分析

图 9-1 所示为交通信号灯工作示意。

交通信号灯由红灯、绿灯、黄灯组成。红灯表示禁止通行，绿灯表示准许通行，黄灯表示警示。当东西方向红灯亮时，南北方向绿灯亮；当绿灯亮到设定时间时，绿灯闪亮 3 次，闪亮周期为 1s，然后黄灯亮 2s；当南北方向黄灯熄灭后，东西方向绿灯亮，南北方向红灯亮；当东西方向绿灯亮到设定时间时，绿灯闪亮 3 次，闪亮周期为 1s，然后黄灯亮 2s；当东西方向黄灯熄灭后，再转回东西方向红灯亮，南北方向绿灯亮……周而复始，不断循环。

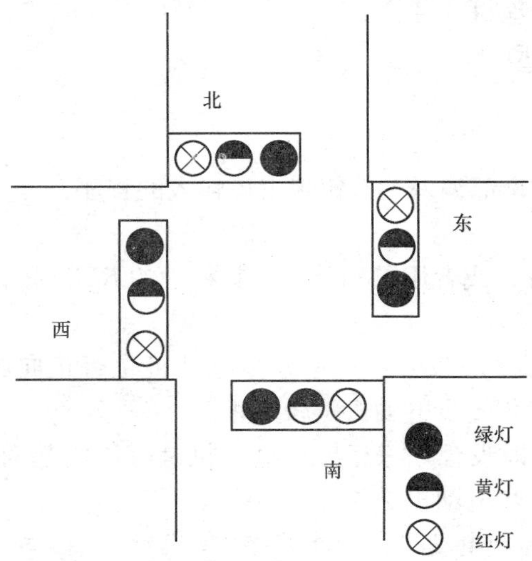

图 9-1　交通信号灯工作示意

二、计数器

计数器用来累计输入脉冲的次数。计数器是由集成电路构成，是应用非常广泛的编程元件，常用来对产品进行计数。

计数器与定时器的结构和使用基本相似，编程时输入它的预设值 PV（计数的次数），计数器累计它的脉冲输入端电位上升沿（正跳变）个数，当计数器达到预设值 PV 时，就会发出中断请求信号，以便 PLC 做出相应的处理。

S7-200 系列 PLC 的计数器按工作方式可分为加计数器、减计数器和加/减计数器等不同类型。

1. 加计数器

CTU 为加计数器指令，梯形图符号为

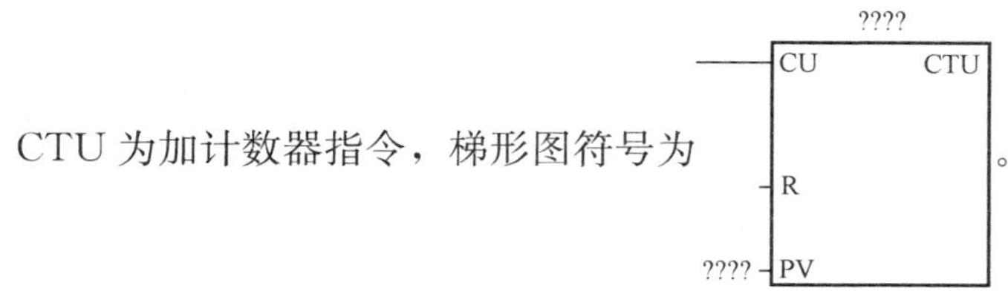

。

其中，CU 端为输入端，用于连接驱动计数器线圈的信号；PV 端为设定端，用于标定计数器的设定值；R 端为复位端，用于连接复位信号。

加计数器 C4 的工作过程如图 9-2 所示，当连接于 R 端的 I0.0 动合触点为断开状态时，计数脉冲有效，此时每接收到来自 CU 端的 I0.1 触点由断到通的信号，计数器的值即加 1 成为当前值，直至达到计数最大值 32 767；当计数器的当前值大于或等于设定值 4 时，计数器 C4 的状态位被置 1（线圈得电），C4 的触点转换，Q0.0 线圈得电；当连接于 R 端 I0.0 的触点接通时，C4 状态位置 0（线圈失电），C4 的触点回复原始状态，Q0.0 线圈失电，当

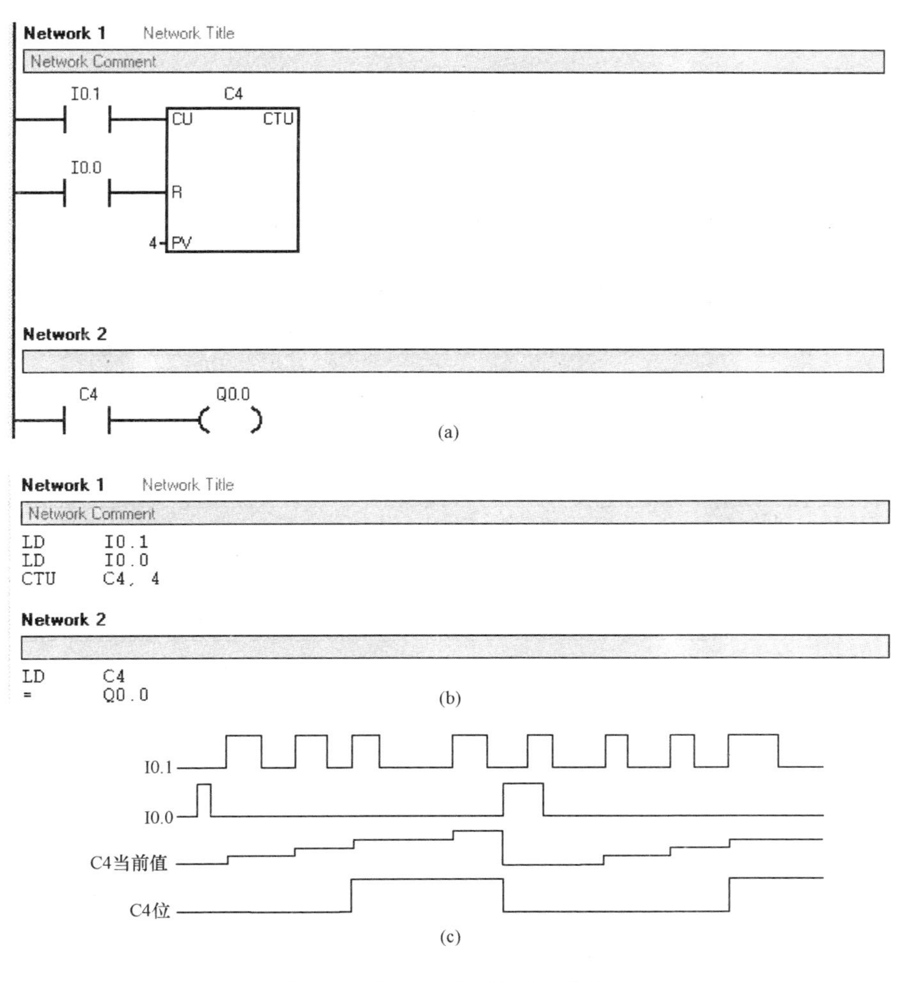

图 9-2　加计数器程序及时序图

（a）梯形图；（b）语句表；（c）时序图

前值清零。

2. 减计数器

CTD 为减计数器指令，梯形图符号为

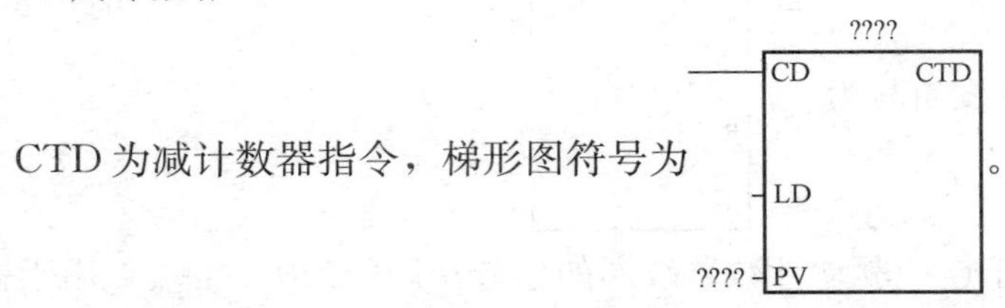

。

其中，CD 端用于连接计数脉冲信号，LD 端用于连接复位信号，PV 端为设定端，用于标定计数器的设定值。

减计数器 C1 的工作过程如图 9-3 所示，当连接于 LD 端的 I0.1 动合触点为断开状态时，计数脉冲有效，此时每接收到来自 CD 端的 I0.0 触点由断到通的信号，计数器的值即减 1 成为当前值，当计数器的当前值减为 0 时，计数器 C1 的状态位被置 1（线圈得电），C1 的

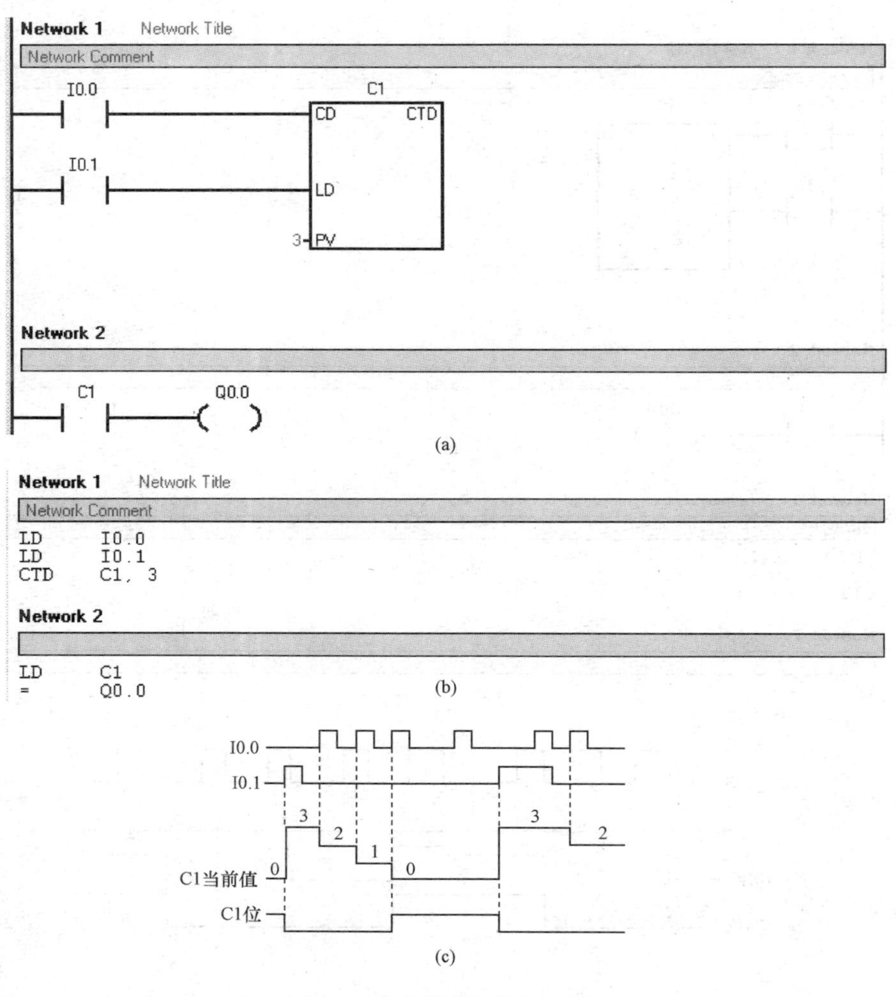

图 9-3 减计数器程序及时序图

（a）梯形图；（b）语句表；（c）时序图

触点转换，Q0.0 线圈得电；当连接于 LD 端 I0.1 的触点接通时，C1 状态位置 0（线圈失电），C1 的触点回复原始状态，Q0.0 线圈失电，当前值恢复为设定值。

3. 加/减计数器

CTUD 为加/减计数器指令，梯形图符号为

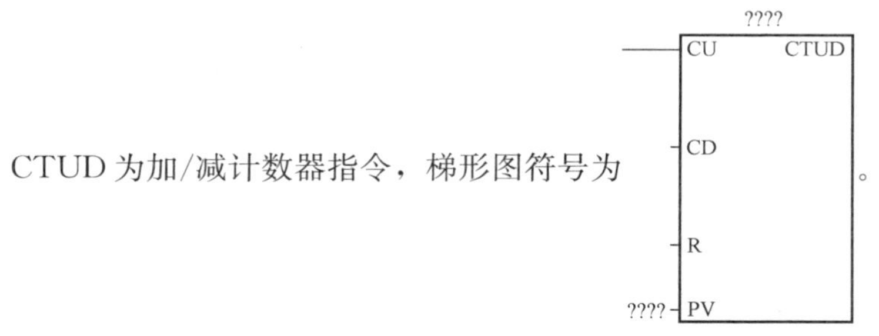

。

其中，CD 端为减计数脉冲输入端；CU 端为加计数脉冲输入端；PV 端为设定端，用于标定计数器的设定值；R 端为复位端，用于连接复位信号。

加/减计数器 C48 的工作过程如图 9-4 所示，当连接于 R 端的 I0.2 动合触点为断开状态时，计数脉冲有效，此时每接收到来自 CU 端的 I0.0 触点由断到通的信号，计数器的当前

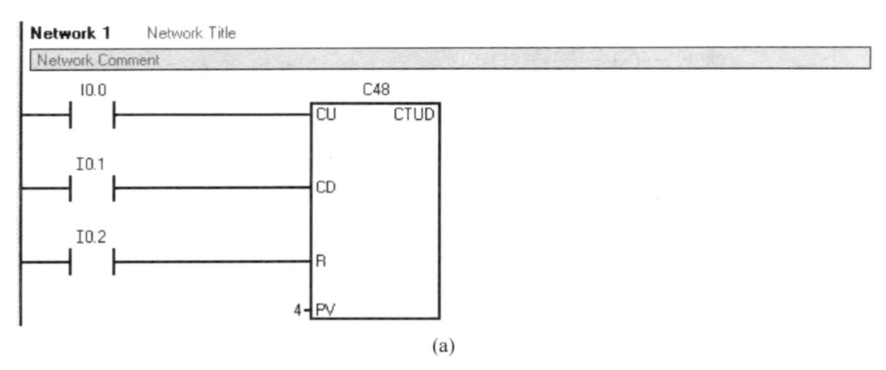

(a)

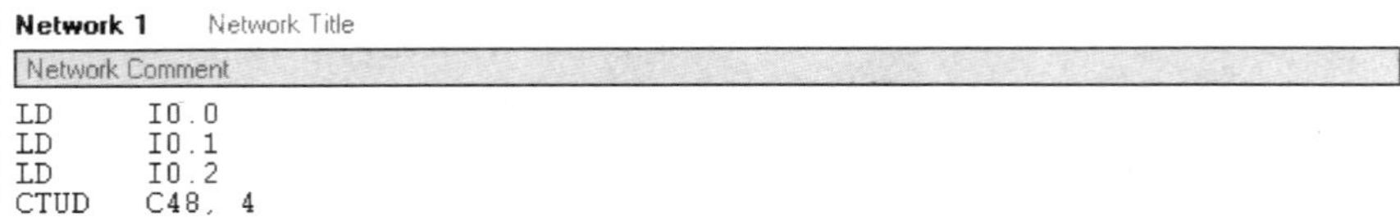

Network 1　Network Title

Network Comment

```
LD     I0.0
LD     I0.1
LD     I0.2
CTUD   C48, 4
```

(b)

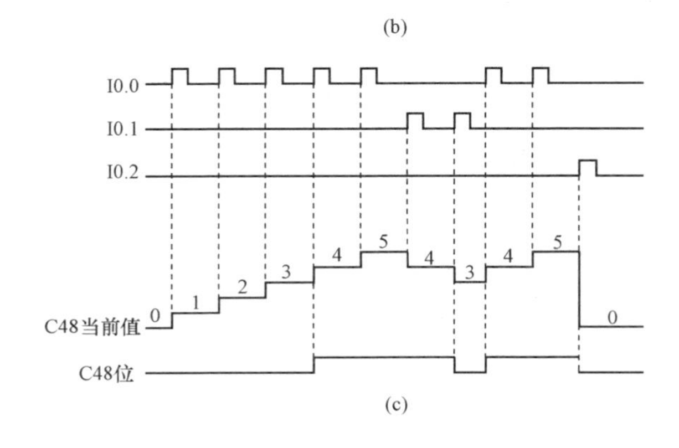

(c)

图 9-4　加/减计数器程序及时序图

(a) 梯形图；(b) 语句表；(c) 时序图

值即加1，而每当接收到来自CD端的I0.1触点由断到通的信号，计数器的当前值即减1；当计数器的当前值大于或等于设定值4时，计数器C48的状态位被置1（线圈得电），C48的触点转换；当连接于R端I0.2的触点接通时，C48状态位置0（线圈失电），C48的触点回复原始状态，当前值清零。

加/减计数器CTUD的计数范围为－32 768～32 767，当前值为最大值32 767时，下一个CU端输入脉冲使当前值变为最小值－32 768；当前值为最小值－32 768时，下一个CU端输入脉冲使当前值变为最大值32 767。

任务实施

一、交通信号灯PLC控制工作原理

交通信号灯PLC控制I/O分配表，见表9-1，其硬件接线如图9-5所示。按硬件接线图接好线，将相应的控制指令程序输入PLC中调试好后，按下S1按钮，输出继电器Q0.0接通，东西方向红灯亮，输出继电器Q0.4接通，南北方向绿灯亮，当南北方向绿灯亮到设定时间时，南北方向绿灯闪亮3次，闪亮周期为1s，输出继电器Q0.5接通，南北方向黄灯亮2s后输出继电器Q0.5断开，南北方向黄灯熄灭；随后输出继电器Q0.1接通，东西方向绿灯亮，输出继电器Q0.3接通，南北方向红灯亮，当东西方向绿灯亮到设定时间时，东西方向绿灯闪亮三次，闪亮周期为1s，输出继电器Q0.2接通，东西方向黄灯亮2s后输出继电器Q0.2断开，东西方向黄灯熄灭……周而复始，不断循环；按下S2按钮，所有交通信号灯均熄灭。

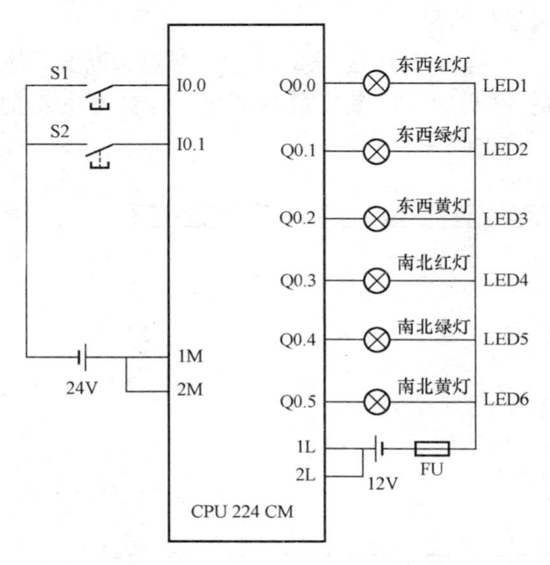

图9-5　交通信号灯PLC控制硬件接线图

表9-1　交通信号灯PLC控制的I/O分配表

输　入			输　出		
符号	地址	功能	符号	地址	功能
S1	I0.0	起动按钮	LED1	Q0.0	东西红灯
S2	I0.1	停止按钮	LED2	Q0.1	东西绿灯
			LED3	Q0.2	东西黄灯
			LED4	Q0.3	南北红灯
			LED5	Q0.4	南北绿灯
			LED6	Q0.5	南北黄灯

二、所需材料及设备

可编程序控制器 S7-200、组合开关、熔断器、LED 灯、按钮、接线端子排、塑料软铜线、电工通用工具、镊子、万用表、绝缘电阻表、配线板等，器材型号或参数见表 9-2。

表 9-2　项　目　器　材

名称	型号或参数	单位	数量或长度
单相交流电源	AC 220V 和 36V，5A	处	1
计算机	预装 V4.0 STEP7 编程软件，型号自定义	台	1
可编程序控制器	S7-224	台	1
配线板	500mm×600mm×20mm	块	1
组合开关	HZ10-25/3	个	1
DC 12V 开关电源	KT-P003	个	1
DC 12V LED 灯	JLE-LED	个	6
DC 12V 灯头	螺旋	个	6
三联按钮	LA10-3H 或 LA4-3H	个	1
熔断器及熔芯配套	F1-0.5	套	1
接线端子排	JX2-1015，500V、10A	条	1
塑料软铜线	BVR-1.5mm^2	m	20
塑料软铜线	BVR-0.75mm^2	m	10
别径压端子	UT2.5-4，UT1-4	个	40
行线槽	TC3025	条	5
异形塑料管	ϕ3mm	m	0.2
木螺钉	ϕ3mm×20mm，ϕ3mm×15mm	个	20
平垫圈	ϕ4mm	个	20

三、设计程序

根据控制要求，在计算机中编写程序，程序设计如图 9-6 所示。

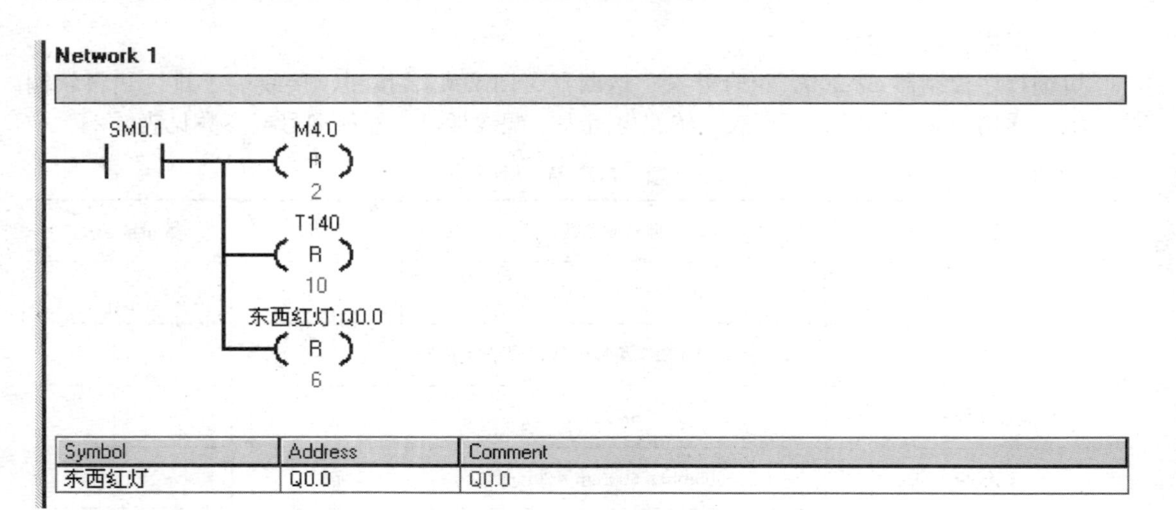

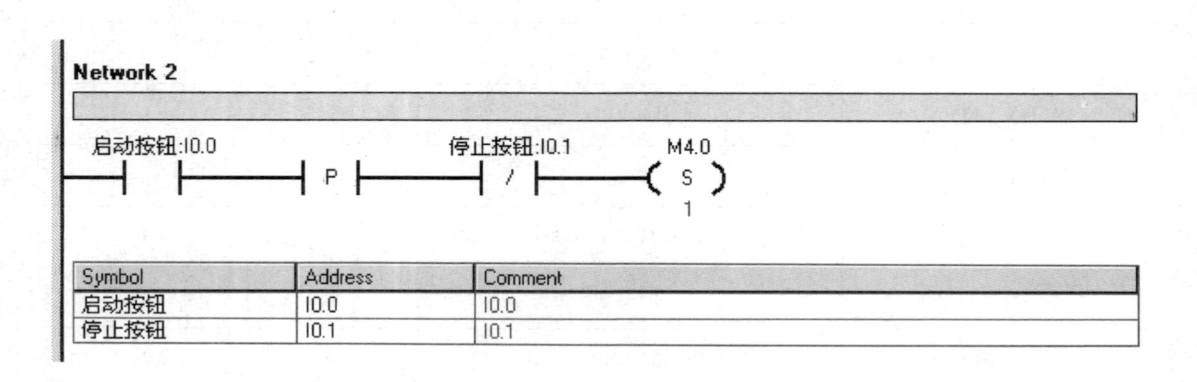

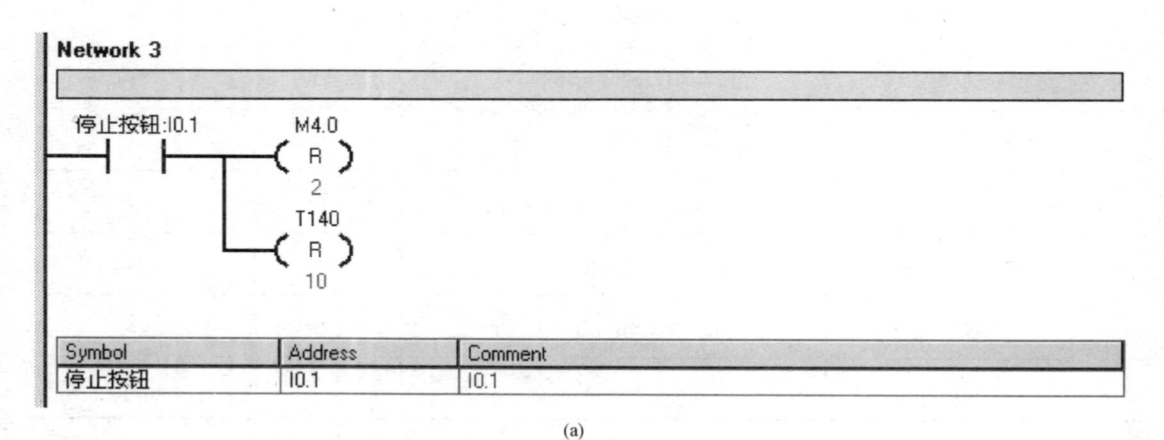

(a)

图 9-6 交通信号灯 PLC 控制程序（一）

（a）梯形图

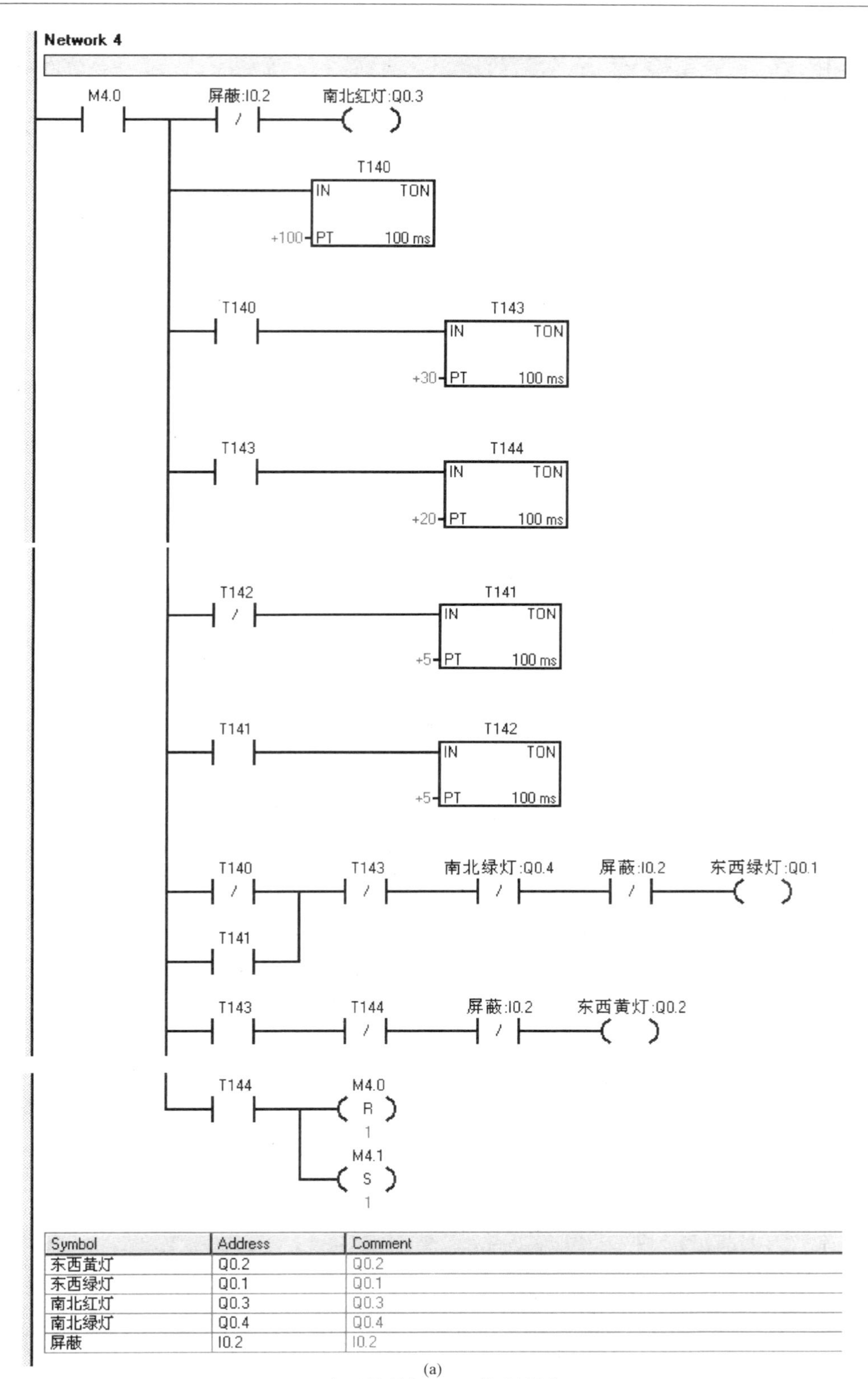

Symbol	Address	Comment
东西黄灯	Q0.2	Q0.2
东西绿灯	Q0.1	Q0.1
南北红灯	Q0.3	Q0.3
南北绿灯	Q0.4	Q0.4
屏蔽	I0.2	I0.2

(a)

图 9-6　交通信号灯 PLC 控制程序（二）

(a) 梯形图

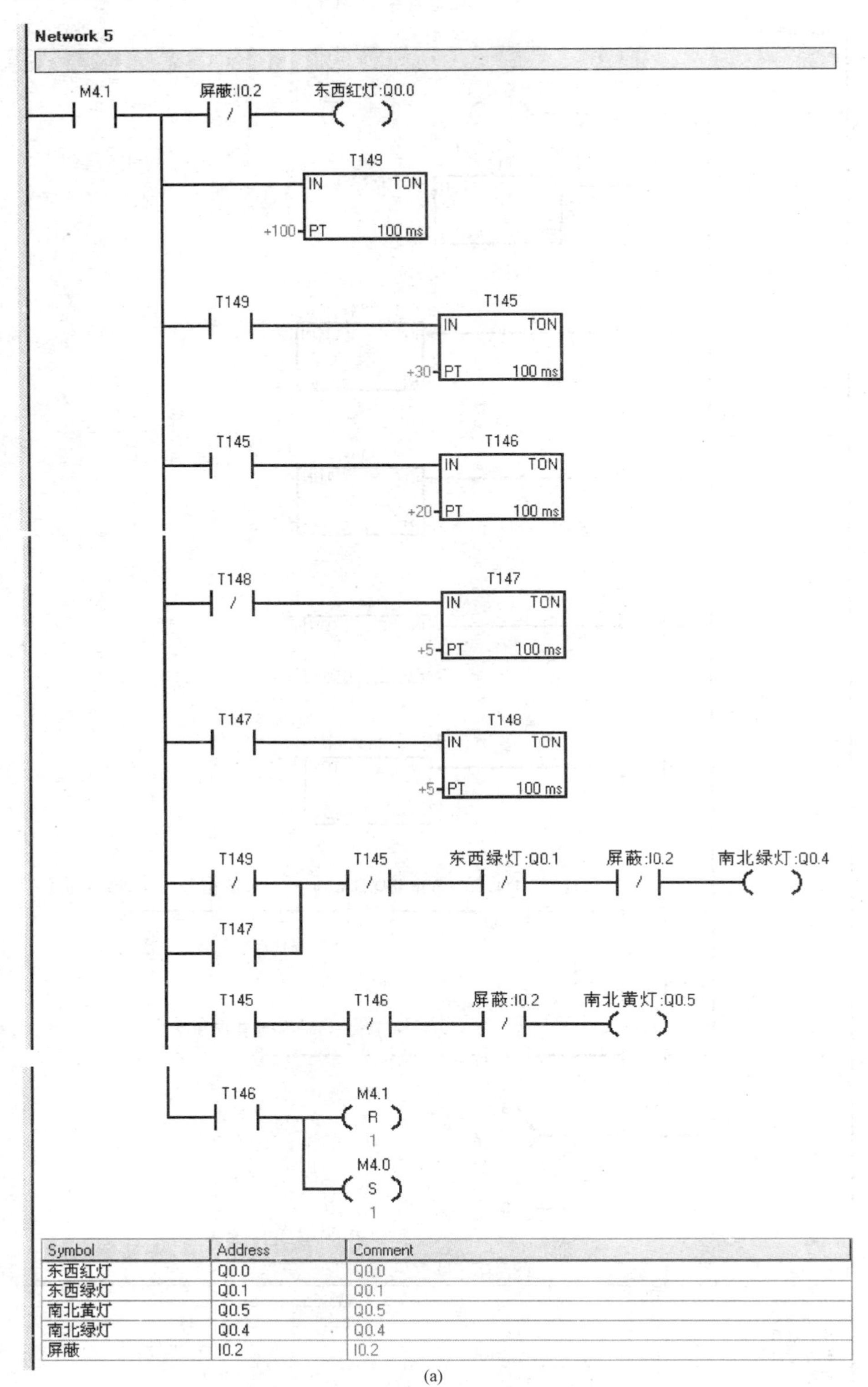

Symbol	Address	Comment
东西红灯	Q0.0	Q0.0
东西绿灯	Q0.1	Q0.1
南北黄灯	Q0.5	Q0.5
南北绿灯	Q0.4	Q0.4
屏蔽	I0.2	I0.2

(a)

图 9-6 交通信号灯 PLC 控制程序（三）

（a）梯形图

Network 1

```
LD      SM0.1
R       M4.0, 2
R       T140, 10
R       东西红灯:Q0.0, 6
```

Symbol	Address	Comment
东西红灯	Q0.0	Q0.0

Network 2

```
LD      启动按钮:I0.0
EU
AN      停止按钮:I0.1
S       M4.0, 1
```

Symbol	Address	Comment
启动按钮	I0.0	I0.0
停止按钮	I0.1	I0.1

Network 3

```
LD      停止按钮:I0.1
R       M4.0, 2
R       T140, 10
```

Symbol	Address	Comment
停止按钮	I0.1	I0.1

Network 4

```
LD      M4.0
LPS
AN      屏蔽:I0.2
=       南北红灯:Q0.3
LRD
TON     T140, +100
LRD
A       T140
TON     T143, +30
LRD
A       T143
TON     T144, +20
LRD
AN      T142
TON     T141, +5
LRD
A       T141
TON     T142, +5
LRD
LDN     T140
O       T141
ALD
AN      T143
AN      南北绿灯:Q0.4
AN      屏蔽:I0.2
=       东西绿灯:Q0.1
```

(b)

图 9-6　交通信号灯 PLC 控制程序（四）

（b）语句表

```
LRD
A       T143
AN      T144
AN      屏蔽:I0.2
=       东西黄灯:Q0.2
LPP
A       T144
R       M4.0, 1
S       M4.1, 1
```

Symbol	Address	Comment
东西黄灯	Q0.2	Q0.2
东西绿灯	Q0.1	Q0.1
南北红灯	Q0.3	Q0.3
南北绿灯	Q0.4	Q0.4
屏蔽	I0.2	I0.2

Network 5

```
LD      M4.1
LPS
AN      屏蔽:I0.2
=       东西红灯:Q0.0
LRD
TON     T149, +100
LRD
A       T149
TON     T145, +30
LRD
A       T145
TON     T146, +20
LRD
AN      T148
TON     T147, +5
LRD
A       T147
TON     T148, +5
LRD
LDN     T149
O       T147
ALD
AN      T145
AN      东西绿灯:Q0.1
AN      屏蔽:I0.2
=       南北绿灯:Q0.4
LRD
A       T145
AN      T146
AN      屏蔽:I0.2
=       南北黄灯:Q0.5
LPP
A       T146
R       M4.1, 1
S       M4.0, 1
```

Symbol	Address	Comment
东西红灯	Q0.0	Q0.0
东西绿灯	Q0.1	Q0.1
南北黄灯	Q0.5	Q0.5
南北绿灯	Q0.4	Q0.4
屏蔽	I0.2	I0.2

(b)

图 9-6 交通信号灯 PLC 控制程序（五）

（b）语句表

四、安装配线

按图 9-5 所示进行配线、安装并确认接线正确。

五、运行调试

(1) 在断电状态下，连接好 PC/PPI 电缆。

(2) 打开 PLC 的前盖，将“运行模式”选择开关拨到 STOP 位置，此时 PLC 处于停止状态，或者用鼠标单击工具栏中的 STOP 按钮，可以进行程序编写。

(3) 在作为编程器的计算机上，运行 V4.0 STEP7 Micro 编程软件。

(4) 用菜单命令“文件—新建”生成一个新项目；用菜单命令“文件—打开”打开一个已有的项目；用菜单命令“文件—另存为”可修改项目的名称。

(5) 用菜单命令“PLC—类型”，设置 PLC 的型号。

(6) 设置通信参数。

(7) 编写控制程序。

(8) 用鼠标单击工具栏中的“编译”按钮或“全部编译”按钮来编译输入的程序。

(9) 下载程序文件到 PLC。

(10) 将“运行模式”选择开关拨到 RUN 位置，或者用鼠标单击工具栏中的 RUN 按钮使 PLC 进入运行方式。

(11) 按 S1 按钮，观察交通信号灯控制是否正常。

(12) 按 S2 按钮，观察交通信号灯是否全部熄灭。

(13) 若满足要求，程序调试结束。

项目十　密码锁 PLC 控制系统设计

技术要点

会根据项目分析系统控制要求写出 I/O 分配点并正确设计出外部接线图；会根据控制要求选择 PLC 的编程方法；学会使用 S7-200 系列 PLC 的比较指令；进一步学会使用 S7-200 系列 PLC 的计数器指令；能根据控制要求正确编制、输入和传输 PLC 程序；能独立完成整机安装与调试；会根据系统调试出现的情况，修改相关设计。

知识要点

掌握 S7-200 系列 PLC 的比较指令；进一步掌握 S7-200 系列 PLC 计数器指令；掌握 PLC 的编程技巧；学会使用 S7-200 系列 PLC 的比较指令和计数器指令；掌握 PLC 常用的编程方法；掌握整机的安装与调试。

知识准备

一、密码锁控制系统要求

密码锁控制系统有 5 个按键。第一个按键为“起动”键，按下起动键才可进行开锁工作。第二个键和第三个键为可“按压”键。开锁条件：第二个键设定按压次数为 3 次，第三个键设定按压次数为 2 次，同时第二个键和第三个键是有顺序的，先按第二个键，后按第三个键，如果按上述规定按压，密码锁自动打开。第四个键为复位键，按下“复位”键后，可重新进行开锁作业，如果按错键，则必须进行复位操作，所有计数器都被复位。第五个键为不可按压键，一旦按压，警报器就发出警报。

二、比较指令

是一种比较判断，用语句比较两个符号数或无符号数。

在梯形图中以带参数和运算符号的触点形式编程，当这两个数比较式的结果为真时，该触点闭合；在功能框图中以指令盒的形式编程，当比较式结果为真时，输出接通；在语句表中使用 LD、A、O 指令进行编程，当比较式为真时，主机将栈顶置 1。

比较指令的类型有字节比较、整数比较、双字整数比较和实数比较。

比较运算符有＝(等于)、＞＝(大于等于)、＜＝(小于等于)、＞(大于)、＜(小于)、＜＞(不等于)。

1. 字节比较

字节比较指令用来比较两个值 IN1 和 IN2 的大小，比较式可以是 IN1＝IN2，IN1＞＝IN2，IN1＜＝IN2，IN1＞IN2，IN1＜IN2，或 IN1＜＞IN2，字节比较是无符号的。

在 LAD 中，当比较式为真时，该触点闭合。

在 FBD 中，当比较式为真时，输出接通。

在语句表中，使用 LD、A 或 O 指令，当比较式为真时，将栈顶置 1。

梯形图符号为 IN1 —| ==B |— IN2。

字节比较指令的有效操作数见表 10-1。

表 10-1　　字节比较指令的有效操作数

输入/输出	操　作　数	数据类型
输入	IB、QB、MB、SMB、VB、SB、LB、AC、常数、* VD、* AC、* LD	BYTE
输出（FBD）	I、Q、M、SM、T、C、V、S、L、能流	BOOL

语句表举例：

LDB=VB10，VB12

AB<>MB0，MB1

OB>=AC1，116

2. 整数比较

整数比较指令用来比较两个值 IN1 和 IN2 的大小，比较式可以是 IN1=IN2，IN1>=IN2，IN1<=IN2，IN1>IN2，IN1<IN2 或 IN1<>IN2。

整数比较是有符号的：（16#7FFF>16#8000）。

在 LAD 中，当比较式为真时，该触点闭合，在 FBD 中，当比较式为真时，输出接通。

在语句表中，使用 LD、A 或 O 指令，当比较式为真时，将栈顶置 1。

梯形图符号为 IN1 —| ==I |— IN2。

整数比较指令的有效操作数见表 10-2。

表 10-2　　整数比较指令的有效操作数

输入/输出	操　作　数	数据类型
输入	IW、QW、MW、SW、SMW、T、C、VW、LW、AIW、AC、常数、* VD、* AC、* LD	INT
输出（FBD）	I、Q、M、SM、T、C、V、S、L、能流	BOOL

语句表举例：

LDW=VW10，VW12

AW<>MW0，MW4

OW>=AC2，1160

3. 双字整数比较

双字整数比较指令用来比较两个双字整型数值 IN1 和 IN2 的大小。其比较式可以是 IN1=IN2，IN1 >= IN2，IN1<=IN2，IN1>IN2，IN1<IN2 或 IN1<>IN2。

双字整数比较是有符号的：（16#7FFFFFFF>161/80000000）。

在 LAD 中，当比较式为真时，该触点闭合。在 FBD 中，当比较式为真时，输出接通。

在语句表中，使用 LD、A 或 O 指令，当比较式为真时，将栈顶置 1。

梯形图符号为—| IN1 ==D IN2 |—。

双字整数比较指令的有效操作数见表 10-3。

表 10-3　双字整数比较指令的有效操作数

输入/输出	操　作　数	数据类型
输入	ID、QD、MD、SD、SMD、VD、LD、HC、AC、常数、* VD、* AC、* LD	DINT
输出（FBD）	I、Q、M、SM、T、C、V、S、L、能流	BOOL

语句表举例：

LDD＝VD10，VD14

AD＜＞MD0，MD8

OD＞＝AC0，1160000

LDD＞＝HC0，*AC0

4. 实数比较

实数比较指令用来比较两个实数 IN1 和 IN2 的大小。其比较式可以是 IN1＝IN2，IN1＞＝IN2，IN1＜＝IN2，IN1＞IN2，IN1＜IN2 或 IN1＜＞IN2。

实数比较是有符号的。

在 LAD 中，当比较式为真时，该触点闭合。在 FBD 中，当比较式为真时，输出接通。

在语句表中，使用 LD、A 或 O 指令，当比较式为真时，将栈顶置 1。

梯形图符号为—| IN1 ==R IN2 |—。

实数比较指令的有效操作数见表 10-4。

表 10-4　实数比较指令的有效操作数

输入/输出	操　作　数	数据类型
输入	ID、QD、MD、SD、SMD、VD、LD、AC、常数、* VD、* AC、* LD	REAL
输出（FBD）	I、Q、M、SM、T、C、V、S、L、能流	BOOL

语句表举例：

LDR＝VD10，VD18

AR＜＞MD0，MD12

OR＞＝AC1，1160.478

任务实施

一、密码锁 PLC 控制系统工作原理

密码锁 PLC 控制系统 I/O 分配表，见表 10-5，其硬件接线如图 10-1 所示。按硬件接线图接好线，将相应的控制指令程序输入 PLC 中调试好后，按下 SB1 起动键，可进行开锁工作，SB2、SB3 为可按压键，SB2 设定按压次数为 3 次，SB3 设定按压次数为 2 次，同时 SB2、SB3 是有顺序的，先按 SB2，后按 SB3，如果按上述规定按压，密码锁自动打开。SB4 复位键，按下复位键后，可重新进行开锁作业，如果按错键，则必须进行复位操作，所

有计数器都被复位。SB5 为不可按压键，一旦按压，警报器就发出警报。

表 10-5　　密码锁 PLC 控制 I/O 分配表

输入			输出		
符号	地址	功能	符号	地址	功能
SB1	I0.0	起动键	KM	Q0.0	开锁
SB2	I0.1	可按压键	HA	Q0.1	报警
SB3	I0.2	可按压键			
SB4	I0.3	复位键			
SB5	I0.4	不可按压键			

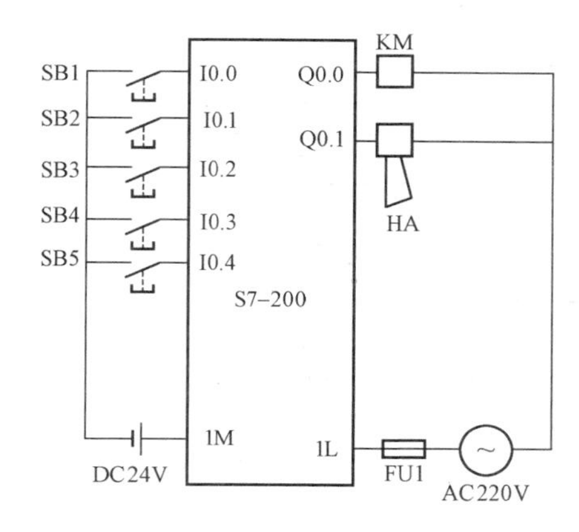

图 10-1　密码锁 PLC 控制硬件接线图

二、所需材料及设备

可编程序控制器 S7-200、组合开关、交流接触器、熔断器、按钮、接线端子排、塑料软铜线、电工通用工具、镊子、万用表、绝缘电阻表、配线板等，器材型号或参数见表 10-6。

表 10-6　　项目器材

名称	型号或参数	单位	数量或长度
三相四线电源	AC 3×380/220V，20A	处	1
单相交流电源	AC 220V 和 36V，5A	处	1
计算机	预装 V4.0 STEP7 编程软件，型号自定义	台	1
可编程序控制器	S7-224	台	1
配线板	500mm×600mm×20mm	块	1
组合开关	HZ10-25/3	个	1
交流接触器	CJ10-20，线圈电压 AC220V	只	2
电笛	DDJ1	个	1
熔断器及熔芯配套	RL6-15/4	套	1
三联按钮	LA10-3H 或 LA4-3H	个	5
接线端子排	JX2-1015，500V、10A	条	1
塑料软铜线	BVR-1.5mm^2	m	20
塑料软铜线	BVR-0.75mm^2	m	10
别径压端子	UT2.5-4，UT1-4	个	40
行线槽	TC3025	条	5
异形塑料管	ϕ3mm	m	0.2
木螺钉	ϕ3mm×20mm，ϕ3mm×15mm	个	20
平垫圈	ϕ4mm	个	20

三、设计程序

根据控制电路要求，在计算机中编写程序，程序设计如图 10-2 所示。

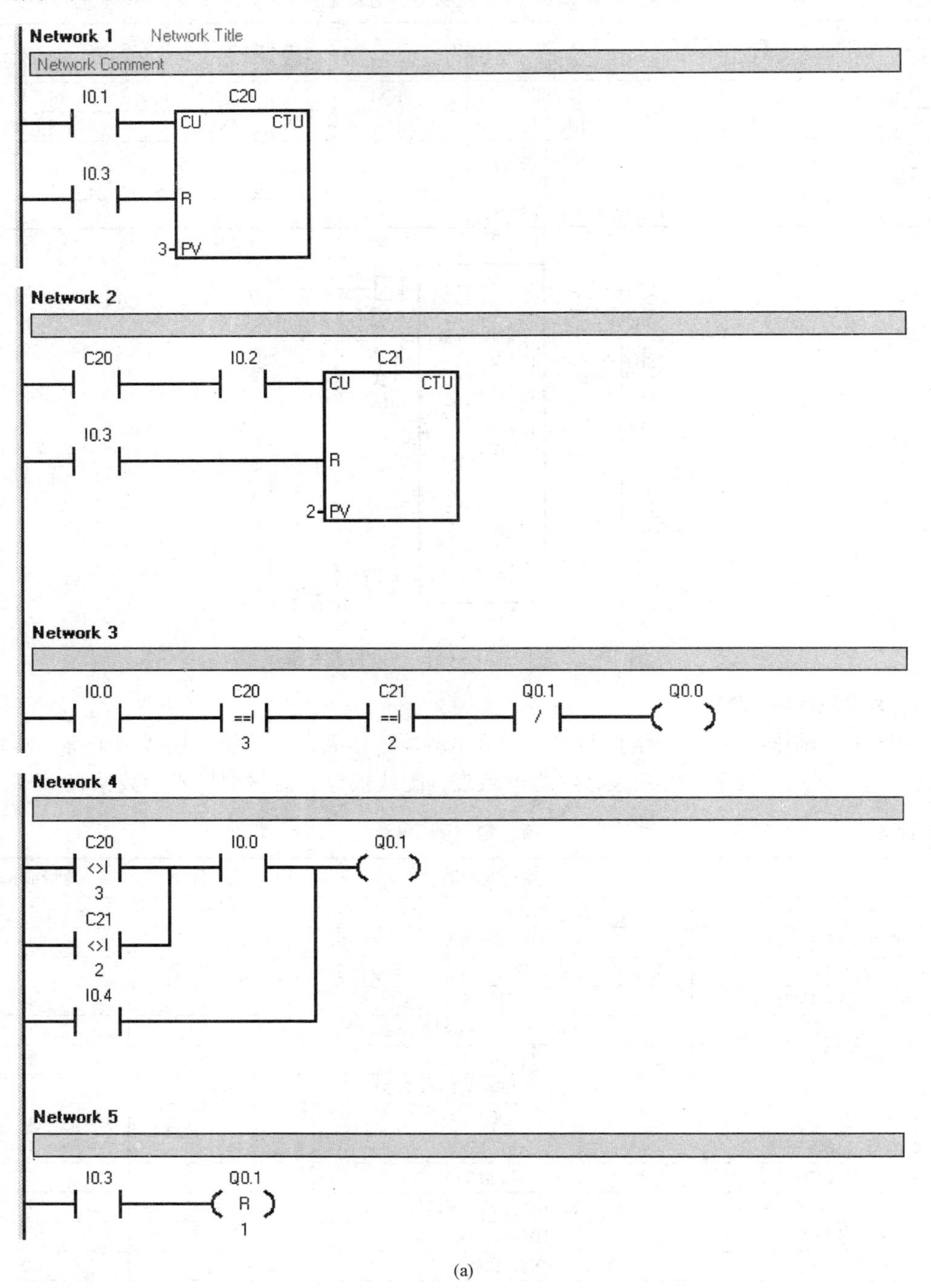

(a)

图 10-2 密码锁 PLC 控制程序（一）

（a）梯形图

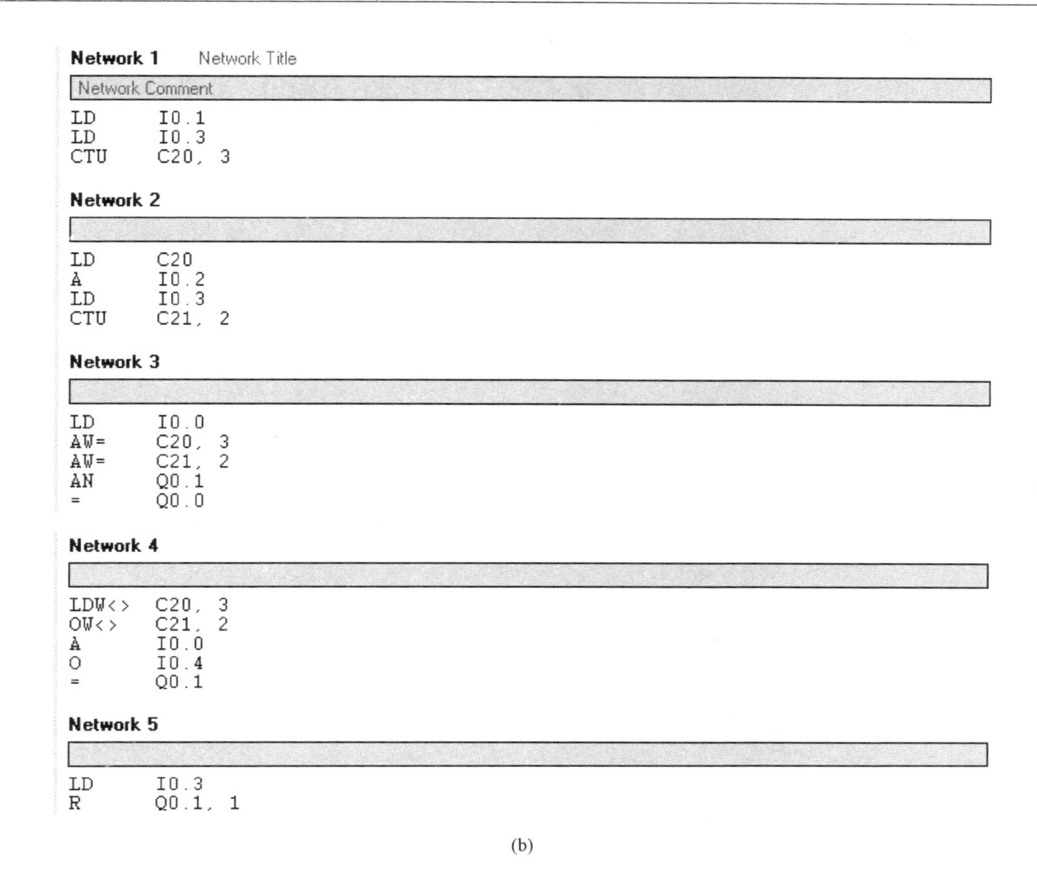

```
Network 1    Network Title
Network Comment
LD      I0.1
LD      I0.3
CTU     C20, 3

Network 2
LD      C20
A       I0.2
LD      I0.3
CTU     C21, 2

Network 3
LD      I0.0
AW=     C20, 3
AW=     C21, 2
AN      Q0.1
=       Q0.0

Network 4
LDW<>   C20, 3
OW<>    C21, 2
A       I0.0
O       I0.4
=       Q0.1

Network 5
LD      I0.3
R       Q0.1, 1
```

(b)

图 10-2　密码锁 PLC 控制程序（二）

（b）语句表

四、安装配线

按图 10-1 所示进行配线，安装方法及要求与继电接触式电路相同并确认接线正确。

五、运行调试

（1）在断电状态下，连接好 PC/PPI 电缆。

（2）打开 PLC 的前盖，将“运行模式”选择开关拨到 STOP 位置，此时 PLC 处于停止状态，或者用鼠标单击工具栏中的 STOP 按钮，可以进行程序编写。

（3）在作为编程器的计算机上，运行 V4.0 STEP7 Micro 编程软件。

（4）用菜单命令“文件—新建”生成一个新项目；用菜单命令“文件—打开”打开一个已有的项目；用菜单命令“文件—另存为”可修改项目的名称。

（5）用菜单命令“PLC—类型”，设置 PLC 的型号。

（6）设置通信参数。

（7）编写控制程序。

（8）用鼠标单击工具栏中的“编译”按钮或“全部编译”按钮来编译输入的程序。

（9）下载程序文件到 PLC。

（10）将“运行模式”选择开关拨到 RUN 位置，或者用鼠标单击工具栏中的 RUN 按钮使 PLC 进入运行方式。

（11）按 SB1 键或模拟起动操作。

（12）分别按 SB2 键 3 次、SB3 键 2 次，观察 Q0.0 是否有输出。如果 Q0.0 输出正确，按 SB4 键复位。

（13）重新开始，按 SB1 键，再次进行开锁操作，模拟报警操作和密码错误操作。

（14）若满足要求，程序调试结束。

项目十一　全自动洗衣机 PLC 控制

技术要点

会根据项目分析系统控制要求写出 I/O 分配点并正确设计出外部接线图；会根据控制要求选择 PLC 的编程方法；进一步学会使用 S7-200 系列 PLC 的定时器指令、计数器指令、正跳变指令、置位指令、复位指令；能根据控制要求正确编制、输入和传输 PLC 程序；能独立完成整机安装与调试；会根据系统调试出现的情况，修改相关设计。

知识要点

进一步掌握 S7-200 系列 PLC 定时器指令、计数器指令、正跳变指令、置位指令、复位指令等；掌握 S7-200 系列 PLC 特殊标志位存储器 SM 及位存储器 M；掌握 PLC 的编程技巧；掌握 PLC 常用的编程方法；掌握整机的安装与调试。

知识准备

一、特殊标志位存储器 SM

SM0.0：该位始终为 1。

SM0.1：该位在首次扫描时为 1，用途之一是调用初始化子程序。

SM0.2：若保持数据丢失，则该位在一个扫描周期中为 1；该位可用作错误存储器位，或用来调用特殊起动顺序功能。

SM0.3：开机后进入 RUN 方式，该位将 ON 一个扫描周期；该位可用作在起动操作之前给设备提供一个预热时间。

SM0.4：该位提供了一个时钟脉冲，30s 为 1，30s 为 0，周期为 1min；它提供了一个简单易用的延时，或 1min 的时钟脉冲。

SM0.5：该位提供了一个时钟脉冲，0.5s 为 1，0.5s 为 0，周期为 1s；它提供了一个简单易用的延时，或 1s 的时钟脉冲。

SM0.6：该位为扫描时钟，本次扫描时置 1，下次扫描置 0；可用作扫描计数器的输入。

SM0.7：该位指示 CPU 工作方式开关的位置（0 为 TERM 位置，1 为 RUN 位置）；当开关在 RUN 位置时，用该位可使自由端口通信方式有效，当切换至 TERM 位置时，同编程设备的正常通信也会有效。

SM1.0：当执行某些指令，其结果为 0 时，将该位置 1。

SM1.1：当执行某些指令，其结果溢出，或查出非法数值时，将该位置 1。

SM1.2：当执行数学运算时其结果为负数时，将该位置 1。

SM1.3：试图除以 0 时，将该位置 1。

SM1.4：当执行 Add toTable 指令时，试图超出表范围时，将该位置 1。

SM1.5：当执行LIFO或FIFO指令时，试图从空表中读数时，将该位置1。

SM1.6：当试图把一个非BCD数转换为二进制数时，将该位置1。

SM1.7：当ASCII码不能转换为十六进制数时，将该位置1。

SM2.0：在自由端口通信方式下，该字符存储从口0或口1接收到的每一个字符。

SM3.0：口0或口1的奇偶校验（0=无错，1=有错）。

SM3.1～ SM3.7 ：保留。

SM4.0：当通信中断队列溢出时，将该位置1。

SM4.1：当输入中断队列溢出时，将该位置1。

SM4.2：当定时中断队列溢出时，将该位置1。

SM4.3：在运行时刻，发现编程问题时，将该位置1。

SM4.4：该位指示全局中断允许位，当允许中断时，将该位置1。

SM4.5：当口0发送空闲时，将该位置1。

SM4.6：当口1发送空闲时，将该位置1。

SM4.7：当发生强置时，将该位置1。

SM5.0：当有I/O错误时，将该位置1。

SM5.1：当I/O总线上连接了过多的数字量I/O点时，将该位置1。

SM5.2：当I/O总线上连接了过多的模拟量I/O点时，将该位置1。

SM5.3：当I/O总线上连接了过多的智能I/O模块时，将该位置1。

SM5.4～ SM5.6：保留。

SM5.7：当DP标准总线出现错误时，将该位置1。

二、S7-200系列PLC的各种指令

S7-200系列PLC有定时器指令、计数器指令、正跳变输出指令、置位指令、复位指令。

S7-200系列PLC的定时器按工作方式可分为延时接通定时器、延时断开定时器和保持型延时接通定时器等三种类型；按时基脉冲又可分为1、10、100 ms三种，定时时间的计算$T=PT \cdot S$，其中，T为实际定时时间，PT为预设值，S为精度等级。

TON为延时接通定时器指令，梯形图符号为 [???? IN TON ????-PT ??? ms] 。

其中，IN端为输入端，用于接驱动定时器线圈的信号；PT端为设定端，用于标定定时器的设定值。

S7-200系列PLC的计数器按工作方式可分为加计数器、减计数器和加/减计数器等不同类型。

CTU为加计数器指令，梯形图符号为

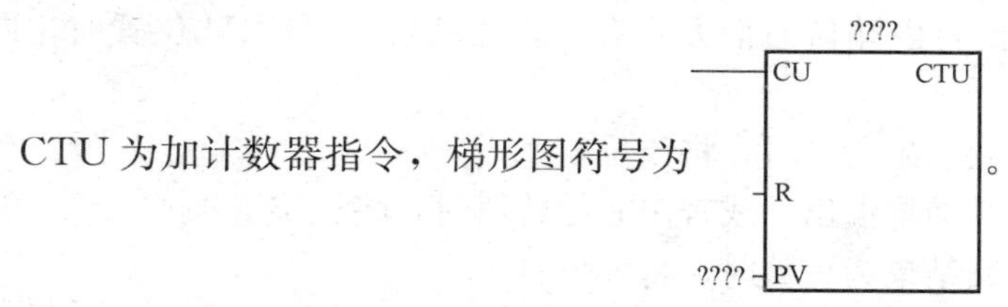

。

其中，CU端为输入端，用于连接驱动计数器线圈的信号；PV端为设定端，用于标定计数器的设定值；R端为复位端，用于连接复位信号。

EU 为正跳变输出指令，梯形图符号为─┤ P ├─。

S 为置位（置 1）指令，梯形图符号为─(bit S N)。

R 为复位（置 0）指令，梯形图符号为─(bit R N)。

三、S7-200 系列 PLC 的位存储器 M

S7-200 系列 PLC 的位存储器 M 代表的是一个存储器单元，储存中间数据、中间操作状态或其他的控制信息。可以按位、字节、字、双字来存取位存储区，可无限制使用，其标志位为 M0.0～M31.7。

任务实施

一、全自动洗衣机 PLC 控制工作原理

全自动洗衣机 PLC 控制系统的 I/O 分配表，见表 11-1，其硬件接线如图 11-1 所示。按硬件接线图接好线，将相应的控制指令程序输入 PLC 中调试好后，按以下步骤操作：①按下 SB1 起动按钮，首先进水指示灯 LED1 亮；②按下 SB3 上限按钮，进水指示灯 LED1 灭，搅轮在正反搅拌，正反搅拌指示灯 LED3、LED4 轮流亮灭；③等待几秒钟，排水指示灯 LED2 亮，后甩干桶指示灯 LED5 亮了又灭；④按下 SB4 下限按钮，排水指示灯 LED2 灭，进水指示灯 LED1 亮；⑤重复两次②～④的过程；⑥第三次按下 SB4 下限按钮时，蜂鸣器指示灯 LED6 亮 5s 后灭，整个过程结束；⑦操作过程中，按下 SB2 停止按钮可结束动作过程；⑧手动排水按钮 SB5 是独立操作命令，按下手动排水按钮 SB5 后，必须要按下 SB4 下限按钮。

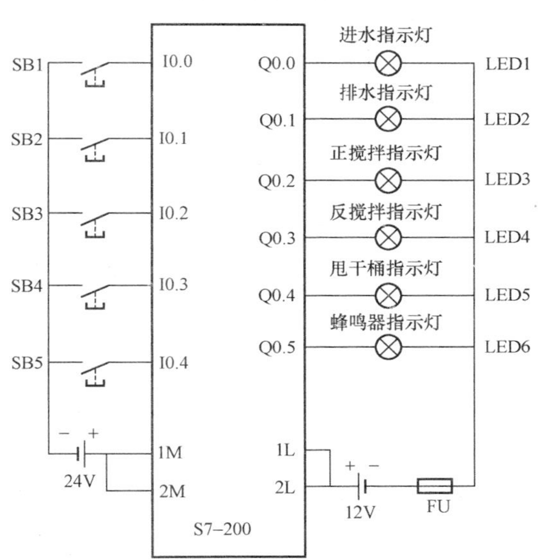

图 11-1　全自动洗衣机 PLC 控制硬件接线图

表 11-1　全自动洗衣机 PLC 控制的 I/O 分配表

输入			输出		
符号	地址	功能	符号	地址	功能
SB1	I0.0	起动按钮	LED1	Q0.0	进水指示灯
SB2	I0.1	停止按钮	LED2	Q0.1	排水指示灯
SB3	I0.2	上限按钮	LED3	Q0.2	正搅拌指示灯
SB4	I0.3	下限按钮	LED4	Q0.3	反搅拌指示灯
SB5	I0.4	手动排水按钮	LED5	Q0.4	甩干桶指示灯
			LED6	Q0.5	蜂鸣器指示灯

二、所需材料及设备

可编程序控制器S7-200、组合开关、熔断器、LED灯、按钮、接线端子排、塑料软铜线、电工通用工具、镊子、万用表、绝缘电阻表、配线板等，器材型号或参数见表11-2。

表11-2　　项　目　器　材

名　称	型号或参数	单位	数量或长度
单相交流电源	AC 220V和36V，5A	处	1
计算机	预装V4.0 STEP7编程软件，型号自定义	台	1
可编程序控制器	S7-224	台	1
配线板	500mm×600mm×20mm	块	1
组合开关	HZ10-25/3	个	1
DC 12V开关电源	KT-P003	个	1
DC 12V LED灯	JLE-LED	个	6
DC 12V灯头	螺旋	个	6
熔断器及熔芯配套	F1-0.5	套	1
接线端子排	JX2-1015，500V、10A	条	1
塑料软铜线	BVR-1.5mm²	m	20
塑料软铜线	BVR-0.75mm²	m	10
别径压端子	UT2.5-4，UT1-4	个	40
行线槽	TC3025	条	5
异形塑料管	ϕ3mm	m	0.2
木螺钉	ϕ3mm×20mm，ϕ3mm×15mm	个	20
平垫圈	ϕ4mm	个	20

三、设计程序

根据控制要求，在计算机中编写程序，程序设计如图11-2所示。

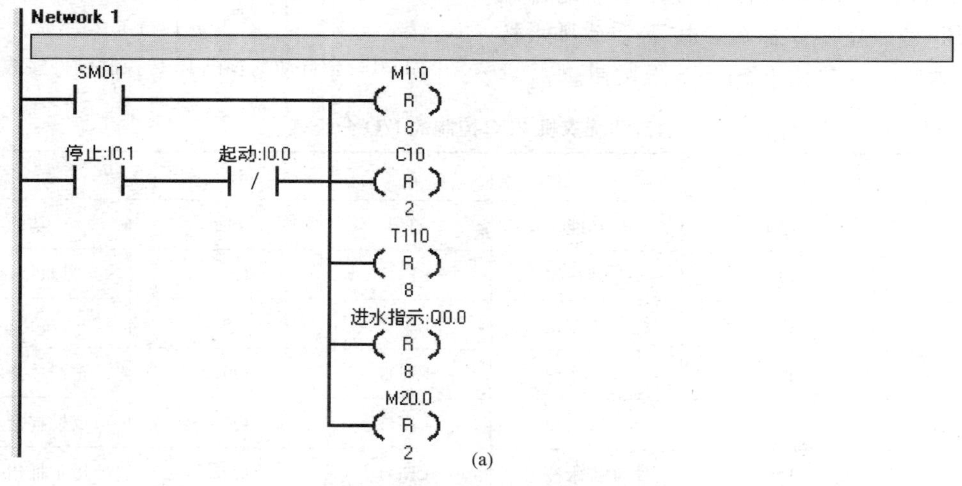

图11-2　全自动洗衣机PLC控制程序（一）

(a) 梯形图

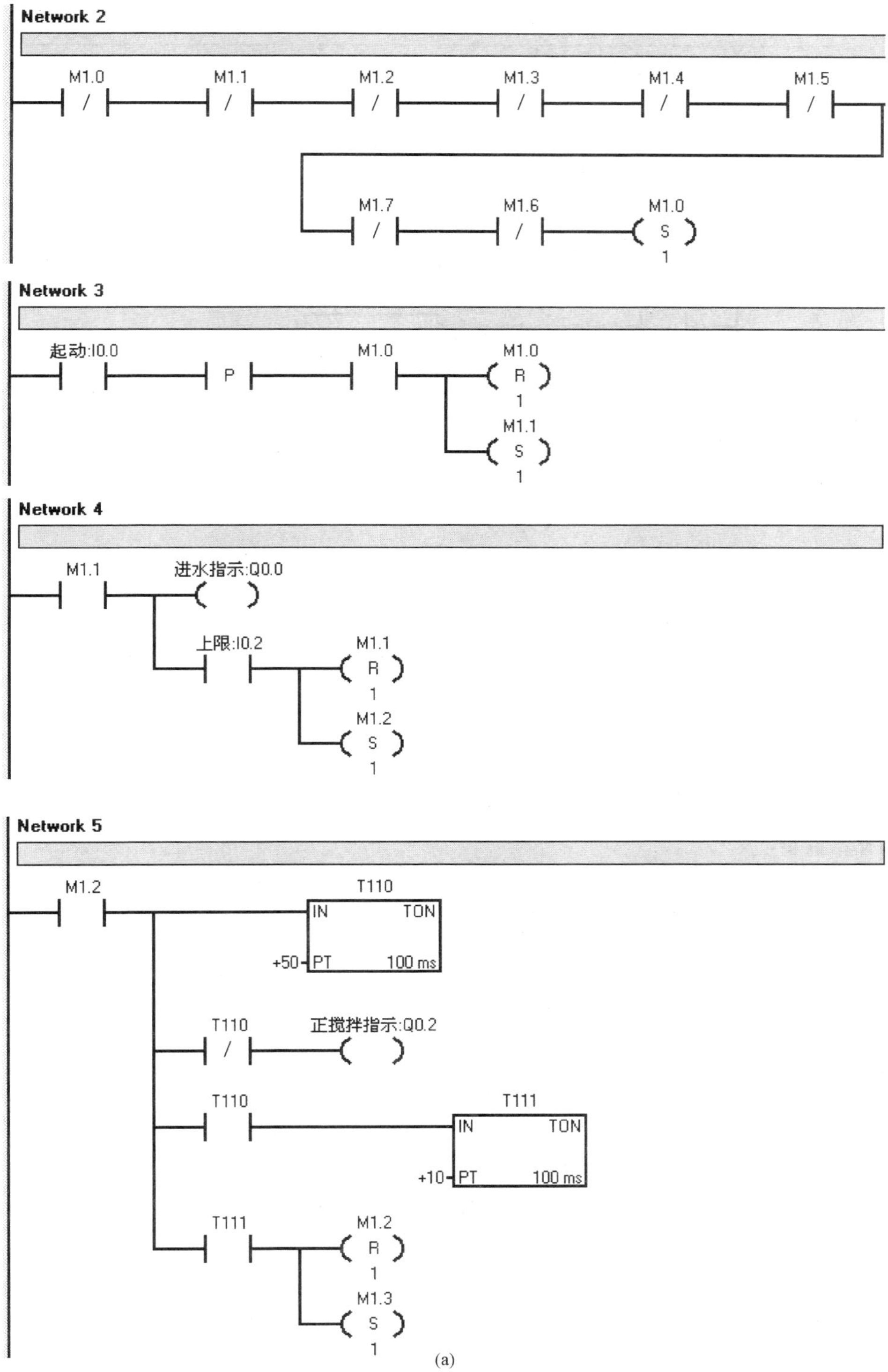

Network 2

M1.0　M1.1　M1.2　M1.3　M1.4　M1.5

M1.7　M1.6　M1.0 S 1

Network 3

起动:I0.0　P　M1.0　M1.0 R 1

M1.1 S 1

Network 4

M1.1　进水指示:Q0.0

上限:I0.2　M1.1 R 1

M1.2 S 1

Network 5

M1.2　T110 IN TON　+50 PT 100 ms

T110　正搅拌指示:Q0.2

T110　T111 IN TON　+10 PT 100 ms

T111　M1.2 R 1

M1.3 S 1

(a)

图 11-2　全自动洗衣机 PLC 控制程序（二）

（a）梯形图

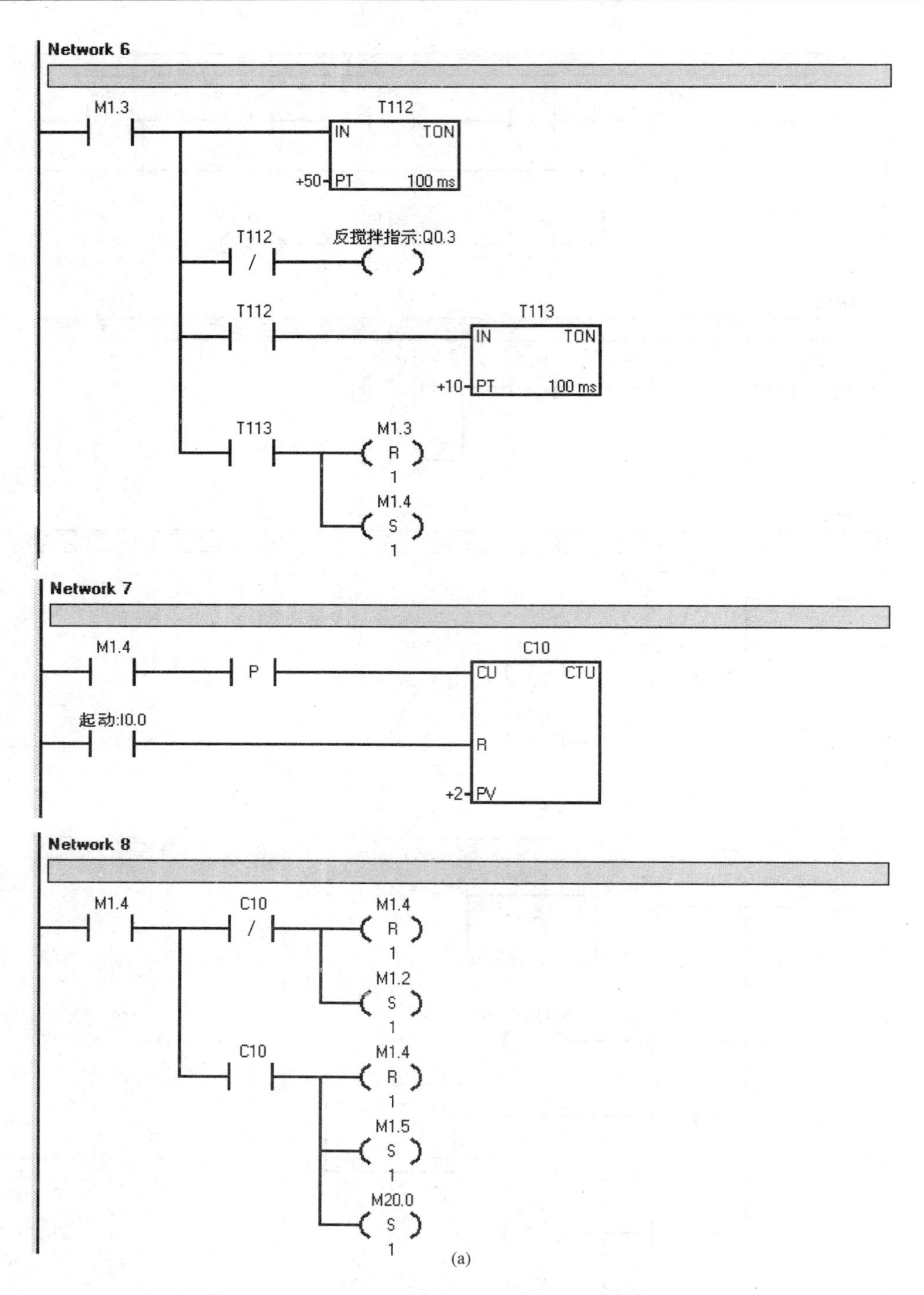

图 11-2 全自动洗衣机 PLC 控制程序（三）

(a) 梯形图

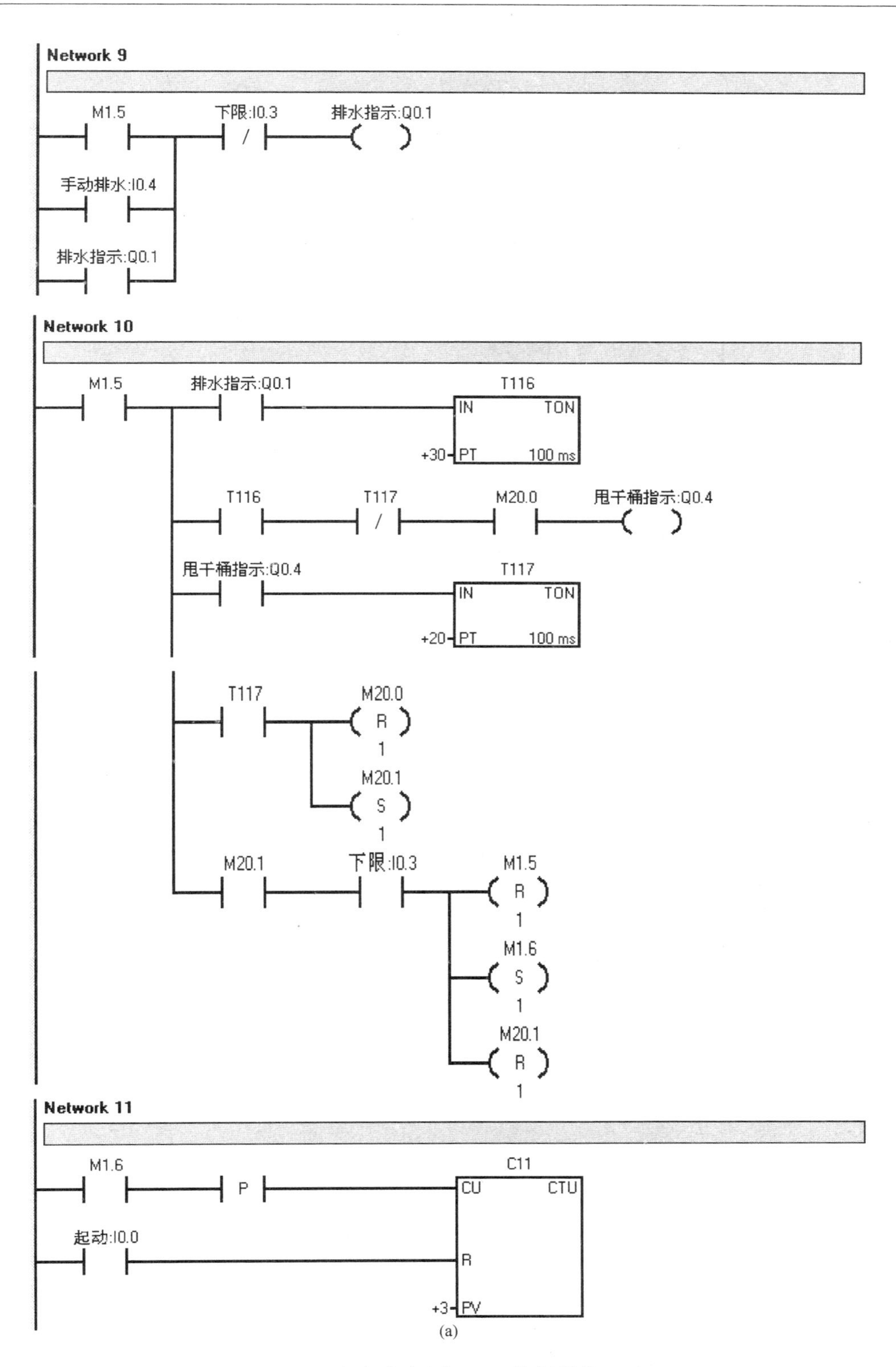

(a)

图 11-2　全自动洗衣机 PLC 控制程序（四）

（a）梯形图

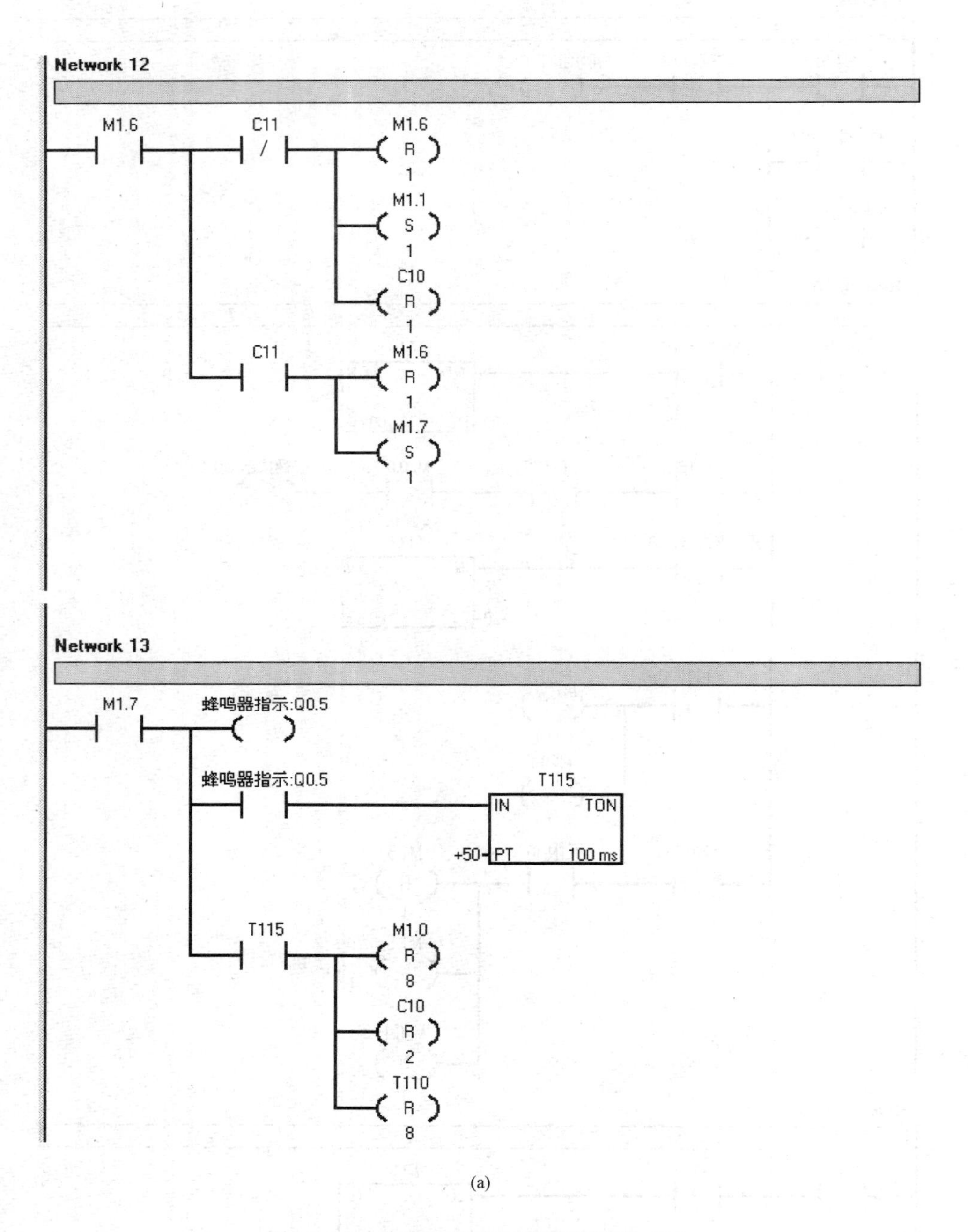

(a)

图 11-2 全自动洗衣机 PLC 控制程序（五）
（a）梯形图

Network 1

```
LD      SM0.1
LD      停止:I0.1
AN      起动:I0.0
OLD
R       M1.0, 8
R       C10, 2
R       T110, 8
R       进水指示:Q0.0, 8
R       M20.0, 2
```

Symbol	Address	Comment
进水指示	Q0.0	
起动	I0.0	
停止	I0.1	

Network 2

```
LDN     M1.0
AN      M1.1
AN      M1.2
AN      M1.3
AN      M1.4
AN      M1.5
AN      M1.6
AN      M1.7
S       M1.0, 1
```

Network 3

```
LD      起动:I0.0
EU
A       M1.0
R       M1.0, 1
S       M1.1, 1
```

Symbol	Address	Comment
起动	I0.0	

Network 4

```
LD      M1.1
=       进水指示:Q0.0
A       上限:I0.2
R       M1.1, 1
S       M1.2, 1
```

Network 5

```
LD      M1.2
LPS
TON     T110, +50
AN      T110
=       正搅拌指示:Q0.2
LRD
A       T110
TON     T111, +10
LPP
A       T111
R       M1.2, 1
S       M1.3, 1
```

Symbol	Address	Comment
正搅拌指示	Q0.2	

(b)

图 11-2　全自动洗衣机 PLC 控制程序（六）

(b) 语句表

Network 6

```
LD      M1.3
LPS
TON     T112, +50
AN      T112
=       反搅拌指示:Q0.3
LRD
A       T112
TON     T113, +10
LPP
A       T113
R       M1.3, 1
S       M1.4, 1
```

Network 7

```
LD      M1.4
EU
LD      起动:I0.0
CTU     C10, +2
```

Symbol	Address	Comment
起动	I0.0	

Network 8

```
LD      M1.4
LPS
AN      C10
R       M1.4, 1
S       M1.2, 1
LPP
A       C10
R       M1.4, 1
S       M1.5, 1
S       M20.0, 1
```

Network 9

```
LD      M1.5
O       手动排水:I0.4
O       排水指示:Q0.1
AN      下限:I0.3
=       排水指示:Q0.1
```

Network 10

```
LD      M1.5
LPS
A       排水指示:Q0.1
TON     T116, +30
LRD
A       T116
AN      T117
A       M20.0
=       甩干桶指示:Q0.4
LRD
A       甩干桶指示:Q0.4
TON     T117, +20
LRD
A       T117
R       M20.0, 1
S       M20.1, 1
LPP
A       M20.1
A       下限:I0.3
R       M1.5, 1
S       M1.6, 1
R       M20.1, 1
```

(b)

图 11-2　全自动洗衣机 PLC 控制程序（七）

(b) 语句表

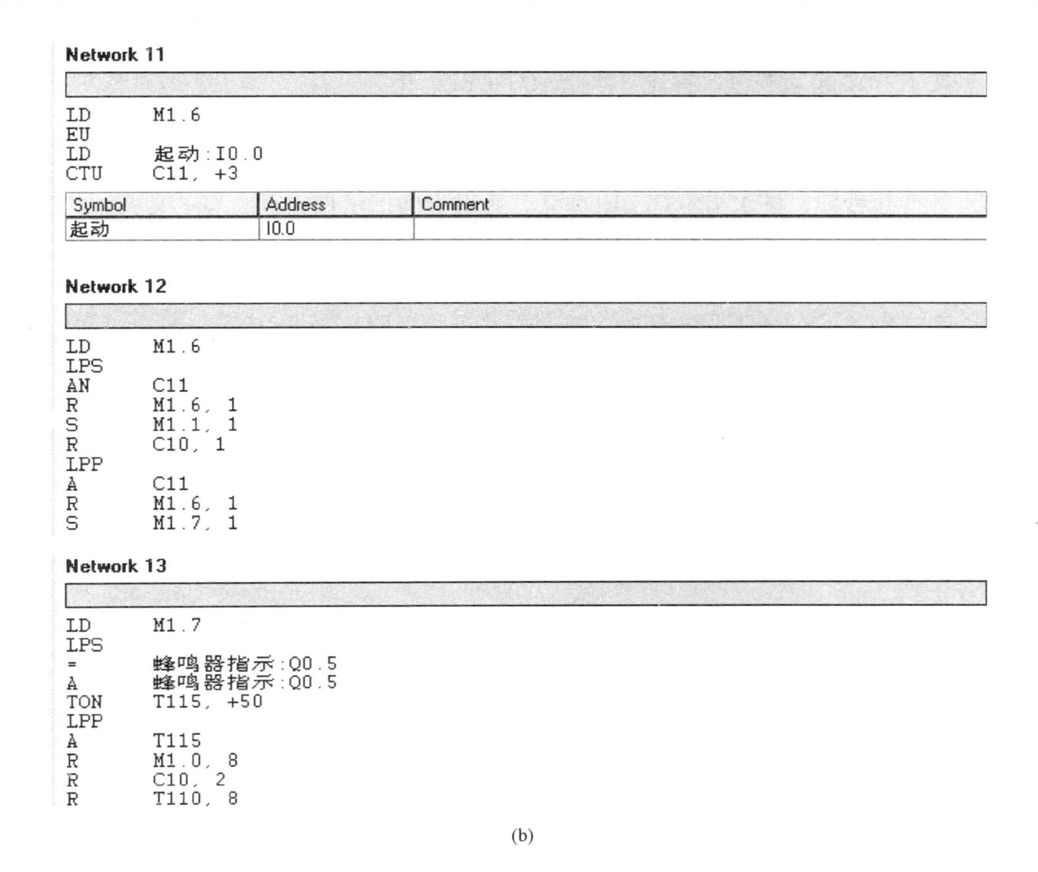

Network 11

```
LD      M1.6
EU
LD      起动:I0.0
CTU     C11, +3
```

Symbol	Address	Comment
起动	I0.0	

Network 12

```
LD      M1.6
LPS
AN      C11
R       M1.6, 1
S       M1.1, 1
R       C10, 1
LPP
A       C11
R       M1.6, 1
S       M1.7, 1
```

Network 13

```
LD      M1.7
LPS
=       蜂鸣器指示:Q0.5
A       蜂鸣器指示:Q0.5
TON     T115, +50
LPP
A       T115
R       M1.0, 8
R       C10, 2
R       T110, 8
```

(b)

图 11-2　全自动洗衣机 PLC 控制程序（八）
(b) 语句表

四、安装配线

按图 11-1 所示进行配线，安装并确认接线正确。

五、运行调试

（1）在断电状态下，连接好 PC/PPI 电缆。

（2）打开 PLC 的前盖，将“运行模式”选择开关拨到 STOP 位置，此时 PLC 处于停止状态，或者用鼠标单击工具栏中的 STOP 按钮，可以进行程序编写。

（3）在作为编程器的计算机上，运行 V4.0 STEP7 Micro 编程软件。

（4）用菜单命令“文件—新建”生成一个新项目；用菜单命令“文件—打开”打开一个已有的项目；用菜单命令“文件—另存为”可修改项目的名称。

（5）用菜单命令“PLC—类型”，设置 PLC 的型号。

（6）设置通信参数。

（7）编写控制程序。

（8）用鼠标单击工具栏中的“编译”按钮或“全部编译”按钮来编译输入的程序。

（9）下载程序文件到 PLC。

（10）将“运行模式”选择开关拨到 RUN 位置，或者用鼠标单击工具栏中的 RUN 按钮使 PLC 进入运行方式。

(11) 按下 SB1 起动按钮，首先进水指示灯 LED1 亮。

(12) 按下 SB3 上限按钮，进水指示灯 LED1 灭，搅轮在正反搅拌，正反搅拌指示灯 LED3、LED4 轮流亮灭。

(13) 等待几秒钟，排水指示灯 LED2 亮，后甩干桶指示灯 LED5 亮了又灭。

(14) 按下 SB4 下限按钮，排水指示灯 LED2 灭，进水指示灯 LED1 亮。

(15) 重复两次 (12) ～ (14) 的过程。

(16) 第三次按下 SB4 下限按钮时，蜂鸣器指示灯 LED6 亮 5s 后灭，整个过程结束。

(17) 按下 SB2 停止按钮，结束动作过程。

(18) 若满足要求，程序调试结束。

项目十二　三种液体自动混合 PLC 控制

技术要点

会根据项目分析系统控制要求写出 I/O 分配点并正确设计出外部接线图；会根据控制要求选择 PLC 的编程方法；进一步学会使用 S7-200 系列 PLC 的标准触点、立即触点、串联指令、并联指令、定时器指令、跳变指令、置位指令、复位指令、取非指令、空操作指令、取反指令、结束指令；能根据控制要求正确编制、输入和传输 PLC 程序；能独立完成整机安装与调试；会根据系统调试出现的情况，修改相关设计。

知识要点

进一步掌握 S7-200 系列 PLC 的标准触点、立即触点、串联指令、并联指令、定时器指令、跳变指令、置位指令、复位指令、取非指令、空操作指令、取反指令、结束指令；掌握 S7-200 系列 PLC 特殊标志位存储器 SM；掌握 PLC 的编程技巧；掌握 PLC 常用的编程方法；掌握整机的安装与调试。

知识准备

一、标准触点

如果数据类型是 I 或 Q，这些指令从存储器或映像寄存器存取数值。对于 AND 和 OR 指令盒最多可以使用 7 个输入。当动合(NO)触点对应的存储器地址位(bit)为 1 时，表示该触点闭合。当动断(NC)触点对应的存储器地址位(bit)为 0 时，表示该触点闭合。在梯形图(LAD)中，动合和动断指令用触点表示。在功能块图(FBD)中，动合指令用 AND/OR 盒表示。和梯形图中的触点一样，这些指令用来处理布尔信号。动断指令也用盒表示，用输入信号上加一个取非的圆圈来表示动断指令。在语句表(STL)中，动合触点由 LD(装载)，A(与)及 O(或)指令描述，LD 将位(bit)值装入栈顶，A、O 分别将位(bit)值与、或栈顶值，运算结果仍存入栈顶。在语句表中，动断触点由 LDN(非装载)，AN(非与)和 ON(非或)指令描述，LDN 将位(bit)值取反后再装入栈顶，AN、ON 先将位(bit)值取反，再分别与、或栈顶值，其运算结果仍存入栈顶。

梯形图符号为 ─┤ bit ├─，─┤ bit / ├─。

标准触点指令的有效操作数见表 12-1。

表 12-1　　标准触点指令的有效操作数

输入/输出	操作数	数据类型
位（LAD、STL）	I、Q、M、SM、T、C、V、S、L	BOOL

续表

输入/输出	操作数	数据类型
输入（FBD）	I、Q、M、SM、T、C、V、S、L、能流	BOOL
输出（FBD）	I、Q、M、SM、T、C、V、S、L、能流	BOOL

二、立即触点

当立即指令执行时，读取物理输入值，但是不更新映像寄存器。当动合立即触点的物理输入点 bit 的位值为 1 时，表示该触点闭合。当动断立即触点的物理输入点 bit 的位值为 0 时，表示该触点闭合。在梯形图（LAD）中，动合和动断指令用触点表示。在功能块图（FBD）中，动合立即触点指令用操作数前加立即标示符表示。当使用能流时，可能没有立即标示符。和梯形图中的触点一样，这些指令用来处理布尔信号。在功能块图（FBD）中，动断立即触点指令也用操作数前加立即标示符和取负圆圈表示。当使用能流时，可能没有立即标示符，用输入信号上加一个取非的圆圈来表示动断立即触点指令。

在语句表（STL）中，动合立即触点，由 LDI（立即装载），AI（立即与）及 OI（立即或）指令描述。LDI 指令把物理输入点 bit 的位值立即装入栈顶，AI、OI 分别将物理输入点 bit 的位值与、或栈顶值，运算结果仍存入栈顶。在语句表（STL）中，动断立即触点由 LDNI（立即非装载）、ANI（立即非与）、ONI（立即非或）指令描述。LDNI 把物理输入点 bit 的位值取反后立即装入栈顶。ANI、ONI 先将物理输入点 bit 的位值取反，再分别与、或栈顶值，运算结果仍存入栈顶。

梯形图符号为 bit ┤ I ├，bit ┤ /I ├。

立即触点指令的有效操作数见表 12-2。

表 12-2　立即触点指令的有效操作数

输入/输出	操作数	数据类型
位（LAD、STL）	I	BOOL
输入（FBD）	I	BOOL

三、取非指令

取非触点改变能流的状态。能流到达取非触点时，就停止；能流未到达取非触点，就通过。

在梯形图（LAD）中，取非指令用触点表示。在功能块图（FBD）中，取非指令用带有非号的布尔盒输入表示。语句表（STL）中，取非指令改变栈顶值，由 0 变到 1，或者由 1 变到 0。

操作数：无。

数据类型：无。

梯形图符号为┤NOT├。

四、空操作指令

空操作指令不影响程序的执行，操作数 N 是一个 0～255 的数。

操作数：N，常数（0～255）。

数据类型：BYTE。

梯形图符号为── N NOP。

五、取反指令

INVB（字节取反）指令求出输入字节（IN）的反码，得到一个字结果（OUT）；INVW（字取反）指令求出输入字（IN）的反码，得到一个字结果（OUT）；INVDW（双字取反）指令求出输入双字（IN）的反码，得到一个字结果（OUT）。

使 ENO=0 的错误条件：SM4.3（运行时间）；0006（间接寻址）。

这些指令影响下面的特殊存储器位：SM1.0（零）。

梯形图符号为

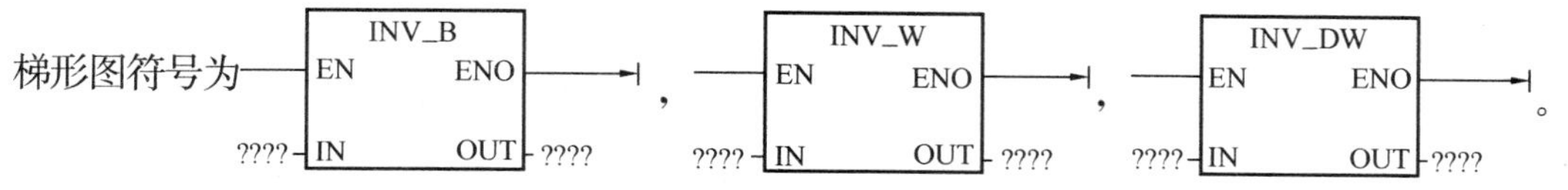

取反指令的有效操作数见表 12-3。

表 12-3　　取反指令的有效操作数

取反	输入/输出	操作数	数据类型
字节	IN	VB、IB、QB、MB、SB、SMB、LB、AC、常数、* VD、* AC、* LD	BYTE
	OUT	VB、IB、QB、MB、SB、SMB、LB、AC、* VD、* AC、* LD	BYTE
字	IN	VW、IW、QW、MW、SW、SMW、T、C、AIW、LW、AC、常数、* VD、* AC、* LD	WORD
	OUT	VW、IW、QW、MW、SW、SMW、T、C、LW、AC、* VD、* AC、* LD	WORD
双字	IN	VD、ID、QD、MD、SD、SMD、LD、HC、AC、常数、* VD、* AC、* LD	DWORD
	OUT	VD、ID、QD、MD、SD、SMD、LD、AC、* VD、* AC、* LD	DWORD

六、跳变指令

跳变指令分为 EU 正跳变触发（上升沿）和 ED 负跳变触发（下降沿）两种类型。正跳变触发是指输入脉冲的上升沿使触点闭合 1 个扫描周期。负跳变触发是指输入脉冲的下降沿使触点闭合 1 个扫描周期，常用作脉冲整形。

EU 正跳变触发指令，梯形图符号为─┤ N ├─。ED 负跳变触发指令，梯形图符号为─┤ P ├─。

七、结束指令

结束指令 END，有条件结束指令使能输入有效时，终止用户主程序并返回主程序起始点（第一条指令）。

在梯形图中以线圈形式编程；指令表中的指令格式为 END（无操作数）只能在主程序中使用。END 结束指令，梯形图符号为─(END)。

任 务 实 施

一、三种液体自动混合 PLC 控制工作原理

三种液体自动混合装置示意图如图 12-1 所示，HL、ML、LL 为液面传感器。当液面达

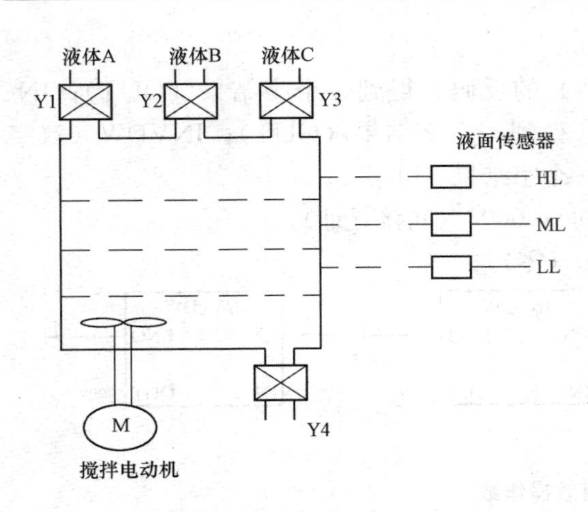

图 12-1　液体自动混合装置

到液面传感器的位置时，液面传感器送出接通信号；当低于液面传感器的位置时，液面传感器送出断开信号；交流电磁阀 Y1、Y2、Y3、Y4 分别注入液体 A、液体 B、液体 C 与排放出搅拌好的混合液体。M 为三相交流搅拌电动机。初始状态，容器为空，交流电磁阀 Y1、Y2、Y3、Y4 和三相交流搅拌电动机 M 为关断，液面传感器 HL、ML、LL 均为断开。

按下“起动”按钮，交流电磁阀 Y1、Y2 打开，使液体 A 与液体 B 流入，当液面高度达到液面传感器 ML 时（此时 ML 和 LL 均为接通），停止注入液体 A 与液体 B（Y1、Y2 为断开）。同时开启液体 C 的交流电磁阀 Y3（Y3 为接通），使液体 C 流入，当液面到达液面传感器 HL 时（HL 为接通），停止注入液体 C（Y3 为断开），同时开启三相交流搅拌电动机 M，搅拌时间为 3s，搅拌完毕后，交流电磁阀 Y4 打开，排出液体，当液面高度降至液面传感器 LL 时（LL 为断开），再继续放液 5s 后关闭放液交流电磁阀 Y4。按“起动”按钮可以重新开始工作。

三种液体自动混合 PLC 控制系统 I/O 分配表，见表 12-4，搅拌电动机的主电路如图 12-2 所示，其硬件接线图如图 12-3 所示。按搅拌电动机的主电路及硬件接线图接好线，将相应的控制指令程序输入 PLC 中调试好。

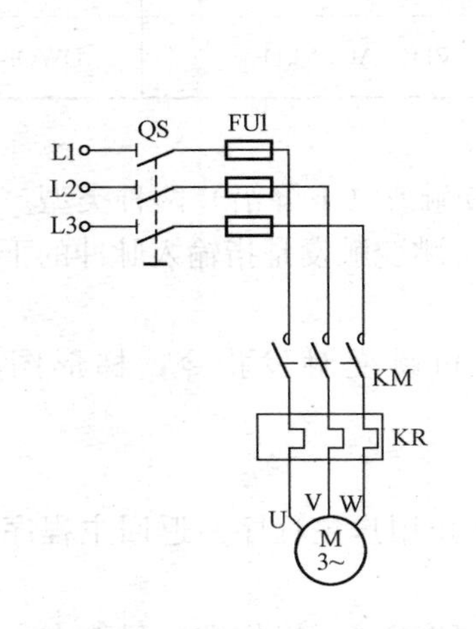

图 12-2　搅拌电动机的主电路

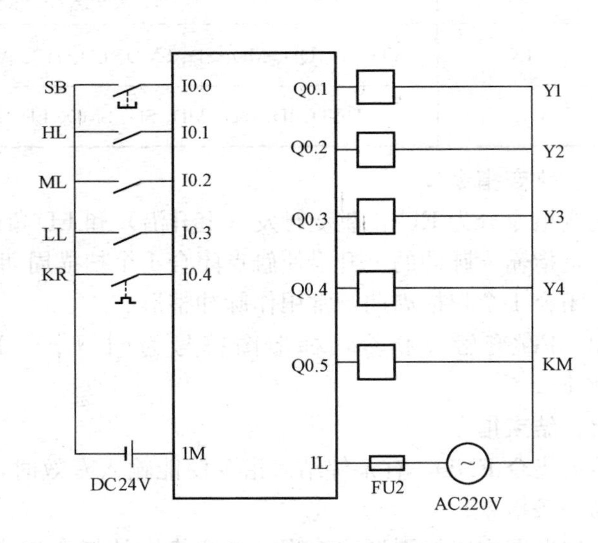

图 12-3　三种液体自动混合 PLC 控制硬件接线图

表 12-4　　**三种液体自动混合 PLC 控制的 I/O 分配表**

输　入			输　出		
符号	地址	功能	符号	地址	功能
SB	I0.0	起动按钮	Y1	Q0.1	交流电磁阀

续表

输入			输出		
符号	地址	功能	符号	地址	功能
HL	I0.1	液面传感器	Y2	Q0.2	交流电磁阀
ML	I0.2	液面传感器	Y3	Q0.3	交流电磁阀
LL	I0.3	液面传感器	Y4	Q0.4	交流电磁阀
KR	I0.4	过载保护	M	Q0.5	三相交流搅拌电动机

二、所需材料及设备

可编程序控制器 S7-200、组合开关、熔断器、交流接触器、按钮、接线端子排、塑料软铜线、电工通用工具、镊子、万用表、绝缘电阻表、配线板等，器材型号或参数见表 12-5。

表 12-5　　项 目 器 材

名　称	型号或参数	单位	数量或长度
三相四线电源	AC 380V/220V，20A	处	1
单相交流电源	AC 220V，5A	处	1
计算机	预装 V4.0 STEP7 编程软件，型号自定义	台	1
可编程序控制器	S7-224	台	1
配线板	500mm×600mm×20mm	块	1
组合开关	HZ10-25/3	个	1
交流接触器	CJ10-20，线圈电压 AC 220V	只	1
按钮	LA10-3H 或 LA4-3H	个	1
熔断器及熔芯配套	RL6-60/20	套	3
熔断器及熔芯配套	RL6-15/4	套	1
交流电磁阀	2S16-15，线圈电压 AC 220V	套	4
液面传感器	HPQ-T1	个	3
接线端子排	JX2-1015，500V、10A	条	1
塑料软铜线	BVR-1.5mm^2	m	20
塑料软铜线	BVR-0.75mm^2	m	10
别径压端子	UT2.5-4，UT1-4	个	40
行线槽	TC3025	条	5
异形塑料管	ϕ3mm	m	0.2
木螺钉	ϕ3mm×20mm，ϕ3mm×15mm	个	20
平垫圈	ϕ4mm	个	20

三、设计程序

根据控制要求，在计算机中编写程序，程序设计如图 12-4 所示。

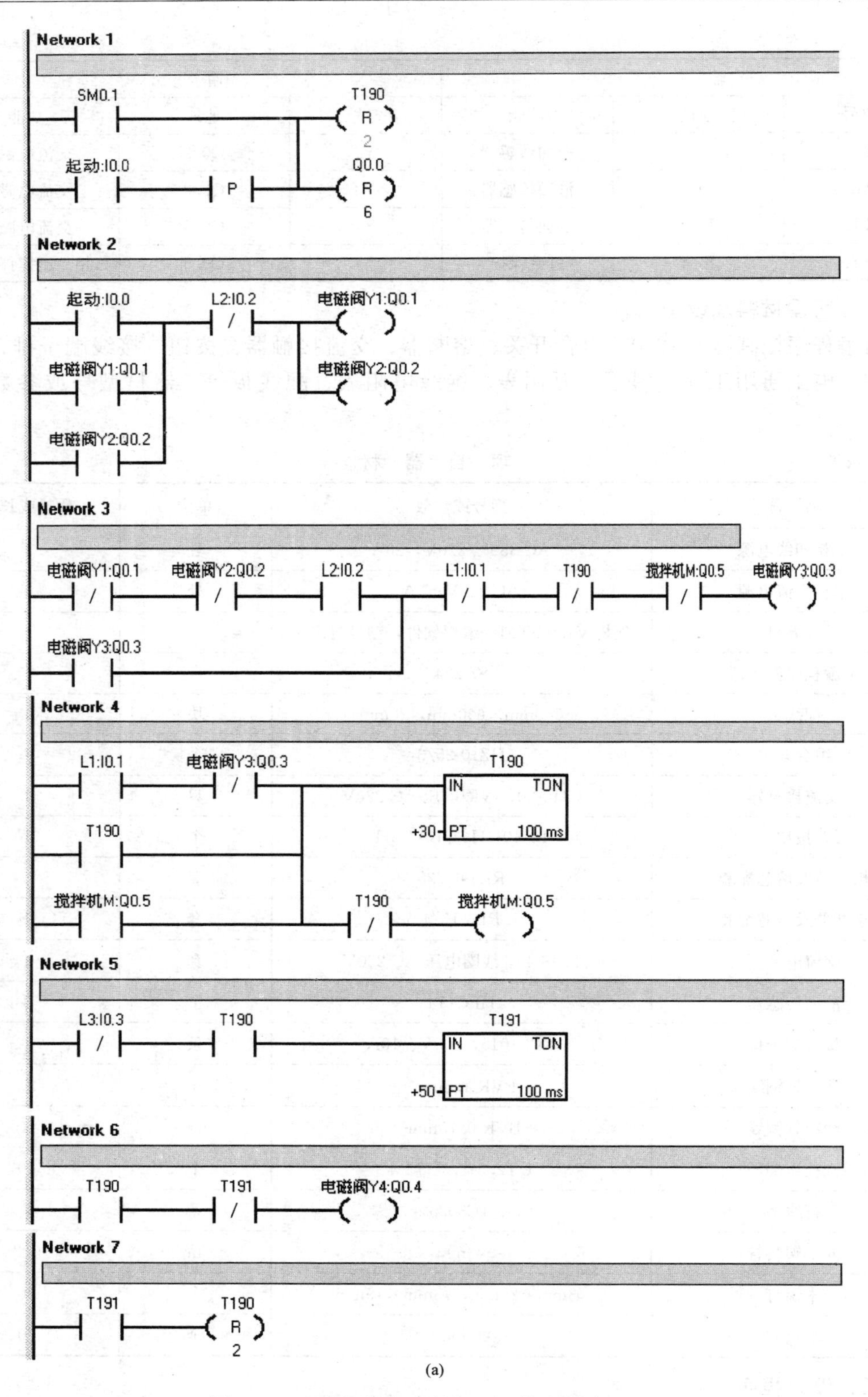

(a)

图 12-4 三种液体自动混合 PLC 控制程序（一）
(a) 梯形图

Network 1

```
LD      SM0.1
LD      起动:I0.0
EU
OLD
R       T190, 2
R       Q0.0, 6
```

Network 2

```
LD      起动:I0.0
O       电磁阀Y1:Q0.1
O       电磁阀Y2:Q0.2
AN      L2:I0.2
=       电磁阀Y1:Q0.1
=       电磁阀Y2:Q0.2
```

Network 3

```
LDN     电磁阀Y1:Q0.1
AN      电磁阀Y2:Q0.2
A       L2:I0.2
O       电磁阀Y3:Q0.3
AN      L1:I0.1
AN      T190
AN      搅拌机M:Q0.5
=       电磁阀Y3:Q0.3
```

Network 4

```
LD      L1:I0.1
AN      电磁阀Y3:Q0.3
O       T190
O       搅拌机M:Q0.5
TON     T190, +30
AN      T190
=       搅拌机M:Q0.5
```

Network 5

```
LDN     L3:I0.3
A       T190
TON     T191, +50
```

Network 6

```
LD      T190
AN      T191
=       电磁阀Y4:Q0.4
```

Network 7

```
LD      T191
R       T190, 2
```

(b)

图 12-4 三种液体自动混合 PLC 控制程序（二）
(b) 语句表

四、安装配线

按图 12-2 和图 12-3 所示进行配线，安装并确认接线正确。

五、运行调试

(1) 在断电状态下，连接好 PC/PPI 电缆。

(2) 打开 PLC 的前盖，将“运行模式”选择开关拨到 STOP 位置，此时 PLC 处于停止状态，或者用鼠标单击工具栏中的STOP按钮，可以进行程序编写。

(3) 在作为编程器的计算机上，运行V4.0 STEP7 Micro编程软件。

(4) 用菜单命令“文件—新建”生成一个新项目；用菜单命令“文件—打开”打开一个已有的项目；用菜单命令“文件—另存为”可修改项目的名称。

(5) 用菜单命令“PLC—类型”，设置PLC的型号。

(6) 设置通信参数。

(7) 编写控制程序。

(8) 用鼠标单击工具栏中的“编译”按钮或“全部编译”按钮来编译输入的程序。

(9) 下载程序文件到PLC。

(10) 将“运行模式”选择开关拨到RUN位置，或者用鼠标单击工具栏中的RUN按钮使PLC进入运行方式。

(11) 按下SB起动按钮，交流电磁阀Y1、Y2打开，使液体A与液体B流入。

(12) 当液面高度达到液面传感器ML时（此时ML和LL均为接通），停止注入液体A与液体B（Y1、Y2为断开）。同时开启液体C的交流电磁阀Y3（Y3为接通），使液体C流入。

(13) 当液面到达液面传感器HL时（HL为接通），停止注入液体C（Y3为断开），同时开启三相交流搅拌电动机M，搅拌时间为3s。

(14) 搅拌完毕后，交流电磁阀Y4打开排出液体，当液面高度降至液面传感器LL时（LL为断开），再继续放液5s后关闭放液交流电磁阀Y4。

(15) 若满足要求，程序调试结束。

项目十三　步进电动机PLC控制

技术要点

会根据项目分析系统控制要求写出I/O分配点并正确设计出外部接线图；会根据控制要求选择PLC的编程方法；学会使用S7-200系列PLC的循环移位指令，进一步学会使用S7-200系列PLC的标准触点、立即触点、串联指令、并联指令、定时器指令、跳变指令、置位指令、复位指令、取非指令、空操作指令、取反指令、结束指令；能根据控制要求正确编制、输入和传输PLC程序；能独立完成整机安装与调试；会根据系统调试出现的情况，修改相关设计。

知识要点

掌握S7-200系列PLC循环移位指令，进一步掌握S7-200系列PLC的标准触点、立即触点、串联指令、并联指令、定时器指令、跳变指令、置位指令、复位指令、取非指令、空操作指令、取反指令、结束指令；掌握S7-200系列PLC特殊标志位存储器SM；掌握PLC的编程技巧；掌握PLC常用的编程方法；掌握整机的安装与调试。

知识准备

一、字节左移位和右移位

字节左移位指令（SLB）或右移位指令（SRB）把输入字节（IN）左移或右移 N 位后，再把结果输出到OUT字节。

移位指令对移出位自动补零。如果所需移位次数 N 大于或等于8，那么实际最大可移位数为8。

如果所需移位次数大于零，那么溢出标志位（SM1.1）上就是最近移出的位值。如果移位操作的结果是0，零存储器位（SM1.0）就置位。

字节左移位或右移位操作是无符号的，使ENO＝0的错误条件是：SM43（运行时间）；0006（间接寻址）。

这些指令影响下面的特殊存储器位：SM1.0（零）；SM1.1（溢出）。

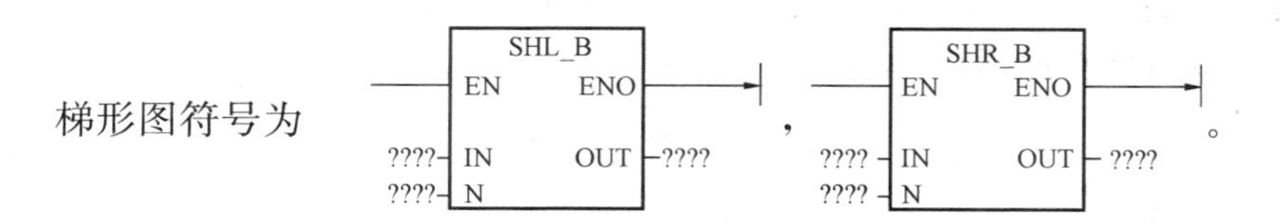

字节左移位和右移位指令的有效操作数见表13-1。

表 13-1 字节左移位和右移位指令的有效操作数

输入/输出	操 作 数	数据类型
IN	VB、IB、QB、MB、SB、SMB、LB、AC、* VD、* AC、* LD、常数	BYTE
OUT	VB、IB、QB、MB、SB、SMB、LB、AC、* VD、* AC、* LD	BYTE
N	VB、IB、QB、MB、SB、SMB、LB、AC、常数、* VD、* AC、* LD	BYTE

二、字左移位和右移位

字左移位指令（SLW）或右移位指令（SRW）把输入字（IN）左移或右移 N 位后，再把结果输出到字 OUT。

移位指令会对移出位自动补零。如果所需移位次数 N 大于或等于 16，那么实际最大可移位数为 16。如果所需移位数大于零，那么溢出标志位（SM1.1）上就是最近一次移出的位值。如果移位操作的结果是 0，零存储器位（SM1.0）就置位。

字左移位或右移位操作是无符号的。

使 ENO=0 的错误条件：SM4.3（运行时间）；0006（间接寻址）。

这些指令影响下面的特殊存储器位：SM1.0（零）；SM1.1（溢出）。

梯形图符号为

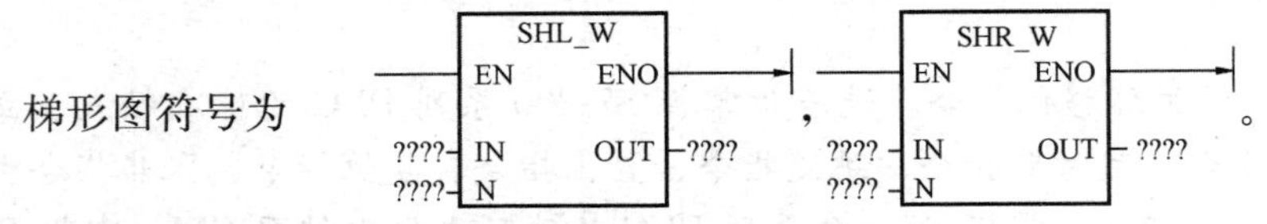

字左移位和右移位指令的有效操作数见表 13-2。

表 13-2 字左移位和右移位指令的有效操作数

输入/输出	操 作 数	数据类型
IN	VW、IW、QW、MW、SW、SMW、LW、T、C、AIW、AC、常数、* VD、* AC、* LD	WORD
OUT	VW、IW、QW、MW、SW、SMW、LW、T、C、AC、* VD、* AC、* LD	WORD
N	VB、IB、QB、MB、SB、SMB、LB、AC、常数、* VD、* AC、* LD	BYTE

三、双字左移位和右移位

双字左移位指令（SLDW）或右移位指令（SRDW）把输入双字（IN）左移或右移 N 位后，再把结果输出到双字（OUT）。

移位指令会对移出位自动补零。如果所需移位次数 N 大于或等于 32，那么实际最大可移位数为 32。如果所需移位次数大于零，那么溢出标志位（SM1.1）上就是最近一次移出的位值。如果移位操作的结果是 0，零存储器位（SM1.0）就置位。

双字左移位或右移位操作是无符号的。

使 ENO=0 的错误条件：SM4.3（运行时间）；0006（间接寻址）。

这些指令影响下面的特殊存储器位：SM1.0（零）；SM1.1（溢出）。

梯形图符号为

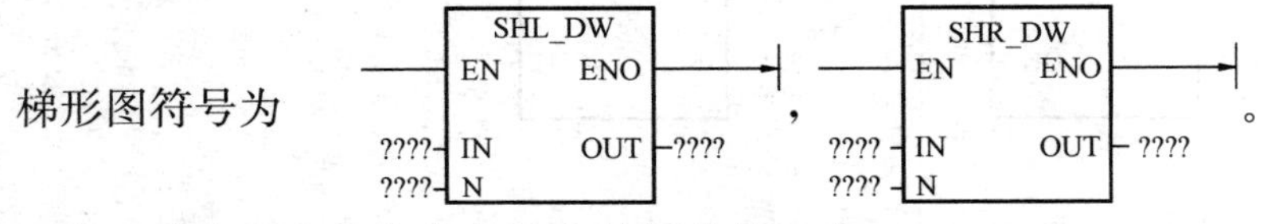

双字左移位和右移位指令的有效操作数见表 13-3。

表 13-3 双字左移位和右移位指令的有效操作数

输入/输出	操 作 数	数据类型
IN	VD、ID、QD、MD、SD、SMD、LD、AC、HC、常数、* VD、* AC、* LD	DWORD
OUT	VD、ID、QD、MD、SD、SMD、LD、AC、* VD、* AC、* LD	DWORD
N	VB、IB、QB、MB、SB、SMB、LB、AC、常数、* VD、* AC、* LD	BYTE

四、字节循环左移位和循环右移位

字节循环左移位指令（RLB）或循环右移位指令（RRB）把输入字节（IN）循环左移或循环右移 N 位后，再把结果输出到字节（OUT）。

如果所需移位次数大于或等于 8，那么在执行循环移位前，先对 N 取以 8 为底的模，其结果 0～7 为实际移动位数。如果所需移位数为零，那就不执行循环移位。如果执行循环移位，那么溢出标志位（SM1.1）值就是最近一次循环移动位的值。如果移位次数不是 8 的整数倍，最后被移出的位就存放到溢出存储器位（SM1.1）。如果移位操作的结果是 0，零存储器位（SM1.0）就置位。

字节循环左移位或循环右移位操作是无符号的。

使 ENO=0 的错误条件：SM4.3（运行时间）；0006（间接寻址）。

这些指令影响下面的特殊存储器位：SM1.0（零）；SM1.1（溢出）。

梯形图符号为

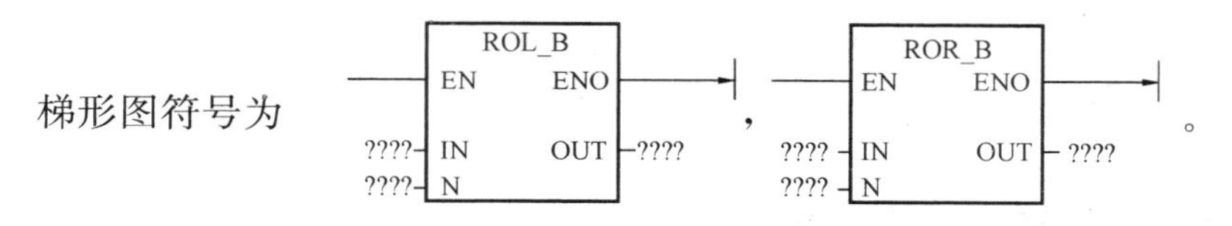

字节循环左移位和循环右移位指令的有效操作数见表 13-4。

表 13-4 字节循环左移位和循环右移位指令的有效操作数

输入/输出	操 作 数	数据类型
IN	VB、IB、QB、MB、SB、SMB、LB、AC、* VD、* AC、* LD	BYTE
OUT	VB、IB、QB、MB、SB、SMB、LB、AC、* VD、* AC、* LD	BYTE
N	VB、IB、QB、MB、SB、SMB、LB、AC、常数、* VD、* AC、* LD	BYTE

五、字循环左移位和循环右移位

字循环左移位指令（RLW）或右移位指令（RRW）把输入字（IN）循环左移或循环右移 N 位后，再把结果输出到字（OUT）。

如果所需移位次数大于或等于 16，那么在执行循环移位前，先对 N 取以 16 为底的模，其结果 0～15 为实际所移位数。如果所需移位数为零，那就不执行循环移位。如果执行循环移位，那么溢出标志位（SM1.1）值就是最近一次循环移动位的值。如果移位次数不是 16 的整数倍，最后被移出的位就存放到溢出存储器位（SM1.1）。如果移位操作的结果是 0，零存储器位（SM1.0）就置位。

字循环左移位或循环右移位操作是无符号的。

使 ENO=0 的错误条件：SM4.3（运行时间）；0006（间接寻址）。

这些指令影响下面的特殊存储器位：SM1.0（零）；SM1.1（溢出）。

梯形图符号为

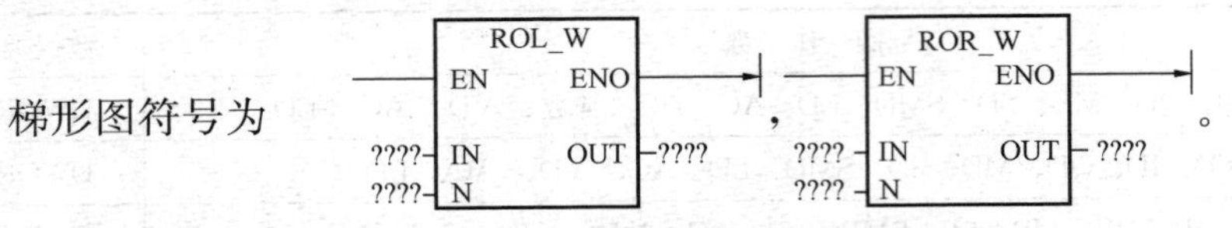

字循环左移位和循环右移位指令的有效操作数见表13-5。

表13-5 字循环左移位和循环右移位指令的有效操作数

输入/输出	操作数	数据类型
IN	VW、IW、QW、MW、SW、SMW、T、C、LW、AIW、AC、常数、* VD、* AC、* LD	WORD
OUT	VW、IW、QW、MW、SMW、T、C、LW、SW、AC、* VD、* AC、* LD	WORD
N	VB、IB、QB、MB、SB、SMB、LB、AC、常数、* VD、* AC、* LD	BYTE

六、双字循环左移位和循环右移位

双字循环左移位指令（RLD）或循环右移位指令（RRD）把输入双字（IN）循环左移或循环右移 *N* 位，再把结果输出到双字（OUT）。

如果所需移位次数 *N* 大于或等于32，那么在执行循环移位前，先对 *N* 取以32为底的模，其结果0～31为实际所移位数。如果所需移位数为零，那就不执行循环移位。如果执行循环移位，那么溢出标志位（SM1.1）值就是最近一次循环移动位的值。如果移位次数不是32的整数倍，最后被移出的位就存放到溢出存储器位（SM1.1）。如果移位操作的结果是0，零存储器位（SM1.0）就置位。

双字循环左移位或循环右移位操作是无符号的。

使ENO=0的错误条件：SM4.3（运行时间）；0006（间接寻址）。

这些指令影响下面的特殊存储器位：SM1.0（零）；SM1.1（溢出）。

梯形图符号为

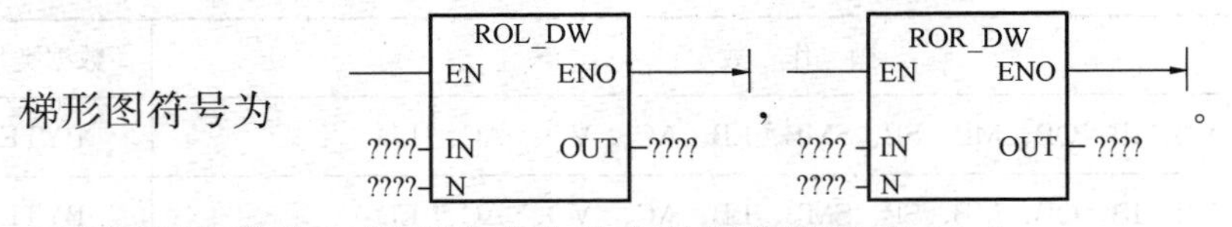

双字循环左移位和循环右移位的有效操作数见表13-6。

表13-6 双字循环左移位和循环右移位的有效操作数

输入/输出	操作数	数据类型
IN	VD、ID、QD、MD、SMD、LD、AC、HC、常数、* VD、* AC、SD、* LD	DWORD
OUT	VD、ID、QD、MD、SMD、LD、AC、* VD、* AC、SD、* LD	DWORD
N	VB、IB、QB、MB、SB、SMB、LB、AC、常数、* VD、* AC、* LD	BYTE

任务实施

一、步进电动机PLC控制工作原理

步进电动机的控制方式是采用四相双四拍的控制方式，每步旋转15°，每周走24步。

电动机正转时的供电时序是

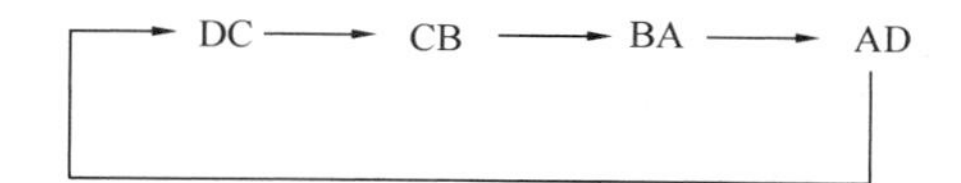

电动机反转时供电时序是

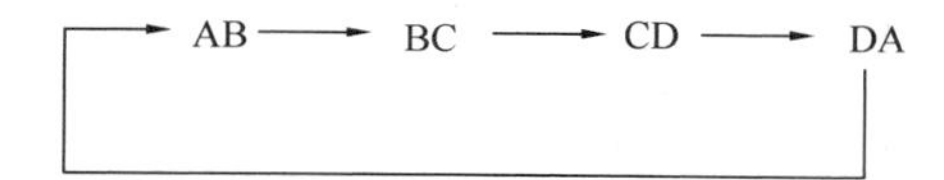

另外，步进电动机设有一些开关，其功能如下：

（1）起动/停止 SB2 按钮——控制步进电动机起动或停止。

（2）正转/反转 SB1 按钮——控制步进电动机正转或反转。

（3）速度开关——控制步进电动机连续运行和单步运行。其中，S 挡为单步运行；N3 挡为高速运行；N2 挡为中速运行；N1 挡为低速运行。

（4）单步按钮 SB4，当速度开关置于速度 S 挡时，按一下“单步”按钮，电动机运行一步。

步进电动机 PLC 控制系统 I/O 分配表，见表 13-7，其硬件接线如图 13-1 所示。按硬件接线图接好线，将相应的控制指令程序输入 PLC 中调试好。

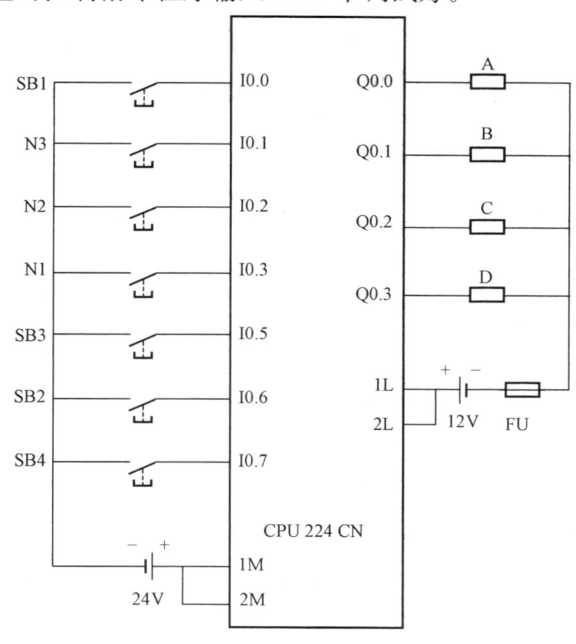

图 13-1　步进电动机 PLC 控制硬件接线

表 13-7　　步进电机 PLC 控制的 I/O 分配表

输　入			输　出		
符号	地址	功能	符号	地址	功能
SB1	I0.0	正/反转按钮	A	Q0.0	A 相电源
N3	I0.1	速度 3 挡	B	Q0.1	B 相电源
N2	I0.2	速度 2 挡	C	Q0.2	C 相电源

续表

输入			输出		
符号	地址	功能	符号	地址	功能
N1	I0.3	速度1挡	D	Q0.3	D相电源
SB3	I0.5	手动按钮			
SB2	I0.6	起动/停止按钮			
SB4	I0.7	单步按钮			

二、所需材料及设备

可编程序控制器S7-200、组合开关、速度开关、熔断器、按钮、接线端子排、塑料软铜线、电工通用工具、镊子、万用表、绝缘电阻表、配线板等，器材型号或参数见表13-8。

表13-8　项目器材

名称	型号或参数	单　位	数量或长度
三相四线电源	AC 380V/220V，20A	处	1
单相交流电源	AC 220V，5A	处	1
计算机	预装V4.0 STEP7编程软件，型号自定义	台	1
可编程序控制器	S7-224	台	1
配线板	500mm×600mm×20mm	块	1
组合开关	HZ10-25/3	个	1
速度开关	TCM-13AT	个	1
按钮	LA10-3H或LA4-3H	个	3
熔断器及熔芯配套	F1-0.5	套	1
DC 12V开关电源	KT-P003	个	1
接线端子排	JX2-1015，500V、10A	条	1
塑料软铜线	BVR-1.5mm^2	m	20
塑料软铜线	BVR-0.75mm^2	m	10
别径压端子	UT2.5-4，UT1-4	个	40
行线槽	TC3025	条	5
异形塑料管	ϕ3mm	m	0.2
木螺钉	ϕ3mm×20mm，ϕ3mm×15mm	个	20
平垫圈	ϕ4mm	个	20

三、设计程序

根据控制要求，在计算机中编写程序，程序设计如图13-2所示。

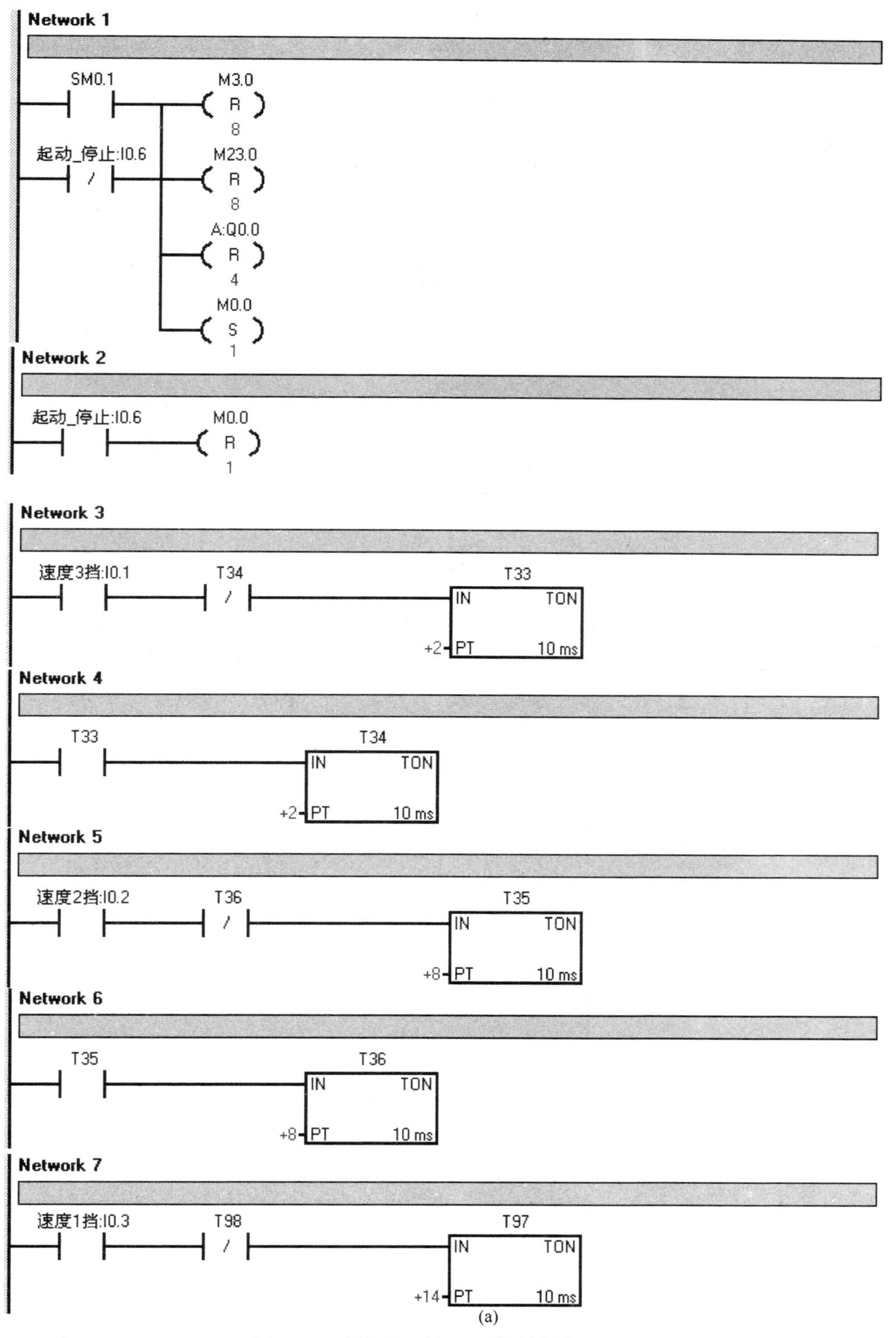

(a)

图 13-2　步进电动机 PLC 控制程序（一）

（a）梯形图

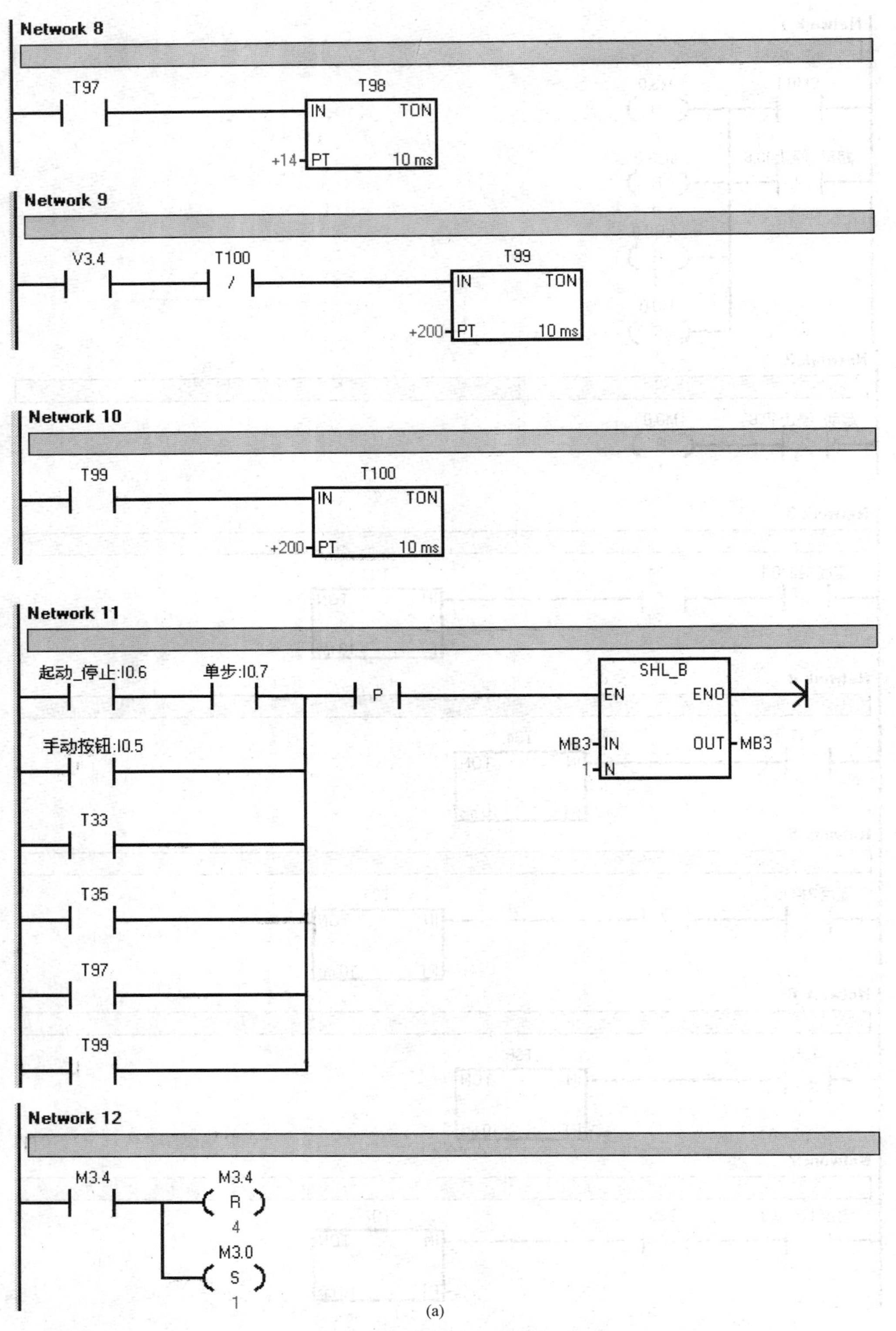

(a)

图 13-2　步进电动机 PLC 控制程序（二）

（a）梯形图

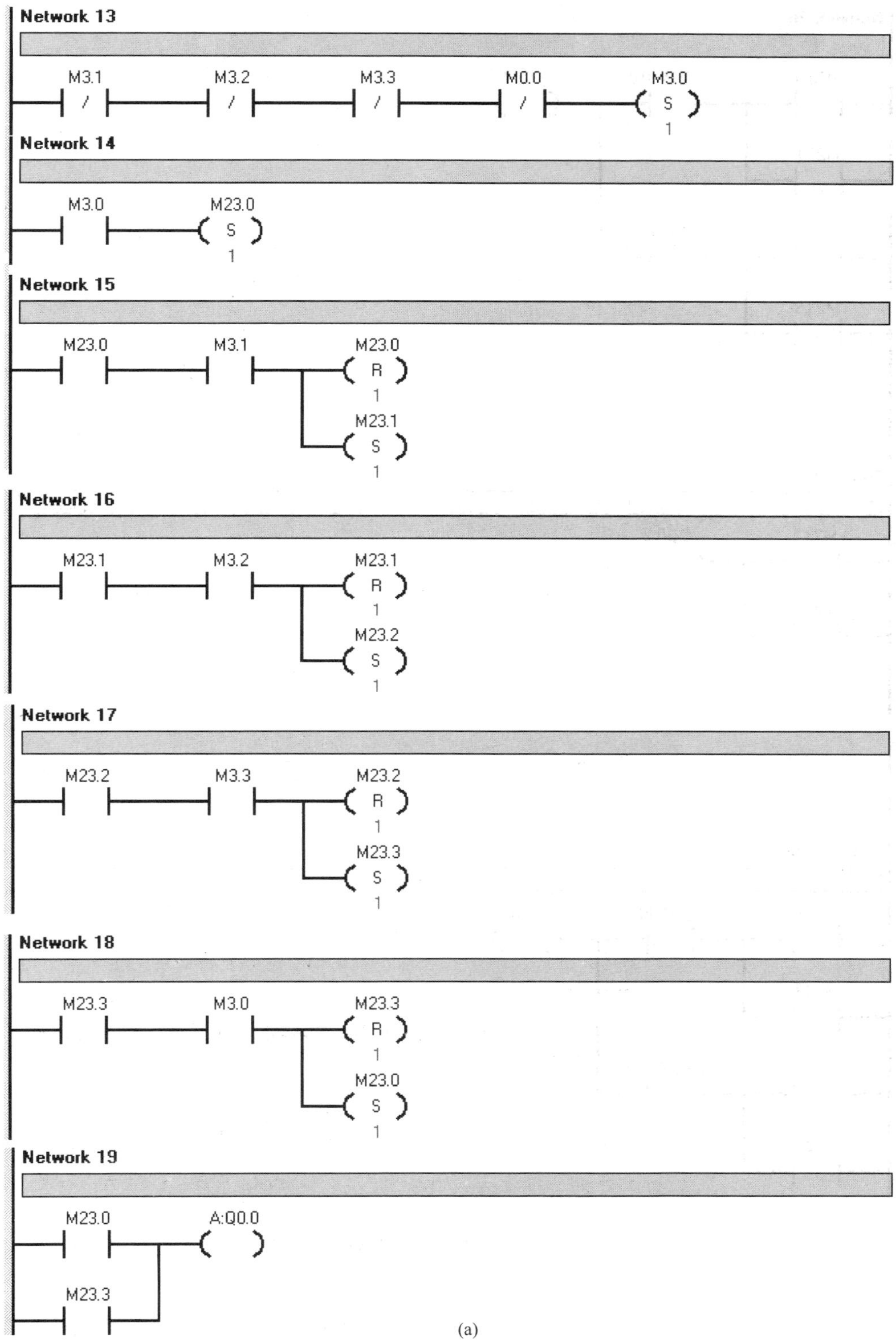

Network 13

M3.1 / M3.2 / M3.3 / M0.0 / —(S) M3.0, 1

Network 14

M3.0 —(S) M23.0, 1

Network 15

M23.0 M3.1 —(R) M23.0, 1; —(S) M23.1, 1

Network 16

M23.1 M3.2 —(R) M23.1, 1; —(S) M23.2, 1

Network 17

M23.2 M3.3 —(R) M23.2, 1; —(S) M23.3, 1

Network 18

M23.3 M3.0 —(R) M23.3, 1; —(S) M23.0, 1

Network 19

M23.0, M23.3 —( ) A:Q0.0

(a)

图 13-2　步进电动机 PLC 控制程序（三）

（a）梯形图

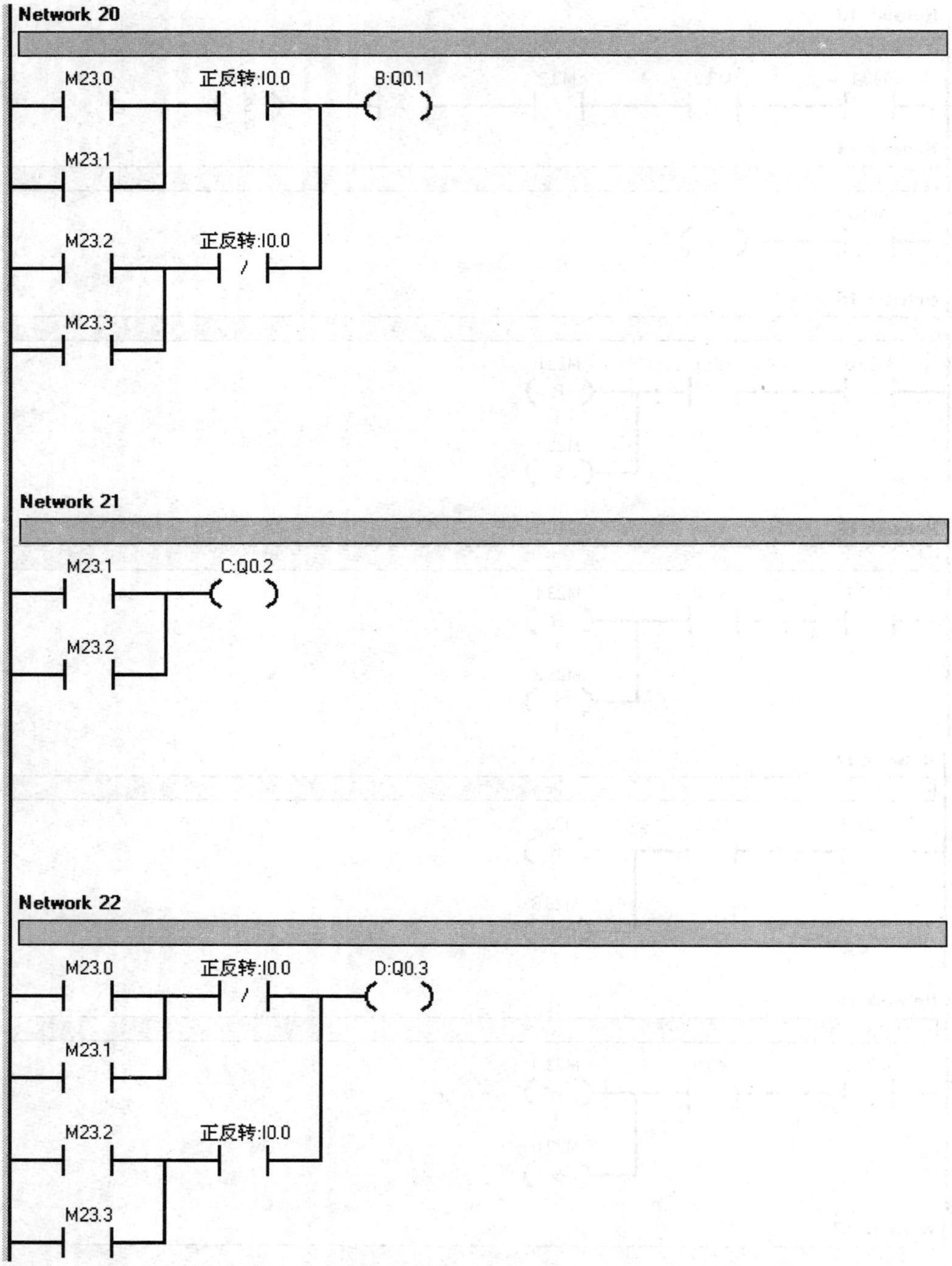

Network 20

M23.0 正反转:I0.0 B:Q0.1

M23.1

M23.2 正反转:I0.0

M23.3

Network 21

M23.1 C:Q0.2

M23.2

Network 22

M23.0 正反转:I0.0 D:Q0.3

M23.1

M23.2 正反转:I0.0

M23.3

(a)

图 13-2 步进电动机 PLC 控制程序（四）

（a）梯形图

Network 1

```
LD      SM0.1
ON      起动_停止:I0.6
R       M3.0, 8
R       M23.0, 8
R       A:Q0.0, 4
S       M0.0, 1
```

Network 2

```
LD      起动_停止:I0.6
R       M0.0, 1
```

Network 3

```
LD      速度3挡:I0.1
AN      T34
TON     T33, +2
```

Network 4

```
LD      T33
TON     T34, +2
```

Network 5

```
LD      速度2挡:I0.2
AN      T36
TON     T35, +8
```

Network 6

```
LD      T35
TON     T36, +8
```

Network 7

```
LD      速度1挡 :I0.3
AN      T98
TON     T97, +14
```

Network 8

```
LD      T97
TON     T98, +14
```

Network 9

```
LD      V3.4
AN      T100
TON     T99, +200
```

Network 10

```
LD      T99
TON     T100, +200
```

(b)

图 13-2　步进电动机 PLC 控制程序（五）

（b）语句表

Network 11

```
LD      起动_停止:I0.6
A       单步:I0.7
O       手动按钮:I0.5
O       T33
O       T35
O       T97
O       T99
EU
SLB     MB3, 1
```

Network 12

```
LD      M3.4
R       M3.4, 4
S       M3.0, 1
```

Network 13

```
LDN     M3.1
AN      M3.2
AN      M3.3
AN      M0.0
S       M3.0, 1
```

Network 14

```
LD      M3.0
S       M23.0, 1
```

Network 15

```
LD      M23.0
A       M3.1
R       M23.0, 1
S       M23.1, 1
```

Network 16

```
LD      M23.1
A       M3.2
R       M23.1, 1
S       M23.2, 1
```

Network 17

```
LD      M23.2
A       M3.3
R       M23.2, 1
S       M23.3, 1
```

Network 18

```
LD      M23.3
A       M3.0
R       M23.3, 1
S       M23.0, 1
```

Network 19

```
LD      M23.0
O       M23.3
=       A:Q0.0
```

(b)

图 13-2 步进电动机 PLC 控制程序（六）

（b）语句表

```
Network 20

LD      M23.0
O       M23.1
A       正反转:I0.0
LD      M23.2
O       M23.3
AN      正反转:I0.0
OLD
=       B:Q0.1

Network 21

LD      M23.1
O       M23.2
=       C:Q0.2

Network 22

LD      M23.0
O       M23.1
AN      正反转:I0.0
LD      M23.2
O       M23.3
A       正反转:I0.0
OLD
=       D:Q0.3
```

(b)

图 13-2　步进电动机 PLC 控制程序（七）

（b）语句表

四、安装配线

按图 13-1 所示进行配线，安装并确认接线正确。

五、运行调试

（1）在断电状态下，连接好 PC/PPI 电缆。

（2）打开 PLC 的前盖，将“运行模式”选择开关拨到 STOP 位置，此时 PLC 处于停止状态，或者用鼠标单击工具栏中的 STOP 按钮，可以进行程序编写。

（3）在作为编程器的计算机上，运行 V4.0 STEP7 Micro 编程软件。

（4）用菜单命令“文件—新建”生成一个新项目；用菜单命令“文件—打开”打开一个已有的项目；用菜单命令“文件—另存为”可修改项目的名称。

（5）用菜单命令“PLC—类型”，设置 PLC 的型号。

（6）设置通信参数。

（7）编写控制程序。

（8）用鼠标单击工具栏中的“编译”按钮或“全部编译”按钮来编译输入的程序。

（9）下载程序文件到 PLC。

（10）将运行模式选择开关拨到 RUN 位置，或者用鼠标单击工具栏中的 RUN 按钮使 PLC 进入运行方式。

（11）将正转/反转按钮 SB1 设置为“正转”。

（12）分别选定速度挡位 N1、N2 和 N3，然后将“起动/停止”按钮 SB2 置为“起动”，观察步进电动机如何运行。按“停止”按钮 SB2，使步进电动机停转。

(13) 将正转/反转按钮SB1设置为“反转”，重复(12)的操作。

(14) 选定S挡，进入手动单步方式，“起动/停止”按钮SB2设置为“起动”时，每按一下单步按钮SB4，步进电动机进一步。“起动/停止”按钮SB1设置为“停止”，使步进电动机退出工作状态。尝试正/反转。在没有按下单步挡S时，直接按“手动”按钮SB3也是单步运行。

(15) 若满足要求，程序调试结束。

项目十四　抢答器 PLC 控制

技术要点

会根据项目分析系统控制要求写出 I/O 分配点并正确设计出外部接线图；会根据控制要求选择 PLC 的编程方法；学会使用 S7-200 系列 PLC 的数字量输入映象区、数字量输出映像区、输出、立即输出、RS 触发器指令、能流；进一步学会使用 S7-200 系列 PLC 的串联指令、并联指令、定时器指令、置位指令、复位指令、取非指令；能根据控制要求正确编制、输入和传输 PLC 程序；能独立完成整机安装与调试；会根据系统调试出现的情况，修改相关设计。

知识要点

掌握 S7-200 系列 PLC 的数字量输入映象区、数字量输出映像区、输出、立即输出、RS 触发器指令、能流；进一步掌握 S7-200 系列 PLC 的串联指令、并联指令、定时器指令、置位指令、复位指令、取非指令；掌握 S7-200 系列 PLC 特殊标志位存储器 SM；掌握 PLC 的编程技巧；掌握 PLC 常用的编程方法；掌握整机的安装与调试。

知识准备

一、数字量输入映像区（I 区）

数字量输入映像区是 S7-200 CPU 为输入端信号状态开辟的一个存储区，用 I 表示。在每次扫描周期的开始，CPU 对输入点进行采样，并将采样值存于输入映像区寄存器中。该区的数据可以是位（1bit）、字节（8bit）、字（16bit）或者双字（32bit）。其表示形式如下：

用位表示　I0.0、I0.1、…、I0.7

I1.0、I1.1、…、I1.7

…

I15.0、I15.1、…、I15.7

共 128 点。

输入映像区每个位地址包括存储器标识符、字节地址及位号三部分。存储器标识符为“I”，字节地址为整数部分，位号为小数部分。例如，I1.0 表明这个输入点是第 1 个字节的第 0 位。用字节表示 IB0、IB1、…、IB15，共 16 个字节。

输入映像区每个字节地址包括存储器字节标识符、字节地址两部分。字节标识符为 IB，字节地址为整数部分。例如，IB1 表明这个输入字节是第 1 字节，共 8 位，其中，第 0 位是最低位，第 7 位是最高位。

用字表示 IW0、IW2、…、IW14，共 8 个字。

输入映像区每个字地址包括存储器字标识符、字地址两部分。字标识符为 IW，字地址为整数部分。一个字含两个字节，一个字中的两个字节的地址必须连续，且低位字节在一个字中应该是高8位，高位字节在一个字中应该是低8位。例如，IW0中的IB0应该是高8位，IB1应该是低8位。

用双字表示ID0、ID4、…、ID12，共4个双字。

输入映像区每个双字地址包括存储器双字标识符、双字地址两部分。双字标识符为ID，双字地址为整数部分。一个双字含四个字节，四个字节的地址必须连续。最低位字节在一个双字中应该是最高8位。例如，ID0中的IB0应该是最高8位，IB1应该是高8位，IB2应该是低8位，IB3应该是最低8位。

二、数字量输出映像区（Q区）

数字量输出映像区是S7-200 CPU为输出端信号状态开辟的一个存储区，用Q表示。在扫描周期的结尾，CPU将输出映像寄存器的数值复制到物理输出点上。该区的数据可以是位（1bit）、字节（8bit）、字（16bit）或者双字（32bit）。其表示形式如下：

用位表示 Q0.0、Q0.1、…、Q0.7

Q1.0、Q1.1、…、Q1.7

…

Q15.0、Q15.1、…、Q15.7

共128点。

输出映像区每个位地址包括存储器标识符、字节地址及位号三部分。存储器标识符为Q，字节地址为整数部分，位号为小数部分。例如，Q0.1表明这个输出点是第0个字节的第1位。

用字节表示QB0、QB1、…、QB15，共16个字节。

输出映像区每个字节地址包括存储器字节标识符、字节地址两部分。字节标识符为QB，字节地址为整数部分。例如，QB1表明这个输出字节是第1个字节，共8位，其中第0位是最低位，第7位是最高位。

用字表示QW0、QW2、…、QW14，共8个字。

输出映像区每个字地址包括存储器字标识符、字地址两部分。字标识符为QW，字地址为整数部分。一个字含两个字节，一个字中的两个字节的地址必须连续，且低位字节在一个字中应该是高8位，高位字节在一个字中应该是低8位。例如，QW0中的QB0应该是高8位，QB1应该是低8位。

用双字表示QD0、QD4、…、QD12，共4个双字。

输出映像区每个双字地址包括存储器双字标识符、双字地址两部分。双字标识符为QD，双字地址为整数部分。一个双字含四个字节，四个字节的地址必须连续。最低位字节在一个双字中应该是最高8位。例如，QD0中的QB0应该是最高8位，QB1应该是高8位，QB2应该是低8位，QB3应该是最低8位。

应当指出，实际没有使用的输入端和输出端的映像区的存储单元可以做中间继电器用。

三、输出

当执行输出指令时，映像寄存器中的指定参数位（bit）被接通。在梯形图（LAD）和功能块图（FBD）中，当执行输出指令时，指定的位设为等于能流。在语句表（STL）中，输出指令把栈顶值复制到指定参数位（bit）。

梯形图符号为 ⊣—(bit)。

输出指令的有效操作数见表 14-1。

表 14-1　输出指令的有效操作数

输入/输出	操　作　数	数据类型
位	I、Q、M、SM、T、C、V、S、L	BOOL
输入（LAD）	能流	BOOL
输入（FBD）	I、Q、M、SM、T、C、V、S、L、能流	BOOL

四、立即输出

当执行立即输出指令时，该物理输出点（bit 或 OUT）被设为等于能流。

指令中的 I 表示立即之意。当执行指令时，新值被同时写到物理输出点和相应的映像寄存器。这就不同于非立即输出，非立即输出只是把新值写到映像寄存器。在语句表中，立即输出指令把栈顶值复制到指定物理输出点（bit）。

梯形图符号为 ⊣—(bit I)。

立即输出指令的有效操作数见表 14-2。

表 14-2　立即输出指令的有效操作数

输入/输出	操　作　数	数据类型
位	Q	BOOL
输入（LAD）	能流	BOOL
输入（FBD）	I、Q、M、SM、T、C、V、S、L、能流	BOOL

五、RS 触发器指令

置位优先触发器是一个置位优先的锁存器，当置位信号（S1）和复位信号（R）都为真时，输出为真。

复位优先触发器是一个复位优先的锁存器，当置位信号（S）和复位信号（R1）都为真时，输出为假。

Bit 参数用于指定被置位或者复位的布尔参数可选的输出反映 bit 参数的信号状态。

梯形图符号为

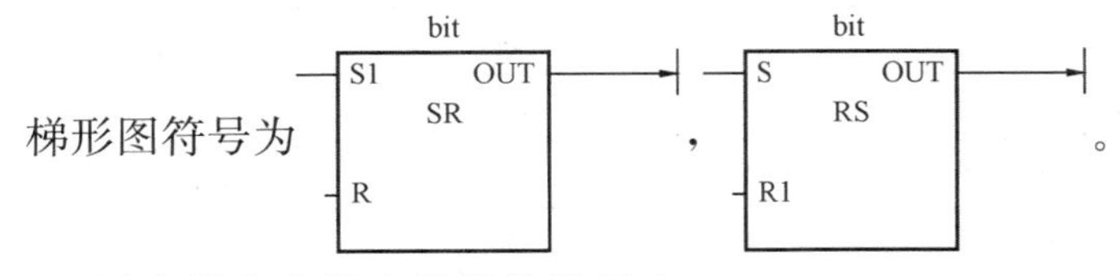

。

RS 触发器指令的有效操作数见表 14-3。

表 14-3　RS 触发器指令的有效操作数

输入/输出	操　作　数	数据类型
S1、R	I、Q、M、SM、T、C、V、S、能流	BOOL
S、R1、OUT	I、Q、M、SM、T、C、V、S、L、能流	BOOL
bit	I、Q、M、V、S	BOOL

六、能流

在梯形图中，没有真正的电流流动。为方便对PLC周期扫描过程的分析和指令运行状态，假想有“电流”在梯形图中流动，这就是“能流”。“能流”只能在梯形图中从左向右流动，任何可以连接到左右母线或触点的梯形图元件都有“能流”的输入（EN）/输出端（ENO）。输入（EN）端必须有能量流，才能执行该元件功能，在元件正确无误地执行其功能后，输出端（ENO）才能将能量流传送到下一个单元。只有梯形图（LAD）和功能块图（FBD）中才有能流的概念。对应于语句表（STL）为栈顶值为1。

任务实施

一、抢答器PLC控制工作原理

在许多智力竞赛中，抢答器作为判断选手得到抢答权的装置得到了广泛应用。在抢答器PLC控制系统中，往往要求能自动设定答题时间、用声光信号表示竞赛状态，有的并用数码管显示参赛选手得分情况。其工作原理：竞赛主持人接通“起动/停止”按钮，起动指示灯亮；参赛选手共分三组，每组桌上设有一个“抢答”按钮，当竞赛主持人按下开始抢答按钮后，如果在10s内有人抢答，则最先按下的抢答按钮有效，相应桌上的抢答指示灯亮；当竞赛主持人按下开始抢答按钮后，如果在10s内无人抢答，则撤销抢答指示灯亮，表示抢答器自动撤销此次抢答信号；当竞赛主持人再次按下“开始抢答”按钮后，所有抢答指示灯熄灭。抢答器PLC控制系统I/O分配表，见表14-4，其硬件接线如图14-1所示。按硬件接线图接好线，将相应的控制指令程序输入PLC中调试好。

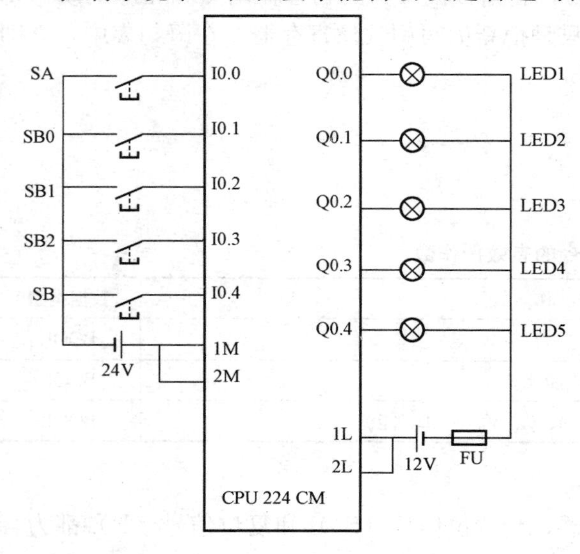

图14-1 抢答器PLC控制硬件接线图

表14-4 抢答器PLC控制系统的I/O分配表

输入			输出		
符号	地址	功能	符号	地址	功能
SA	I0.0	起动/停止按钮	LED1	Q0.0	起动指示灯
SB0	I0.1	一组抢答按钮	LED2	Q0.1	一组抢答指示灯
SB1	I0.2	二组抢答按钮	LED3	Q0.2	二组抢答指示灯
SB2	I0.3	三组抢答按钮	LED4	Q0.3	三组抢答指示灯
SB	I0.4	开始抢答按钮	LED5	Q0.4	撤销抢答指示灯

二、所需材料及设备

可编程序控制器S7-200、组合开关、熔断器、LED灯、按钮、接线端子排、塑料软铜线、电工通用工具、镊子、万用表、绝缘电阻表、配线板等，器材型号或参数见表14-5。

表 14-5　**项 目 器 材**

名称	型号或参数	单　位	数量或长度
单相交流电源	AC 220V 和 36V，5A	处	1
计算机	预装 V4.0 STEP7 编程软件，型号自定义	台	1
可编程序控制器	S7-224	台	1
配线板	500mm×600mm×20mm	块	1
组合开关	HZ10-25/3	个	1
DC 12V 开关电源	KT-P003	个	1
DC 12V LED 灯	JLE-LED	个	5
DC 12V 灯头	螺旋	个	5
三联按钮	LA10-3H 或 LA4-3H	个	2
熔断器及熔芯配套	F1-0.5	套	1
接线端子排	JX2-1015，500V、10A	条	1
塑料软铜线	BVR-1.5mm²	m	20
塑料软铜线	BVR-0.75mm²	m	10
别径压端子	UT2.5-4，UT1-4	个	40
行线槽	TC3025	条	5
异形塑料管	ϕ3mm	m	0.2
木螺钉	ϕ3mm×20mm；ϕ3mm×15mm	个	20
平垫圈	ϕ4mm	个	20

三、设计程序

根据控制要求，在计算机中编写程序，程序设计如图 14-2 所示。

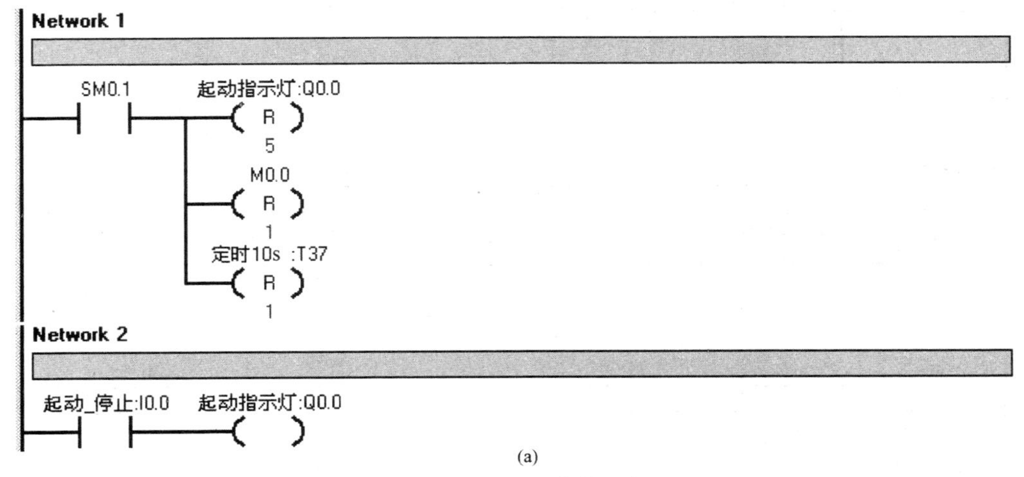

图 14-2　抢答器 PLC 控制程序（一）

（a）梯形图

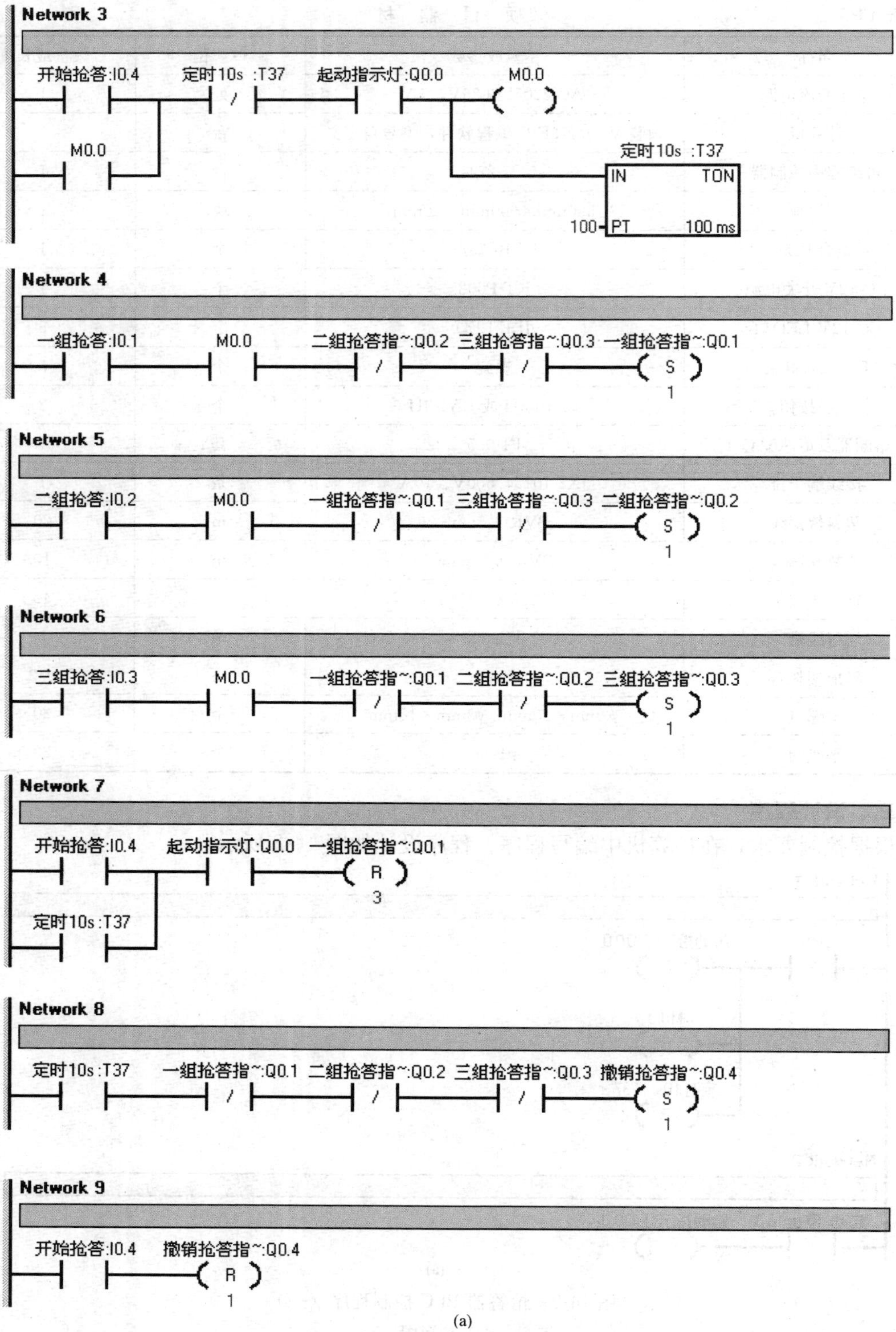

Network 3

开始抢答:I0.4 定时10s :T37 起动指示灯:Q0.0 M0.0

M0.0

定时10s :T37

IN TON

100 PT 100 ms

Network 4

一組抢答:I0.1 M0.0 二組抢答指~:Q0.2 三組抢答指~:Q0.3 一組抢答指~:Q0.1

S

1

Network 5

二組抢答:I0.2 M0.0 一組抢答指~:Q0.1 三組抢答指~:Q0.3 二組抢答指~:Q0.2

S

1

Network 6

三組抢答:I0.3 M0.0 一組抢答指~:Q0.1 二組抢答指~:Q0.2 三組抢答指~:Q0.3

S

1

Network 7

开始抢答:I0.4 起动指示灯:Q0.0 一組抢答指~:Q0.1

R

3

定时10s:T37

Network 8

定时10s:T37 一組抢答指~:Q0.1 二組抢答指~:Q0.2 三組抢答指~:Q0.3 撤销抢答指~:Q0.4

S

1

Network 9

开始抢答:I0.4 撤销抢答指~:Q0.4

R

1

(a)

图 14-2 抢答器 PLC 控制程序（二）

（a）梯形图

Network 1

```
LD      SM0.1
R       起动指示灯:Q0.0, 5
R       M0.0, 1
R       定时10s:T37, 1
```

Network 2

```
LD      起动_停止:I0.0
=       起动指示灯:Q0.0
```

Network 3

```
LD      开始抢答:I0.4
O       M0.0
AN      定时10s:T37
A       起动指示灯:Q0.0
=       M0.0
TON     定时10s:T37, 100
```

Network 4

```
LD      一组抢答:I0.1
A       M0.0
AN      二组抢答指示灯:Q0.2
AN      三组抢答指示灯:Q0.3
S       一组抢答指示灯:Q0.1, 1
```

Network 5

```
LD      二组抢答:I0.2
A       M0.0
AN      一组抢答指示灯:Q0.1
AN      三组抢答指示灯:Q0.3
S       二组抢答指示灯:Q0.2, 1
```

Network 6

```
LD      三组抢答:I0.3
A       M0.0
AN      一组抢答指示灯:Q0.1
AN      二组抢答指示灯:Q0.2
S       三组抢答指示灯:Q0.3, 1
```

Network 7

```
LD      开始抢答:I0.4
O       定时10s:T37
A       起动指示灯:Q0.0
R       一组抢答指示灯:Q0.1, 3
```

Network 8

```
LD      定时10s:T37
AN      一组抢答指示灯:Q0.1
AN      二组抢答指示灯:Q0.2
AN      三组抢答指示灯:Q0.3
S       撤销抢答指示灯:Q0.4, 1
```

Network 9

```
LD      开始抢答:I0.4
R       撤销抢答指示灯:Q0.4, 1
```

(b)

图 14-2　抢答器 PLC 控制程序（三）

（b）语句表

四、安装配线

按图14-1所示进行配线，安装并确认接线正确。

五、运行调试

（1）在断电状态下，连接好PC/PPI电缆。

（2）打开PLC的前盖，将“运行模式”选择开关拨到STOP位置，此时PLC处于停止状态，或者用鼠标单击工具栏中的STOP按钮，可以进行程序编写。

（3）在作为编程器的计算机上，运行V4.0 STEP7 Micro编程软件。

（4）用菜单命令“文件—新建”生成一个新项目；用菜单命令“文件—打开”打开一个已有的项目；用菜单命令“文件—另存为”可修改项目的名称。

（5）用菜单命令“PLC—类型”，设置PLC的型号。

（6）设置通信参数。

（7）编写控制程序。

（8）用鼠标单击工具栏中的“编译”按钮或“全部编译”按钮来编译输入的程序。

（9）下载程序文件到PLC。

（10）将“运行模式”选择开关拨到RUN位置，或者用鼠标单击工具栏中的RUN按钮使PLC进入运行方式。

（11）接通“起动/停止”按钮SA，起动指示灯LED1亮。

（12）当按下“开始抢答”按钮SB后，如果在10s内有人抢答，则最先按下的抢答按钮SB0或SB1或SB2有效，相应桌上的抢答指示灯LED2或LED3或LED4亮。

（13）当按下“开始抢答”按钮SB后，如果在10s内无人抢答，则撤销抢答指示灯LED5亮，表示抢答器自动撤销此次抢答信号。

（14）当再次按下“开始抢答”按钮SB后，所有抢答指示灯熄灭。

（15）若满足要求，程序调试结束。

项目十五　七段数码管PLC控制

技术要点

会根据项目分析系统控制要求写出I/O分配点并正确设计出外部接线图；会根据控制要求选择PLC的编程方法；学会使用S7-200系列PLC的传送指令、段码指令、增指令、减指令，进一步学会使用S7-200系列PLC的定时器指令、计数器指令、置位指令、复位指令；能根据控制要求正确编制、输入和传输PLC程序；能独立完成整机安装与调试；会根据系统调试出现的情况，修改相关设计。

知识要点

掌握S7-200系列PLC的传送指令、段码指令、增指令、减指令，进一步掌握S7-200系列PLC定时器指令、计数器指令、置位指令、复位指令；掌握S7-200系列PLC变量存储器；掌握PLC的编程技巧；掌握PLC常用的编程方法；掌握整机的安装与调试。

知识准备

一、字节、字、双字和实数的传送

传送字节指令（MOVB）把输入字节（IN）传送到输出字节（OUT），在传送过程中不改变字节的大小。

传送字指令（MOVW）把输入字节（IN）传送到输出字节（OUT），在传送过程中不改变字的大小。

传送双字指令（MOVDW）把输入字节（IN）传送到输出字节（OUT），在传送过程中不改变双字的大小。

传送实数指令（MOVR）把输入字节（IN）传送到输出字节（OUT），在传送过程中不改变实数的大小。

使ENO＝0的错误条件：SM4.3（运行时间）；0006（间接寻址）。

梯形图符号为

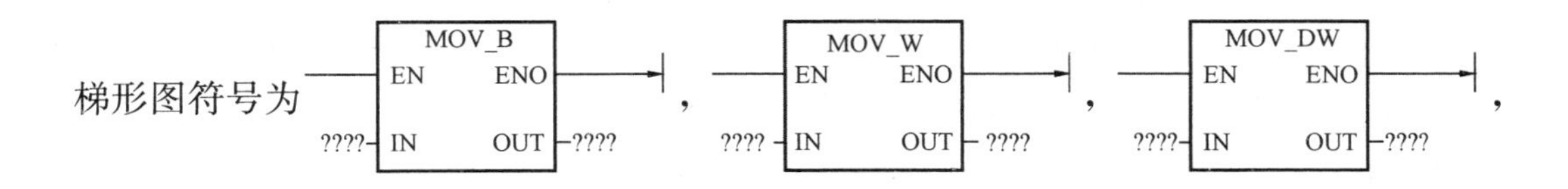

，

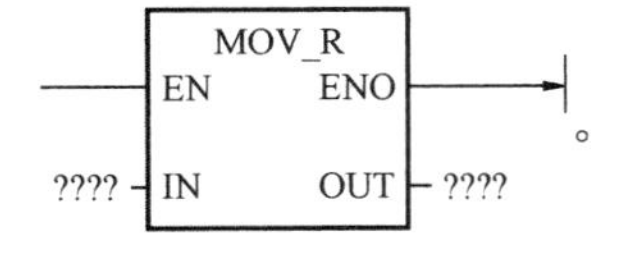

。

字节、字、双字和实数的传送指令的有效操作数见表15-1。

表15-1 字节、字、双字和实数的传送指令的有效操作数

传送	输入/输出	操作数	数据类型
字节	IN	VB、IB、QB、MB、SB、SMB、LB、AC、常数、*VD、*AC、*LD	BYTE
	OUT	VB、IB、QB、MB、SB、SMB、LB、AC、*VD、*AC、*LD	BYTE
字	IN	VW、IW、QW、MW、SW、SMW、LW、T、C、AIW、常数、AC、*VD、*AC、*LD	WORD，INT
	OUT	VW、IW、QW、MW、SW、SMW、LW、T、C、AQW、AC、*VD、*AC、*LD	WORD，INT
双字	IN	VD、ID、QD、MD、SD、SMD、LD、HC、&VB、&IB、&QB、&MB、&SB、&T、&C、AC、常数、*VD、*AC、*LD	DWORD，DINT
	OUT	VD、ID、QD、MD、SD、SMD、LD、AC、*VD、*AC、*LD	DWORD，DINT
实数	IN	VD、ID、QD、MD、SD、SMD、LD、AC、常数、*VD、*AC、*LD	REAL
	OUT	VD、ID、QD、MD、SD、SMD、LD、AC、*VD、*AC、*LD	REAL

二、字节、字和双字的块传送

传送字节块指令（BMB）把从输入字节（IN）开始的 N 个字节值传送到从输出字节（OUT）开始的 N 个字节，N 可取1～255。

传送字块指令（BMW）把从输入字（IN）开始的 N 个字值传送到从输出字（OUT）开始的 N 个字，N 可取1～255。

传送双字块指令（BMDW）把从输入地址（IN）开始的 N 个双字值传送到从输出地址（OUT）开始的 N 个双字，N 可取1～255。

使ENO＝0的错误条件：SM4.3（运行时间）；0006（间接寻址）；0091（操作数超界）。

梯形图符号为 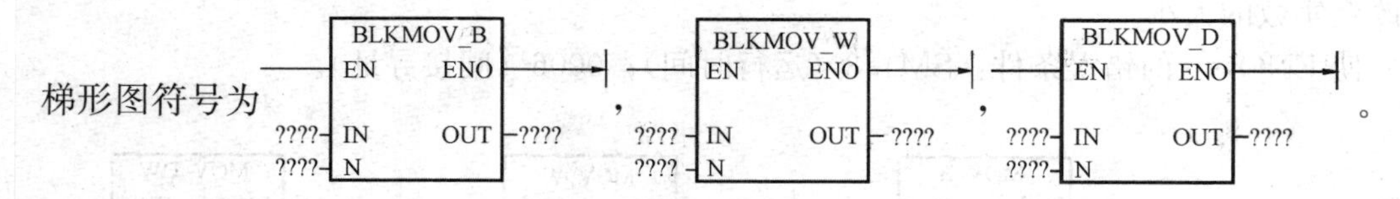

。

字节、字和双字的块传送指令的有效操作数见表15-2。

表15-2 字节、字和双字的块传送指令的有效操作数

块传送	输入/输出	操作数	数据类型
字节	IN、OUT	VB、IB、QB、MB、SB、SMB、LB、*VD、*AC、*LD	BYTE
	N	VB、IB、QB、MB、SB、SMB、LB、AC、常数、*VD、*AC、*LD	BYTE

续表

块传送	输入/输出	操　作　数	数据类型
字	IN	VW、IW、QW、MW、SW、SMW、LW、T、C、AIW、*VD、*AC、*LD	WORD
	N	VB、IB、QB、MB、SB、SMB、LB、AC、常数、*VD、*AC、*LD	BYTE
	OUT	VW、IW、QW、MW、SW、SMW、LW、T、C、AQW、*VD、*AC、*LD	WORD
双字	IN、OUT	VD、ID、QD、MD、SD、SMD、LD、*VD、*AC、*LD	DWORD
	N	VB、IB、QB、MB、SB、SMB、LB、AC、常数、*VD、*AC、*LD	BYTE

三、交换字节

交换字节指令（SWAP）用来交换输入字（IN）的高字节与低字节。

使 ENO=0 的错误条件：SM4.3（运行时间）；0006（间接寻址）。

梯形图符号为

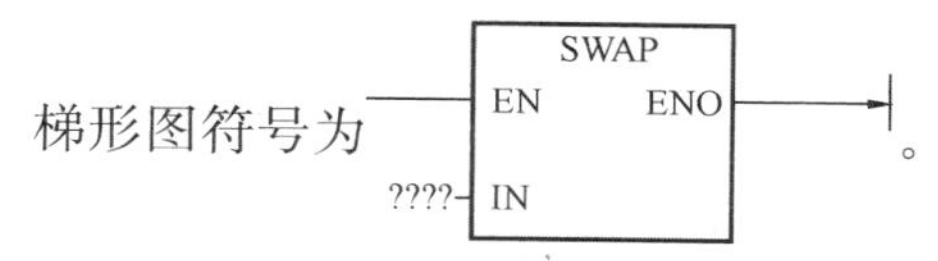

。

交换字节指令的有效操作数见表 15-3。

表 15-3　　交换字节指令的有效操作数

输入/输出	操　作　数	数据类型
IN	VW、IW、QW、MW、SW、SMW、LW、T、C、AC、*VD、*AC、*LD	WORD

四、传送字节立即读

传送字节立即读指令读取输入 IN 的物理值，将结果写入输出 OUT。

使 ENO=0 的错误条件：SM4.3（运行时间）；0006（间接寻址）。

梯形图符号为

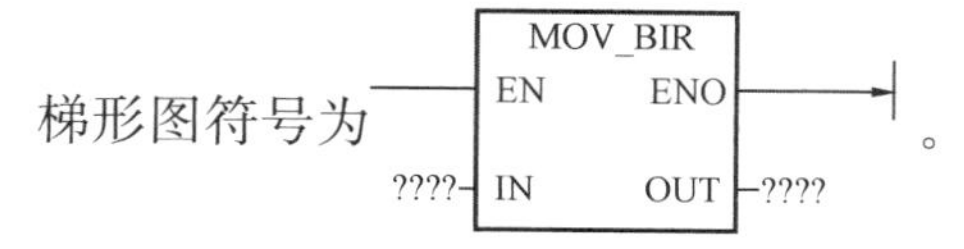

。

传送字节立即读指令的有效操作数见表 15-4。

表 15-4　　传送字节立即读指令的有效操作数

输入/输出	操　作　数	数据类型
IN	IB	BYTE
OUT	VB、IB、QB、MB、SB、SMB、LB、AC、*VD、*AC、*LD	BYTE

五、传送字节立即写

传送字节立即写指令将从输入 IN 读取的值写入输出 OUT 物理影响区。

使 ENO=0 的错误条件：SM4.3（运行时间）；0006（间接寻址）。

梯形图符号为

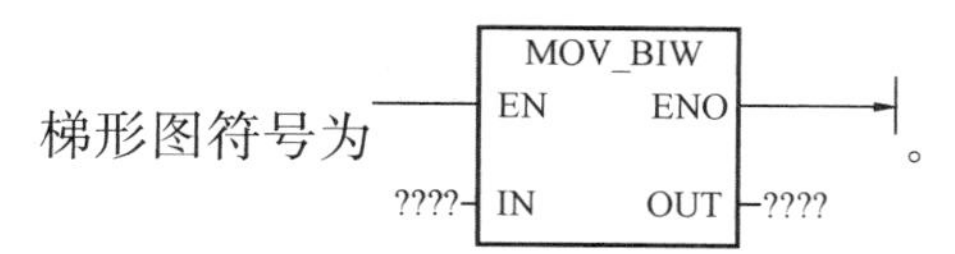

。

传送字节立即写指令的有效操作数见表 15-5。

表 15-5　　传送字节立即写指令的有效操作数

输入/输出	操　作　数	数据类型
IN	VB、IB、QB、MB、SB、SMB、LB、AC、常数、*VD、*AC、*LD	BYTE
OUT	QB	BYTE

六、段码（SEG）

段码指令（SEG）产生点亮七段码显示器的位模式段码值（OUT）。它是根据输入字节（IN）的低4位的有效数字值产生相应点亮段码。

使ENO=0的错误条件：SM4.3（运行时间）；0006（间接寻址）。

图15-1给出了用段码指令（SEG）编码的七段码显示。

(IN) LSD	段显示	(OUT) -g f e d c b a	(IN) LSD	段显示	(OUT) -g f e d c b a
0	0	0 0 1 1　1 1 1 1	8	8	0 1 1 1　1 1 1 1
1	1	0 0 0 0　0 1 1 0	9	9	0 1 1 0　0 1 1 1
2	2	0 1 0 1　1 0 1 1	A	a	0 1 1 1　0 1 1 1
3	3	0 1 0 0　1 1 1 1	B	b	0 1 1 1　1 1 0 0
4	4	0 1 1 0　0 1 1 0	C	c	0 0 1 1　1 0 0 1
5	5	0 1 1 0　1 1 0 1	D	d	0 1 0 1　1 1 1 0
6	6	0 1 1 1　1 1 0 1	E	e	0 1 1 1　1 0 0 1
7	7	0 0 0 0　0 1 1 1	F	f	0 1 1 1　0 0 0 1

图15-1　七段显示编码

梯形图符号为

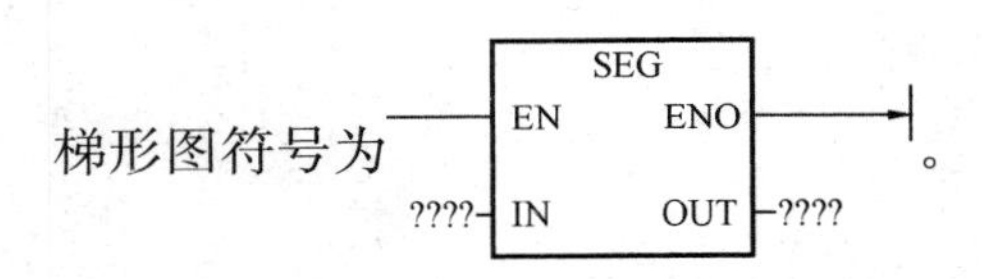

。

段码指令的有效操作数见表15-6。

表 15-6　　段码指令的有效操作数

输入/输出	操　作　数	数据类型
IN	VB、IB、QB、MB、SB、SMB、LB、AC、常数、*VD、*AC、*LD	BYTE
OUT	VB、IB、QB、MB、SB、SMB、LB、AC、*VD、*AC、*LD	BYTE

七、字节、字、双字增和减

1．字节增和字节减指令

字节增（INCB）或字节减（DECB）指令把输入字节（IN）加1或减1，并把结果存放到输出单元（OUT），字节增减指令是无符号的。

在LAD中　　IN+1=OUT，IN−1=OUT

在STL中　　OUT+1=OUT，OUT−1=OUT

使 ENO=0 的错误条件：SM1.1（溢出）；SM4.3（运行时间）；0006（间接寻址）。

这些指令影响下面的特殊存储器位：SM1.0（零）；SM1.1（溢出）。

梯形图符号为 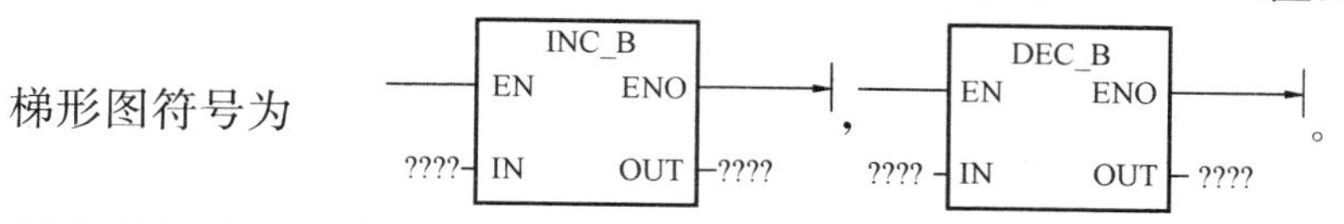

字节增和字节减指令的有效操作数见表 15-7。

表 15-7　字节增和字节减指令的有效操作数

输入/输出	操作数	数据类型
IN	VB、IB、QB、MB、SB、SMB、LB、AC、常数、*VD、*AC、*LD	BYTE
OUT	VB、IB、QB、MB、SB、SMB、LB、AC、*VD、*AC、*LD	BYTE

2. 字增和字减指令

字增（INCW）或字减（DECW）指令把输入字（IN）加 1 或减 1，并把结果存放到输出单元（OUT）中，字增减指令是有符号的（16#7FFF>16#8000）。

在 LAD 中　　IN+1=OUT，IN−1=OUT

在 STL 中　　OUT+1=OUT，OUT−1=OUT

使 ENO=0 的错误条件：SM1.1（溢出）；SM4.3（运行时间）；0006（间接寻址）。

这些指令影响下面的特殊存储器位：SM1.0（零）；SM1.1（溢出）；SM1.2（负）。

梯形图符号为 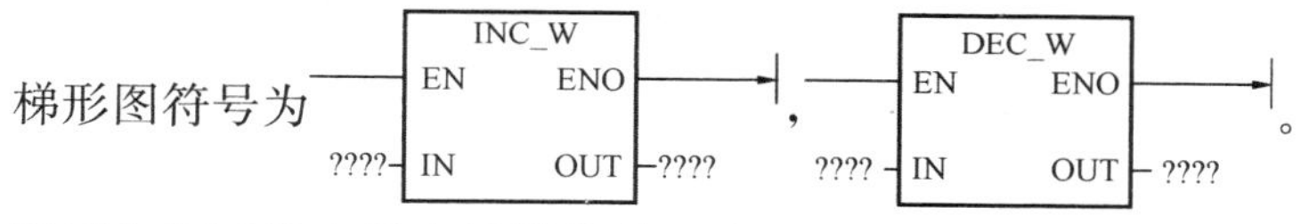

字增和字减指令的有效操作数见表 15-8。

表 15-8　字增和字减指令的有效操作数

输入/输出	操作数	数据类型
IN	VW、IW、QW、MW、SW、SMW、AC、AIW、LW、T、C、常数、*VD、*AC、*LD	INT
OUT	VW、IW、QW、MW、SW、SMW、AC、LW、T、C、*VD、*AC、*LD	INT

3. 双字增和双字减指令

双字增（INCDW）或双字减（DECDW）指令把输入字（IN）加 1 或减 1，并把结果存放到输出单元（OUT），双字增减指令是有符号的（16#7FFFFFFF>16#80000000）。

在 LAD 中　　IN+1=OUT，IN−1=OUT

在 STL 中　　OUT+1=OUT，OUT−1=OUT

使 ENO=0 的错误条件：SM1.1（溢出）；SM4.3（运行时间）；0006（间接寻址）。

这些指令影响下面的特殊存储器位：SM1.0（零）；SM1.1（溢出）；SM1.2（负）。

梯形图符号为 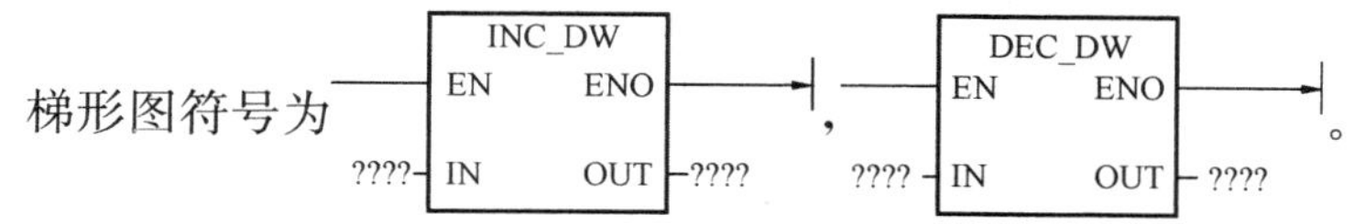

双字增和双字减指令的有效操作数见表 15-9。

表 15-9 双字增和双字减指令的有效操作数

输入/输出	操　作　数	数据类型
IN	VD、ID、QD、MD、SD、SMD、LD、HC、AC、常数、*VD、*AC、*LD	DINT
OUT	VD、ID、QD、MD、SD、SMD、LD、AC、*VD、*AC、*LD	DINT

任务实施

一、七段数码管 PLC 控制工作原理

七段数码管显示的数值为 0～9，采用共阴极七段数码管，要使数码管亮，S7-200 PLC 输出必须为高电平。

按下"起动"按钮后，七段数码管 LED 每隔一定时间显示数字 0、1、2、3、4、5、6、7、8、9，并循环不止。按下"停止"按钮即停止显示。七段数码管 PLC 控制系统 I/O 分配表，见表 15-10，其硬件接线如图 15-2 所示。按硬件接线图接好线，将相应的控制指令程序输入 PLC 中调试好。

表 15-10 七段数码管 PLC 控制系统 I/O 分配表

输　入			输　出		
符号	地址	功能	符号	地址	功能
SB1	I0.0	"起动"按钮	a	Q0.1	七段数码管 a 段
SB2	I0.1	"停止"按钮	b	Q0.2	七段数码管 b 段
			c	Q0.3	七段数码管 c 段
			d	Q0.4	七段数码管 d 段
			e	Q0.5	七段数码管 e 段
			f	Q0.6	七段数码管 f 段
			g	Q0.7	七段数码管 g 段

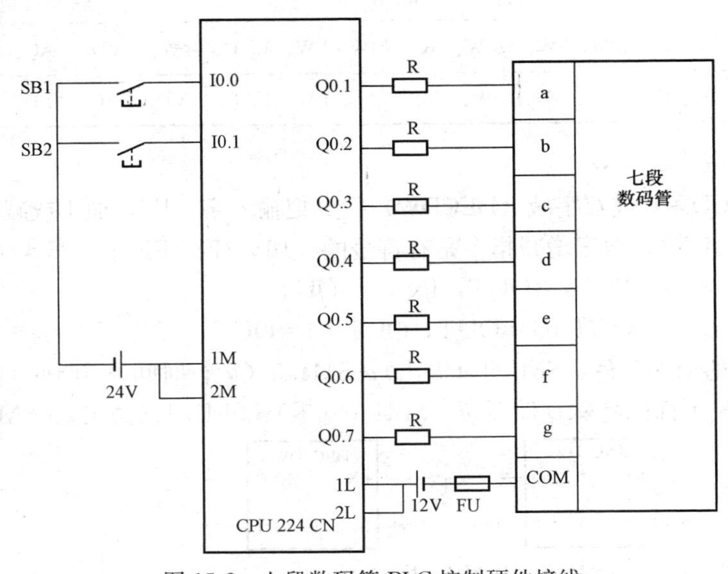

图 15-2 七段数码管 PLC 控制硬件接线

二、所需材料及设备

可编程序控制器 S7-200、组合开关、速度开关、熔断器、按钮、接线端子排、塑料软铜线、电工通用工具、镊子、万用表、绝缘电阻表、配线板等，器材型号或参数见表 15-11。

表 15-11　项　目　器　材

名称	型号或参数	单　位	数量或长度
三相四线电源	AC 380V/220V，20A	处	1
单相交流电源	AC 220V，5A	处	1
计算机	预装 V4.0 STEP7 编程软件，型号自定义	台	1
可编程序控制器	S7-224	台	1
配线板	500mm×600mm×20mm	块	1
组合开关	HZ10-25/3	个	1
数码管	BS241	个	1
按钮	LA10-3H 或 LA4-3H	个	1
熔断器及熔芯配套	F1-0.5	套	1
DC 12V 开关电源	KT-P003	个	1
电阻 R	1K	个	7
接线端子排	JX2-1015，500V、10A	条	1
塑料软铜线	BVR-1.5mm^2	m	20
塑料软铜线	BVR-0.75mm^2	m	10
别径压端子	UT2.5-4，UT1-4	个	40
行线槽	TC3025	条	5
异形塑料管	ϕ3mm	m	0.2
木螺钉	ϕ3mm×20mm，ϕ3mm×15mm	个	20
平垫圈	ϕ4mm	个	20

三、设计程序

根据控制要求，在计算机中编写程序，程序设计如图 15-3 所示。

四、安装配线

按图 15-2 所示进行配线，安装并确认接线正确。

五、运行调试

（1）在断电状态下，连接好 PC/PPI 电缆。

（2）打开 PLC 的前盖，将“运行模式”选择开关拨到 STOP 位置，此时 PLC 处于停止状态，或者用鼠标单击工具栏中的 STOP 按钮，可以进行程序编写。

（3）在作为编程器的计算机上，运行 V4.0 STEP7 Micro 编程软件。

（4）用菜单命令“文件—新建”生成一个新项目；用菜单命令“文件—打开”打开一个已有的项目；用菜单命令“文件—另存为”可修改项目的名称。

（5）用菜单命令“PLC—类型”，设置 PLC 的型号。

（6）设置通信参数。

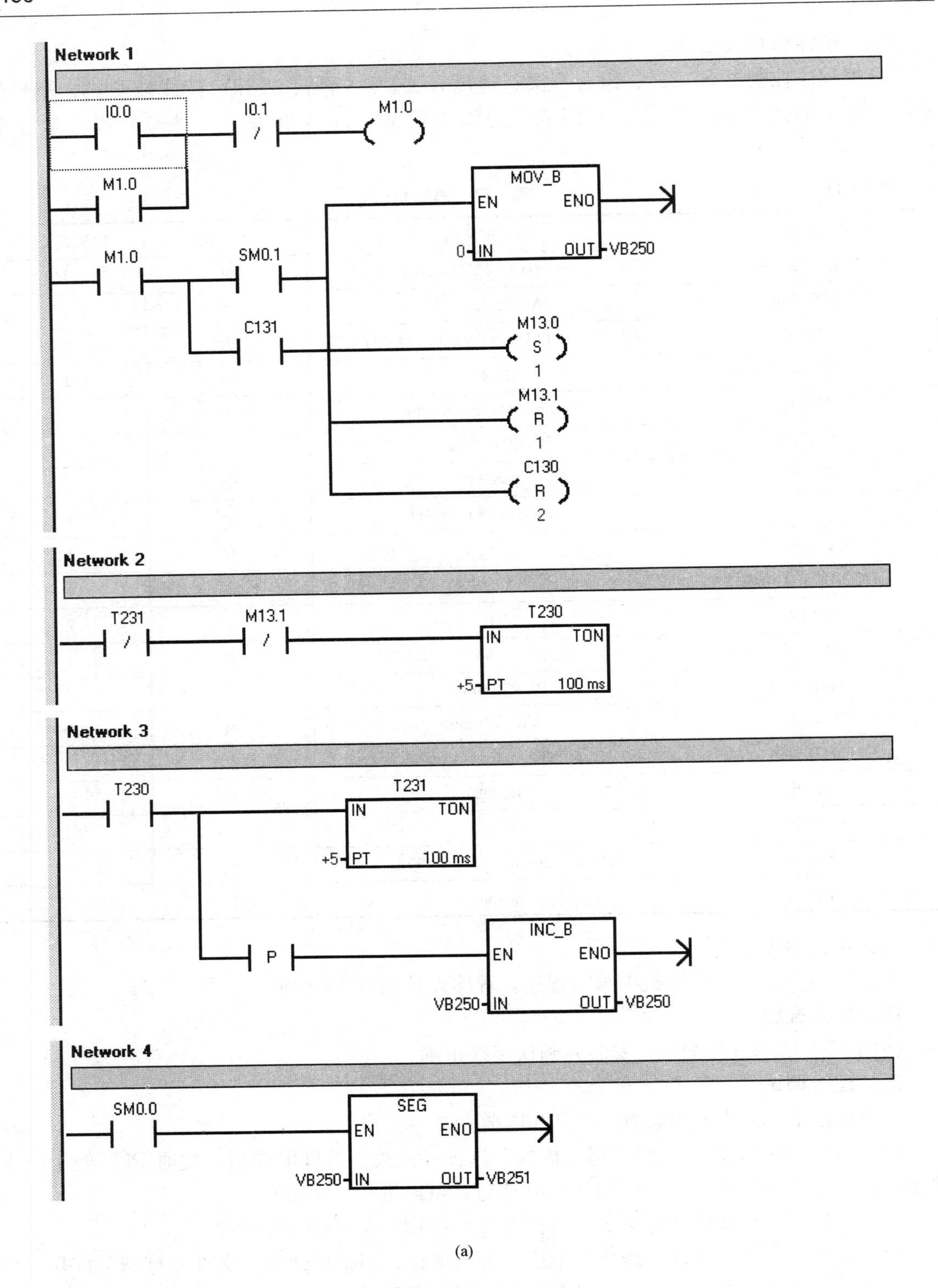

(a)

图 15-3　七段数码管 PLC 控制程序（一）

（a）梯形图

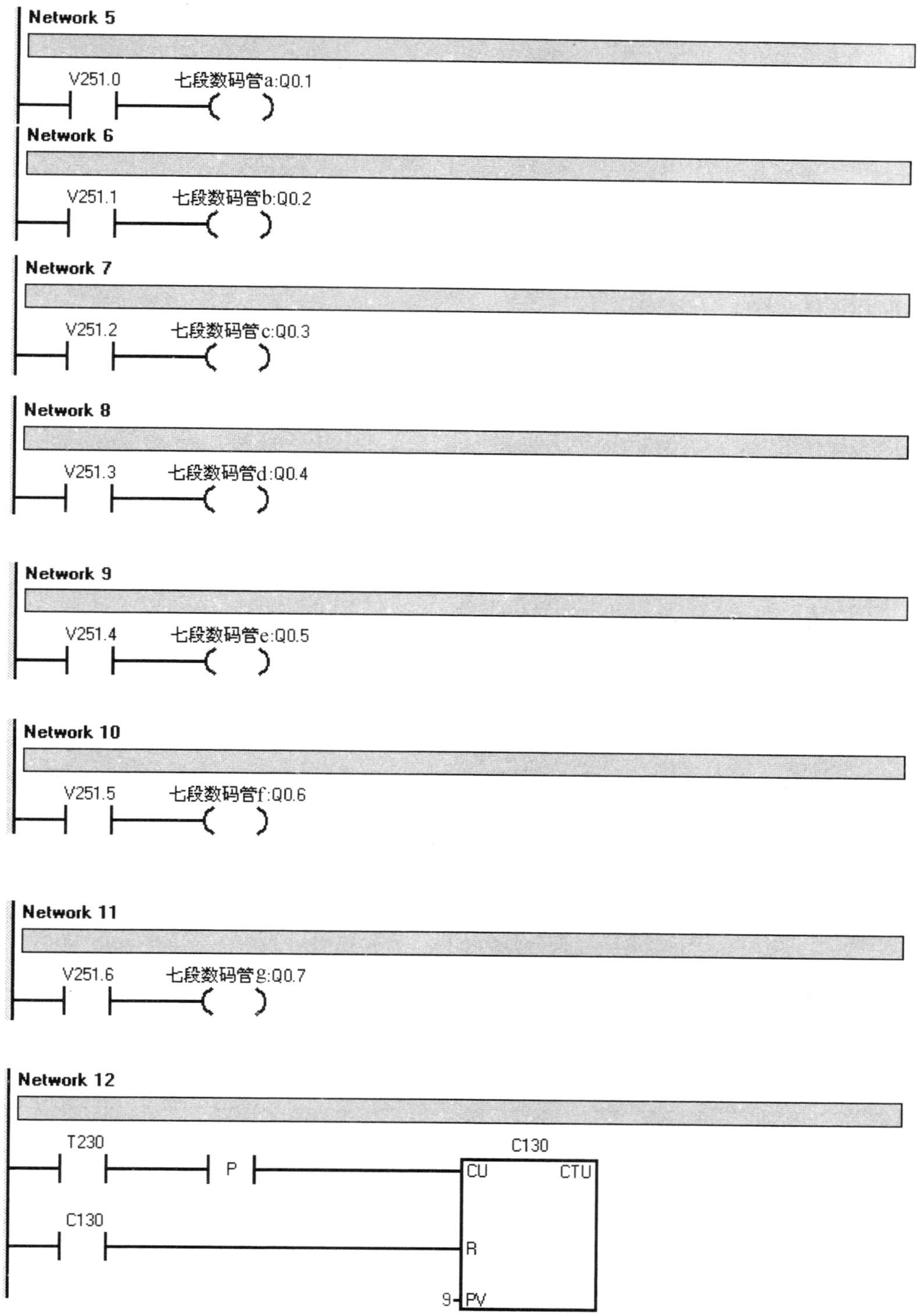

Network 5

V251.0　七段数码管a:Q0.1

Network 6

V251.1　七段数码管b:Q0.2

Network 7

V251.2　七段数码管c:Q0.3

Network 8

V251.3　七段数码管d:Q0.4

Network 9

V251.4　七段数码管e:Q0.5

Network 10

V251.5　七段数码管f:Q0.6

Network 11

V251.6　七段数码管g:Q0.7

Network 12

T230　P　C130　CU　CTU

C130　R

9　PV

(a)

图 15-3　七段数码管 PLC 控制程序（二）

（a）梯形图

Network 13

C130 M13.1 S 1 M13.0 R 1

Network 14

T233 / M13.0 / T232 IN TON +5 PT 100 ms

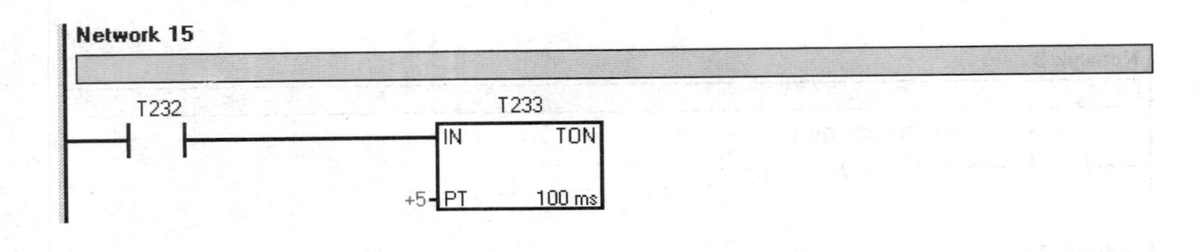

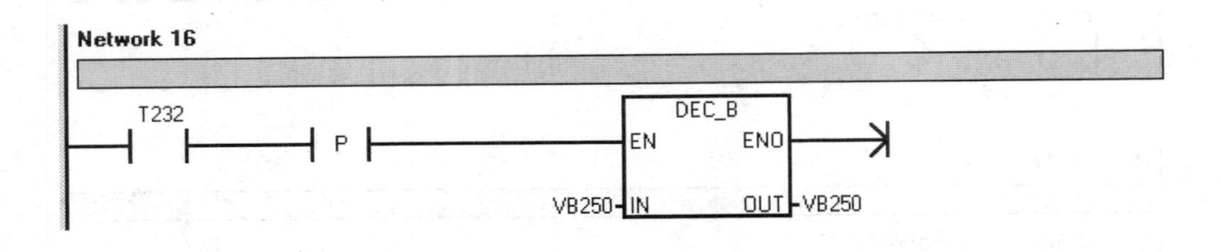

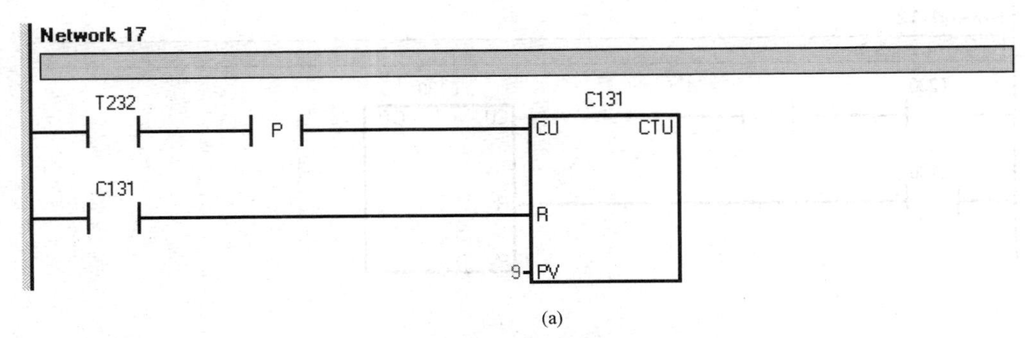

(a)

图 15-3 七段数码管 PLC 控制程序（三）

(a) 梯形图

Network 1

```
LD      I0.0
O       M1.0
AN      I0.1
=       M1.0
LD      M1.0
A       SM0.1
O       C131
MOVB    0, VB250
S       M13.0, 1
R       M13.1, 1
R       C130, 2
```

Network 2

```
LDN     T231
AN      M13.1
TON     T230, +5
```

Network 3

```
LD      T230
TON     T231, +5
EU
INCB    VB250
```

Network 4

```
LD      SM0.0
SEG     VB250, VB251
```

Network 5

```
LD      V251.0
=       七段数码管a:Q0.1
```

Network 6

```
LD      V251.1
=       七段数码管b:Q0.2
```

Network 7

```
LD      V251.2
=       七段数码管c:Q0.3
```

Network 8

```
LD      V251.3
=       七段数码管d:Q0.4
```

Network 9

```
LD      V251.4
=       七段数码管e:Q0.5
```

(b)

图 15-3　七段数码管 PLC 控制程序（四）

（b）语句表

```
Network 10

LD      V251.5
=       七段数码管f:Q0.6
Network 11

LD      V251.6
=       七段数码管g:Q0.7

Network 12

LD      T230
EU
LD      C130
CTU     C130, 9

Network 13

LD      C130
S       M13.1, 1
R       M13.0, 1

Network 14

LDN     T233
AN      M13.0
TON     T232, +5
Network 15

LD      T232
TON     T233, +5

Network 16

LD      T232
EU
DECB    VB250

Network 17

LD      T232
EU
LD      C131
CTU     C131, 9
```

(b)

图 15-3 七段数码管 PLC 控制程序（五）

（b）语句表

（7）编写控制程序。

（8）用鼠标单击工具栏中的“编译”按钮或“全部编译”按钮来编译输入的程序。

（9）下载程序文件到 PLC。

（10）将“运行模式”选择开关拨到 RUN 位置，或者用鼠标单击工具栏中的 RUN 按钮使 PLC 进入运行方式。

（11）按下“起动”按钮 SB1 后，七段数码管 LED 每隔一定时间显示数字 0、1、2、3、4、5、6、7、8、9，并循环不止。

（12）按下“停止”按钮 SB2 后停止显示。

（13）若满足要求，程序调试结束。

项目十六　电镀生产线 PLC 控制

技术要点

会根据项目分析系统控制要求写出 I/O 分配点并正确设计出外部接线图；会根据控制要求选择 PLC 的编程方法；学会使用 S7-200 系列 PLC 的异或指令，进一步学会使用 S7-200 系列 PLC 的字节增指令、传送指令、定时器指令、比较指令、置位指令、复位指令；能根据控制要求正确编制、输入和传输 PLC 程序；能独立完成整机安装与调试；会根据系统调试出现的情况，修改相关设计。

知识要点

掌握 S7-200 系列 PLC 的异或指令，进一步掌握 S7-200 系列 PLC 的字节增指令、传送指令、定时器指令、比较指令、置位指令、复位指令；掌握 S7-200 系列 PLC 位存储器 M；掌握 PLC 的编程技巧；掌握 PLC 常用的编程方法；掌握整机的安装与调试。

知识准备

一、字节与、字节或、字节异或指令

ANDB（字节与）指令：对两个输入字节按位与，得到一个字节结果（OUT）。

ORB（字节或）指令：对两个输入字节按位或，得到一个字节结果（OUT）。

XORB（字节异或）指令：对两个输入字节按位异或，得到一个字节结果（OUT）。

使 ENO=0 的错误条件：SM4.3（运行时间）；0006（间接寻址）。

这些功能影响下列的特殊存储器位：SM1.0（零）。

梯形图符号为

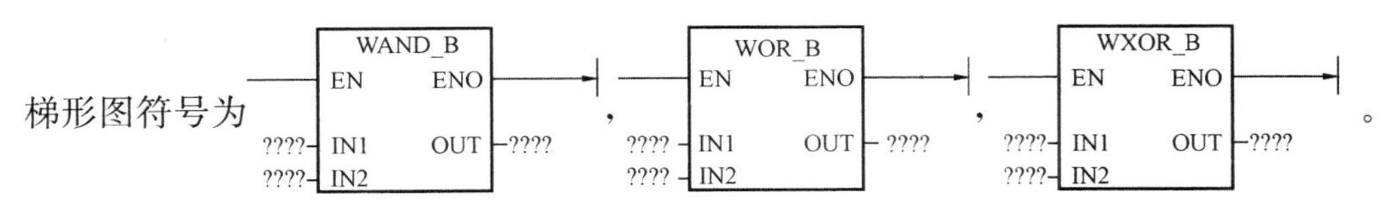

。

字节与、字节或、字节异或指令的有效操作数见表 16-1。

表 16-1　字节与、字节或、字节异或指令的有效操作数

输入/输出	操　作　数	数据类型
IN1，IN2	VB、IB、QB、MB、SB、SMB、LB、AC、常数、*VD、*AC、*LD	BYTE
OUT	VB、IB、QB、MB、SB、SMB、LB、AC、*VD、*AC、*LD	BYTE

二、字与、字或、字异或指令

ANDW（字与）指令：对两个输入字按位与，得到一个字结果（OUT）。

ORW（字或）指令：对两个输入字按位或，得到一个字结果（OUT）。

XORW（字异或）指令：对两个输入字按位异或，得到一个字结果（OUT）。

使 ENO=0 的错误条件：SM4.3（运行时间）；0006（间接寻址）。

这些功能影响下列的特殊存储器位：SM1.0（零）。

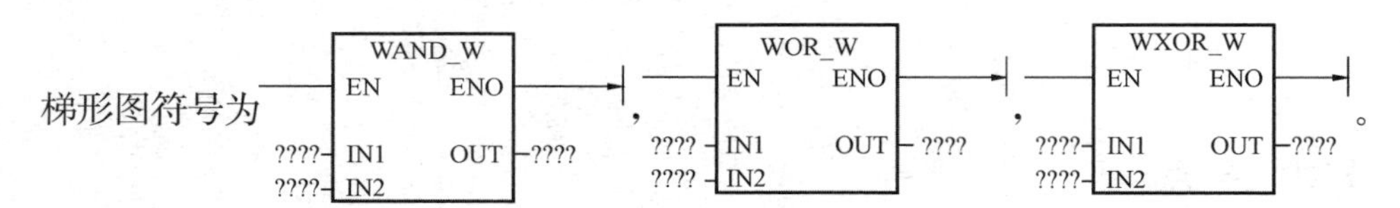

字与、字或、字异或指令的有效操作数见表 16-2。

表 16-2　　字与、字或、字异或指令的有效操作数

输入/输出	操　作　数	数据类型
IN1，IN2	VW、IW、QW、MW、SW、SMW、LW、T、C、AIW、AC、常数、*VD、*AC、*LD	WORD
OUT	VW、IW、QW、MW、SW、SMW、LW、T、C、AC、*VD、*AC、*LD	WORD

三、双字与、双字或、双字异或指令

ANDD（双字与）指令：对两个输入双字按位与，得到一个双字结果（OUT）。

ORD（双字或）指令：对两个输入双字按位或，得到一个双字结果（OUT）。

XORD（双字异或）指令：对两个输入双字按位异或，得到一个双字结果（OUT）。

使 ENO=0 的错误条件：SM4.3（运行时间）；0006（间接寻址）。

这些功能影响下列的特殊存储器位：SM1.0（零）。

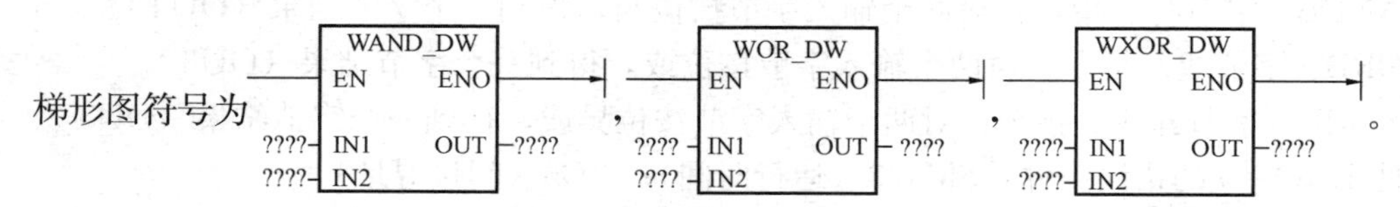

双字与、双字或、双字异或指令的有效操作数见表 16-3。

表 16-3　　双字与、双字或、双字异或指令的有效操作数

输入/输出	操　作　数	数据类型
IN1，IN2	VD、ID、QD、MD、SD、SMD、AC、LD、HC、常数、*VD、*AC、*LD	DWORD
OUT	VD、ID、QD、MD、SD、SMD、LD、AC、*VD、*AC、*LD	DWORD

任务实施

一、电镀生产线 PLC 控制工作原理

在电镀生产线左侧、工人将零件装入行车的吊篮并发出自动起动信号，行车提升吊篮并自动前进。按工艺要求在需要停留的槽位停止，并自动下降。在停留一段时间后自动上升，如此完成工艺规定的每一道工序直至生产线末端，行车便自动返回原始位置，并由工人装卸

零件，电镀生产线 PLC 控制工作原理示意图如图 16-1 所示。

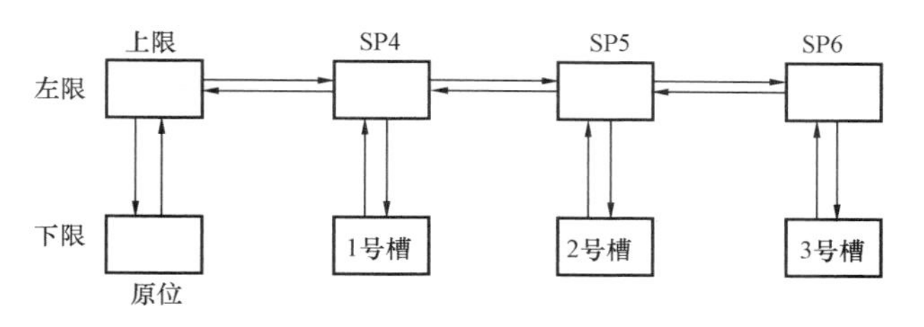

图 16-1　电镀生产线 PLC 控制工作原理

原位：表示设备处于初始状态，吊钩在下限位置，行车在左限位置。

自动工作过程：起动—吊钩上升—上限行程开关闭合—右行至 1 号槽—SP4 行程开关闭合—吊钩下降进入 1 号槽内—下限行程开关闭合—电镀延时—吊钩上升……由 3 号槽内吊钩上升，左行至左限位，吊钩下降至下限位（即原位）。

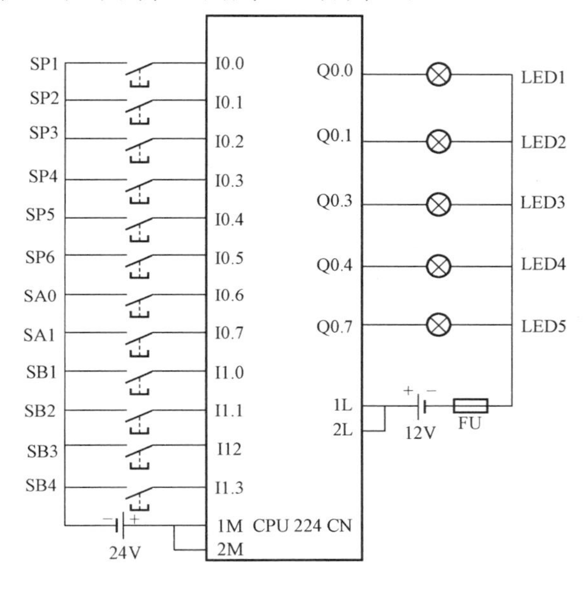

图 16-2　电镀生产线 PLC 控制硬件接线

连续工作：当吊钩回到原位后，延时一段时间（装卸零件），自动上升右行。按照工作流程要求不停地循环。当按下“停止”按钮，设备并不立即停车，而是返回原位后停车。

单周期操作：设备始于原位，按下“起动”按钮，设备工作一个周期，然后停于原位。要重复第二个工作周期，必须再按一下“起动”按钮。当按下“停止”按钮，设备立即停车，按下“起动”按钮后，设备继续运行。

步进操作：每按下“起动”按钮，设备只向前运行一步。

电镀生产线 PLC 控制系统 I/O 分配表，见表 16-4，其硬件接线如图 16-2 所示。按硬件接线图接好线，将相应的控制指令程序输入 PLC 中调试好。

表 16-4　　七段数码管 PLC 控制系统的 I/O 分配表

输　入			输　出		
符号	地址	功能	符号	地址	功能
SP1	I0. 0	上限行程开关	LED1	Q0. 0	上升
SP2	I0. 1	下限行程开关	LED2	Q0. 1	下降
SP3	I0. 2	左限位	LED3	Q0. 3	右行
SP4	I0. 3	行程开关	LED4	Q0. 4	左行
SP5	I0. 4	行程开关	LED5	Q0. 7	原位
SP6	I0. 5	行程开关			
SA0	I0. 6	原点开关			

续表

输入			输出		
符号	地址	功能	符号	地址	功能
SA1	I0.7	连续工作开关			
SB1	I1.0	起动按钮			
SB2	I1.1	停止按钮			
SB3	I1.2	步进按钮			
SB4	I1.3	单周期按钮			

二、所需材料及设备

可编程序控制器S7-200、组合开关、熔断器、LED灯、按钮、接线端子排、塑料软铜线、电工通用工具、镊子、万用表、绝缘电阻表、配线板等，器材型号或参数见表16-5。

表16-5　项目器材

名称	型号或参数	单位	数量或长度
单相交流电源	AC 220V和36V，5A	处	1
计算机	预装V4.0 STEP7编程软件，型号自定义	台	1
可编程序控制器	S7-224	台	1
配线板	500mm×600mm×20mm	块	1
组合开关	HZ10-25/3	个	1
DC 12V开关电源	KT-P003	个	1
DC 12VLED灯	JLE-LED	个	5
DC 12V灯头	螺旋	个	5
三联按钮	LA10-3H或LA4-3H	个	2
行程开关	LX19-111	个	6
熔断器及熔芯配套	F1-0.5	套	1
接线端子排	JX2-1015，500V、10A	条	1
塑料软铜线	BVR-1.5mm^2	m	20
塑料软铜线	BVR-0.75mm^2	m	10
别径压端子	UT2.5-4，UT1-4	个	40
行线槽	TC3025	条	5
异形塑料管	ϕ3mm	m	0.2
木螺钉	ϕ3mm×20mm，ϕ3mm×15mm	个	20
平垫圈	ϕ4mm	个	20

三、设计程序

根据控制要求，在计算机中编写程序，程序设计如图16-3所示。

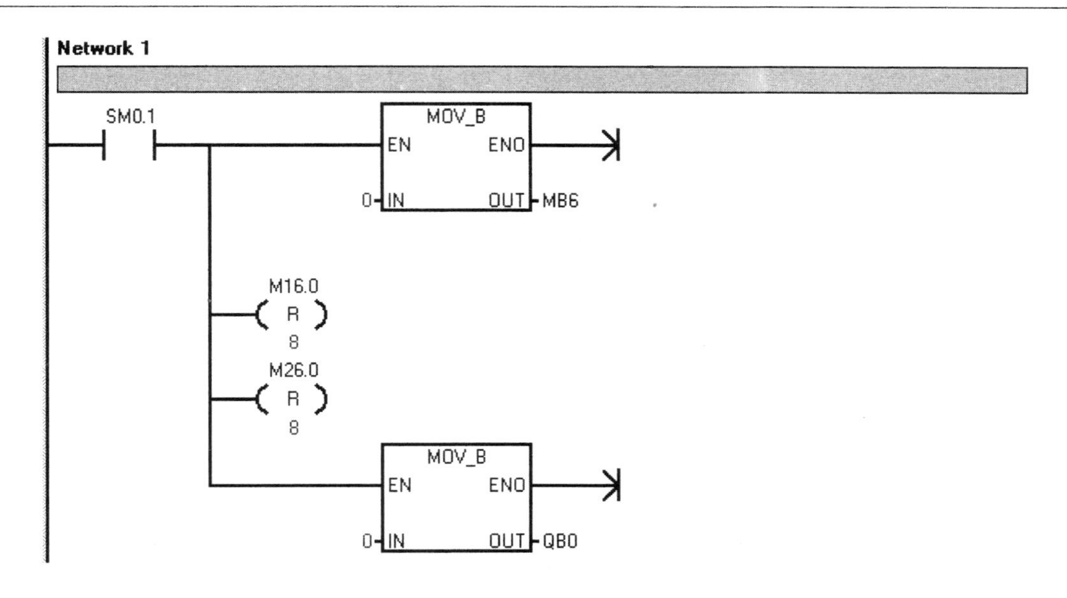

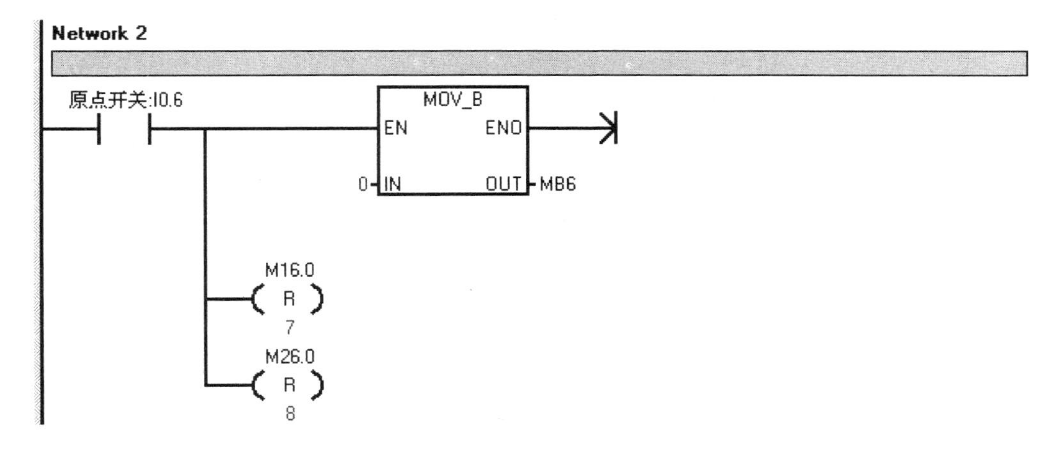

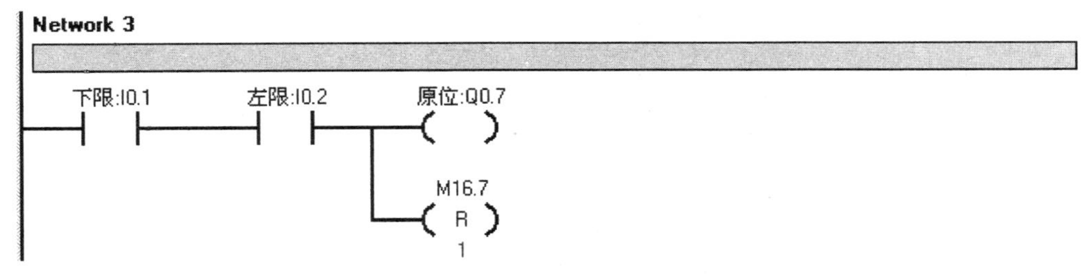

(a)

图 16-3　电镀生产线 PLC 控制程序（一）

（a）梯形图

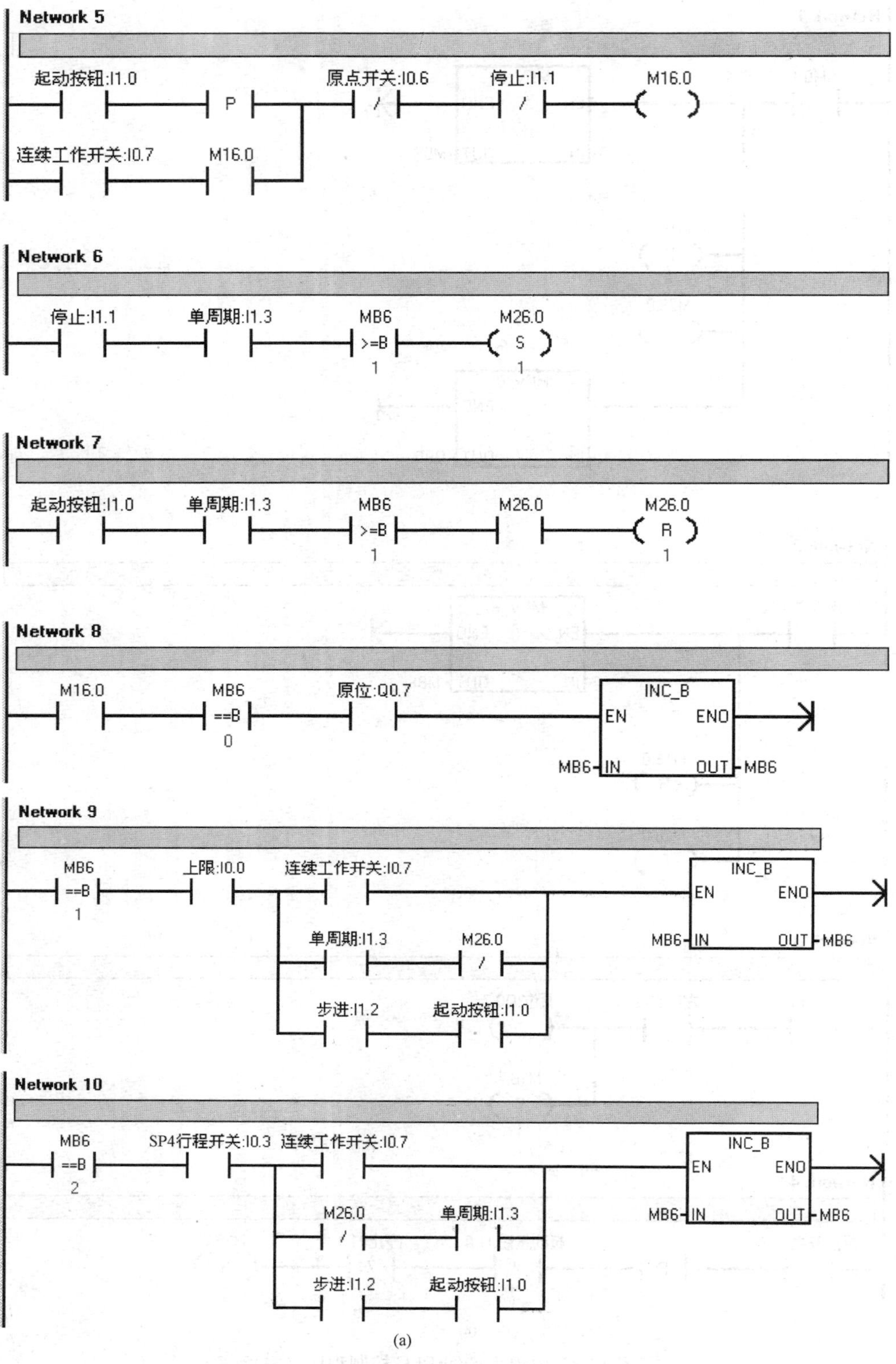

(a)

图 16-3 电镀生产线 PLC 控制程序（二）

(a) 梯形图

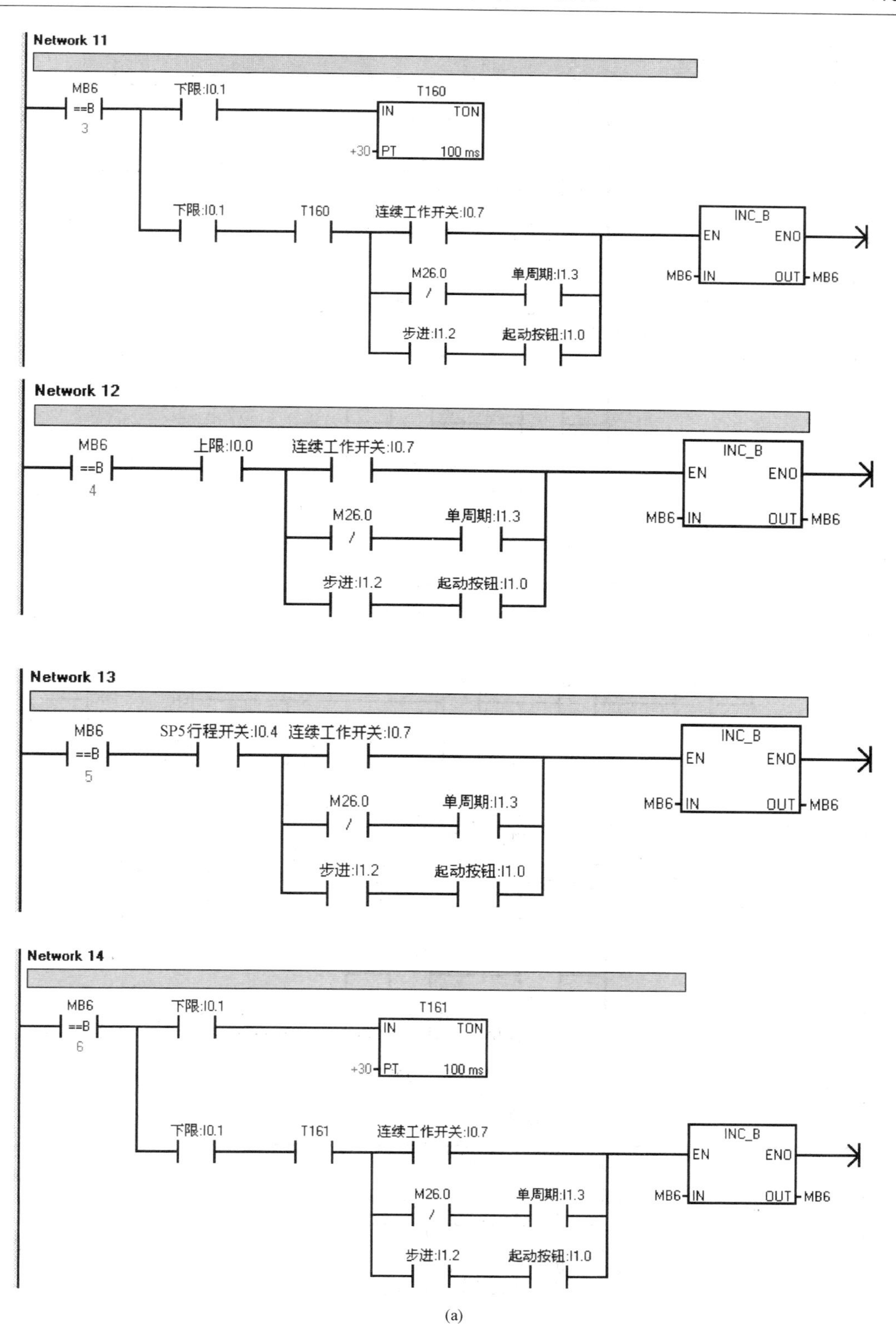

(a)

图 16-3　电镀生产线 PLC 控制程序（三）

（a）梯形图

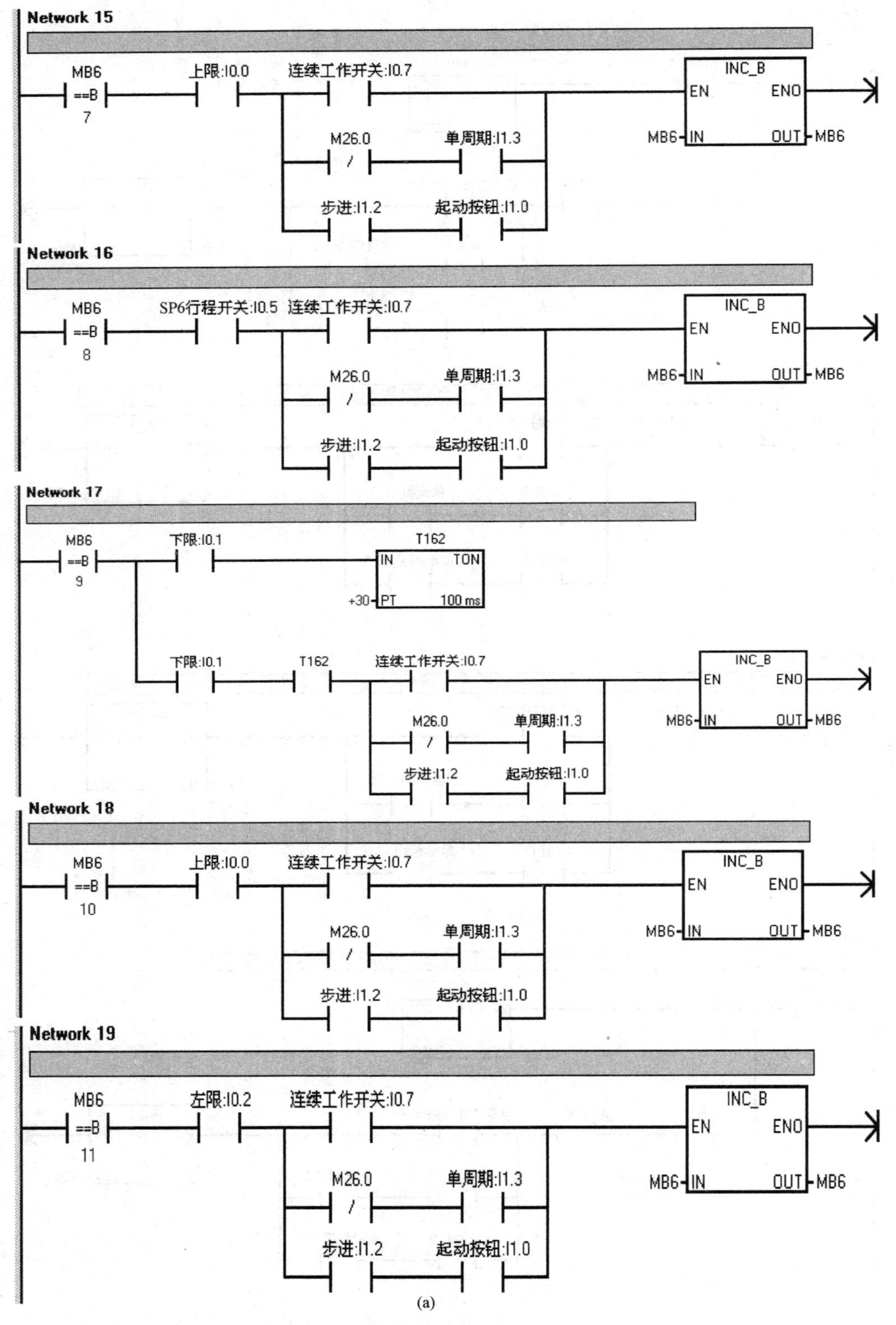

(a)

图 16-3 电镀生产线 PLC 控制程序（四）

（a）梯形图

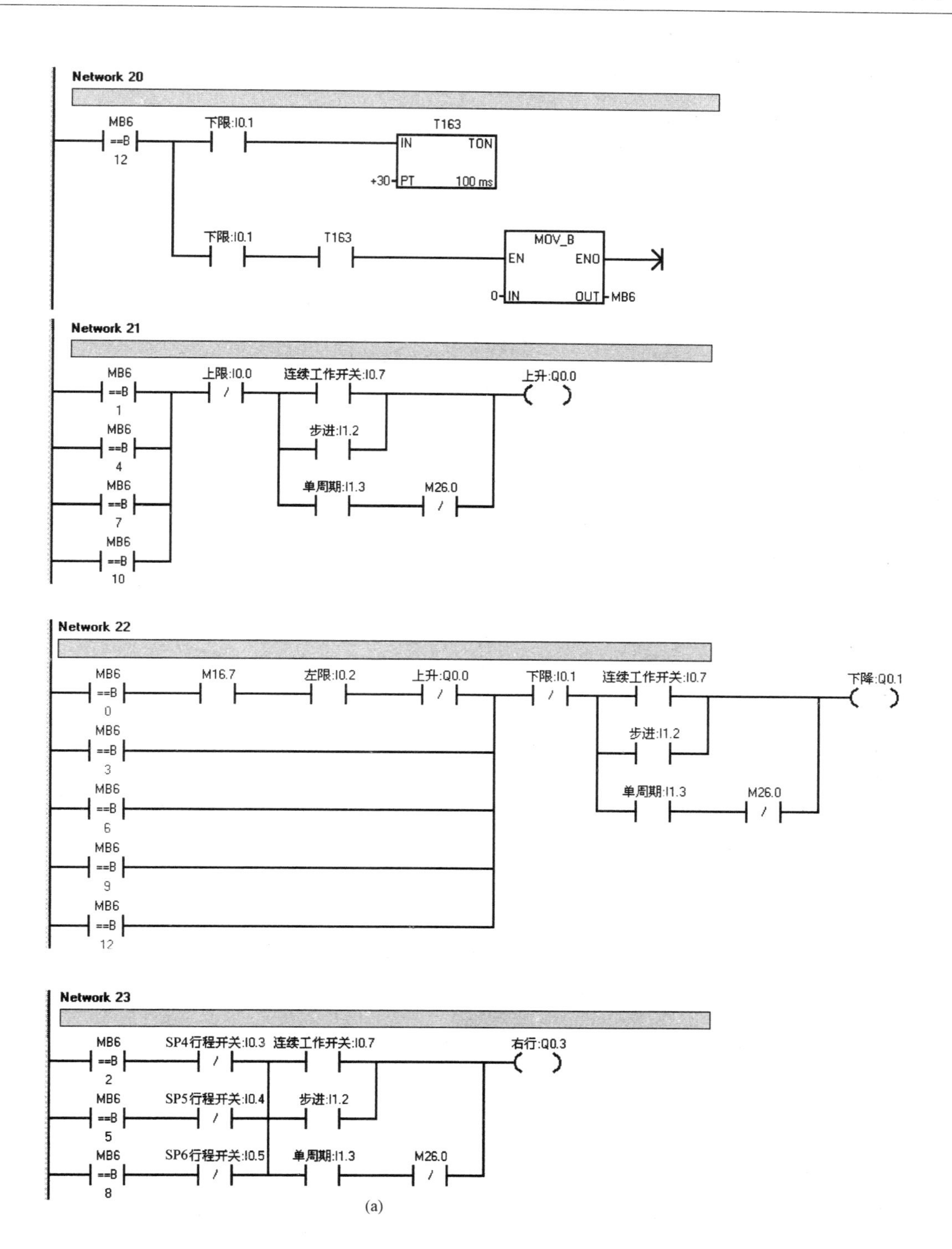

(a)

图 16-3 电镀生产线 PLC 控制程序（五）

（a）梯形图

Network 24

```
MB6        M16.7     左限:I0.2   连续工作开关:I0.7            左行:Q0.4
|==B|------| |--+----|/|----+----| |----+--------------+----( )
 0              |           |           |              |
MB6             |           |  步进:I1.2 |              |
|==B|-----------+           +----| |----+              |
 11                         |                          |
                            |  单周期:I1.3    M26.0     |
                            +----| |---------|/|-------+
```

(a)

Network 1

```
LD      SM0.1
MOVB    0, MB6
R       M16.0, 8
R       M26.0, 8
MOVB    0, QB0
```

Network 2

```
LD      原点开关:I0.6
MOVB    0, MB6
R       M16.0, 7
R       M26.0, 8
```

Network 3

```
LD      下限:I0.1
A       左限:I0.2
=       原位:Q0.7
R       M16.7, 1
```

Network 4

```
LD      原点开关:I0.6
EU
AN      起动按钮:I1.0
AN      停止:I1.1
S       M16.7, 1
```

Network 5

```
LD      起动按钮:I1.0
EU
LD      连续工作开关:I0.7
A       M16.0
OLD
AN      原点开关:I0.6
AN      停止:I1.1
=       M16.0
```

Network 6

```
LD      停止:I1.1
A       单周期:I1.3
AB>=    MB6, 1
S       M26.0, 1
```

(b)

图 16-3 电镀生产线 PLC 控制程序（六）

(a) 梯形图；(b) 语句表

Network 7

```
LD      起动按钮:I1.0
A       单周期:I1.3
AB>=    MB6, 1
A       M26.0
R       M26.0, 1
```

Network 8

```
LD      M16.0
AB=     MB6, 0
A       原位:Q0.7
INCB    MB6
```

Network 9

```
LDB=    MB6, 1
A       上限:I0.0
LD      连续工作开关:I0.7
LD      单周期:I1.3
AN      M26.0
OLD
LD      步进:I1.2
A       起动按钮:I1.0
OLD
ALD
INCB    MB6
```

Network 10

```
LDB=    MB6, 2
A       SP4行程开关:I0.3
LD      连续工作开关:I0.7
LDN     M26.0
A       单周期:I1.3
OLD
LD      步进:I1.2
A       起动按钮:I1.0
OLD
ALD
INCB    MB6
```

Network 11

```
LDB=    MB6, 3
LPS
A       下限:I0.1
TON     T160, +30
LPP
A       下限:I0.1
A       T160
LD      连续工作开关:I0.7
LDN     M26.0
A       单周期:I1.3
OLD
LD      步进:I1.2
A       起动按钮:I1.0
OLD
ALD
INCB    MB6
```

(b)

图 16-3　电镀生产线 PLC 控制程序（七）

（b）语句表

Network 12

```
LDB=    MB6, 4
A       上限:I0.0
LD      连续工作开关:I0.7
LDN     M26.0
A       单周期:I1.3
OLD
LD      步进:I1.2
A       起动按钮:I1.0
OLD
ALD
INCB    MB6
```

Network 13

```
LDB=    MB6, 5
A       SP5行程开关:I0.4
LD      连续工作开关:I0.7
LDN     M26.0
A       单周期:I1.3
OLD
LD      步进:I1.2
A       起动按钮:I1.0
OLD
ALD
INCB    MB6
```

Network 14

```
LDB=    MB6, 6
LPS
A       下限:I0.1
TON     T161, +30
LPP
A       下限:I0.1
A       T161
LD      连续工作开关:I0.7
LDN     M26.0
A       单周期:I1.3
OLD
LD      步进:I1.2
A       起动按钮:I1.0
OLD
ALD
INCB    MB6
```

Network 15

```
LDB=    MB6, 7
A       上限:I0.0
LD      连续工作开关:I0.7
LDN     M26.0
A       单周期:I1.3
OLD
LD      步进:I1.2
A       起动按钮:I1.0
OLD
ALD
INCB    MB6
```

(b)

图 16-3 电镀生产线 PLC 控制程序（八）

（b）语句表

Network 16

```
LDB=    MB6, 8
A       SP6行程开关:I0.5
LD      连续工作开关:I0.7
LDN     M26.0
A       单周期:I1.3
OLD
LD      步进:I1.2
A       起动按钮:I1.0
OLD
ALD
INCB    MB6
```

Network 17

```
LDB=    MB6, 9
LPS
A       下限:I0.1
TON     T162, +30
LPP
A       下限:I0.1
A       T162
LD      连续工作开关:I0.7
LDN     M26.0
A       单周期:I1.3
OLD
LD      步进:I1.2
A       起动按钮:I1.0
OLD
ALD
INCB    MB6
```

Network 18

```
LDB=    MB6, 10
A       上限:I0.0
LD      连续工作开关:I0.7
LDN     M26.0
A       单周期:I1.3
OLD
LD      步进:I1.2
A       起动按钮:I1.0
OLD
ALD
INCB    MB6
```

Network 19

```
LDB=    MB6, 11
A       左限:I0.2
LD      连续工作开关:I0.7
LDN     M26.0
A       单周期:I1.3
OLD
LD      步进:I1.2
A       起动按钮:I1.0
OLD
ALD
INCB    MB6
```

Network 20

```
LDB=    MB6, 12
LPS
A       下限:I0.1
TON     T163, +30
LPP
A       下限:I0.1
A       T163
MOVB    0, MB6
```

(b)
图 16-3　电镀生产线 PLC 控制程序（九）
(b) 语句表

Network 21

```
LDB=    MB6, 1
OB=     SP6, 4
OB=     MB6, 7
OB=     MB6, 10
AN      上限:I0.0
LD      连续工作开关:I0.7
O       步进:I1.2
LD      单周期:I1.3
AN      M26.0
OLD
ALD
=       上升:Q0.0
```

Network 22

```
LDB=    MB6, 0
A       M16.7
A       左限:I0.2
AN      上升:Q0.0
OB=     MB6, 3
OB=     MB6, 6
OB=     MB6, 9
OB=     MB6, 12
AN      下限:I0.1
LD      连续工作开关:I0.7
O       步进:I1.2
LD      单周期:I1.3
AN      M26.0
OLD
ALD
=       下降:Q0.1
```

Network 23

```
LDB=    MB6, 2
AN      SP4行程开关:I0.3
LDB=    MB6, 5
AN      SP5行程开关:I0.4
OLD
LDB=    MB6, 8
AN      SP6行程开关:I0.5
OLD
LD      连续工作开关:I0.7
O       步进:I1.2
LD      单周期:I1.3
AN      M26.0
OLD
ALD
=       右行:Q0.3
```

Network 24

```
LDB=    MB6, 0
A       M16.7
OB=     MB6, 11
AN      左限:I0.2
LD      连续工作开关:I0.7
O       步进:I1.2
LD      单周期:I1.3
AN      M26.0
OLD
ALD
=       左行:Q0.4
```

(b)

图 16-3　电镀生产线 PLC 控制程序（十）

（b）语句表

四、安装配线

按图 16-2 所示进行配线，安装并确认接线正确。

五、运行调试

（1）在断电状态下，连接好 PC/PPI 电缆。

（2）打开 PLC 的前盖，将“运行模式”选择开关拨到 STOP 位置，此时 PLC 处于停止状态，或者用鼠标单击工具栏中的 STOP 按钮，可以进行程序编写。

（3）在作为编程器的计算机上，运行 V4.0 STEP7 Micro 编程软件。

（4）用菜单命令“文件—新建”生成一个新项目；用菜单命令“文件—打开”打开一个已有的项目；用菜单命令“文件—另存为”可修改项目的名称。

（5）用菜单命令“PLC—类型”，设置 PLC 的型号。

（6）设置通信参数。

（7）编写控制程序。

（8）用鼠标单击工具栏中的“编译”按钮或“全部编译”按钮来编译输入的程序。

（9）下载程序文件到 PLC。

（10）将运行模式选择开关拨到 RUN 位置，或者用鼠标单击工具栏中的 RUN 按钮使 PLC 进入运行方式。

（11）先按下原点开关 SA0 使设备处于初始位置，即零件位于左下方，此时原点指示灯亮。

（12）按下连续工作开关 SA1，再按“起动”按钮 SB1，使设备连续工作，观察设备的工作过程。按“停止”按钮 SB2，观察设备如何停止。

（13）按下单周期按钮 SB4，选择单周期工作方式，按“起动”按钮 SB1，设备工作一个周期后应停于原位，在设备工作过程中按“停止”按钮 SB2，观察设备是否立即停止，再按下“起动”按钮 SB1，设备是否继续工作。

（14）按下步进按钮 SB3，选择步进工作方式，每按一下“起动”按钮 SB1、设备只工作一步。

（15）不管在“连续工作”、“单周期”还是“步进”工作状态，只要按下“原点”开关 SA0，则设备都将回到原位。

（16）若满足要求，程序调试结束。

项目十七　成型机PLC控制

技术要点

会根据项目分析系统控制要求写出I/O分配点并正确设计出外部接线图；会根据控制要求选择PLC的编程方法；进一步学会使用S7-200系列PLC的传送指令、正跳变指令、比较指令、复位指令、字节增指令；能根据控制要求正确编制、输入和传输PLC程序；能独立完成整机安装与调试；会根据系统调试出现的情况，修改相关设计。

知识要点

进一步掌握S7-200系列PLC传送指令、正跳变指令、比较指令、复位指令、字节增指令；掌握S7-200系列PLC位存储器M；掌握PLC的编程技巧；掌握PLC常用的编程方法；掌握整机的安装与调试

任务实施

一、成型机PLC控制工作原理

（1）初始状态，当原料放入成形机时，各油缸的状态为原始位置，对应的电磁阀Y1、Y2、Y4关闭（OFF），电磁阀Y3工作（ON）。位置开关S1、S3、S5分断（OFF），位置开关S2、S4、S6闭合（ON）。

（2）按下“起动”按钮，电磁阀Y2＝ON上油缸的活塞向下运动，使位置开关S4＝OFF。当位置开关S3＝ON时，起动左、右油缸（电磁阀Y3＝OFF；电磁阀Y1＝Y4＝ON），A活塞向右运动，C活塞向左运动，使位置开关S2、S6为OFF。

（3）当左、右油缸的活塞达到终点，此时位置开关S1、S5为ON，原料已成形。然后各油缸开始退回原位，A、B、C油缸返回（电磁阀Y1＝Y2＝Y4＝OFF；电磁阀Y3＝ON），使位置开关S1＝S3＝S5＝OFF。

（4）当A、B、C油缸回到原位（位置开关S2＝S4＝S6＝ON）时，系统回到初始位置，取出成品。

（5）放入原料后，按“起动”按钮可以重新开始工作。

（6）用拨动开关模拟和表示位置开关，用LED指示灯模拟和表示电磁阀的工作状态。成型机PLC控制系统I/O分配表见表17-1，其硬件接线如图17-1所示。按硬件接线图接好线，将相应的控制指令程序输入PLC中调试好。

表 17-1　成型机 PLC 控制系统 I/O 分配表

输入			输出		
符号	地址	功能	符号	地址	功能
SB	I0.0	起动按钮	LED1	Q0.0	电磁阀 Y1
S1	I0.1	位置开关 S1	LED2	Q0.1	电磁阀 Y2
S2	I0.2	位置开关 S2	LED3	Q0.3	电磁阀 Y3
S3	I0.3	位置开关 S3	LED4	Q0.4	电磁阀 Y4
S4	I0.4	位置开关 S4			
S5	I0.5	位置开关 S5			
S6	I0.6	位置开关 S6			

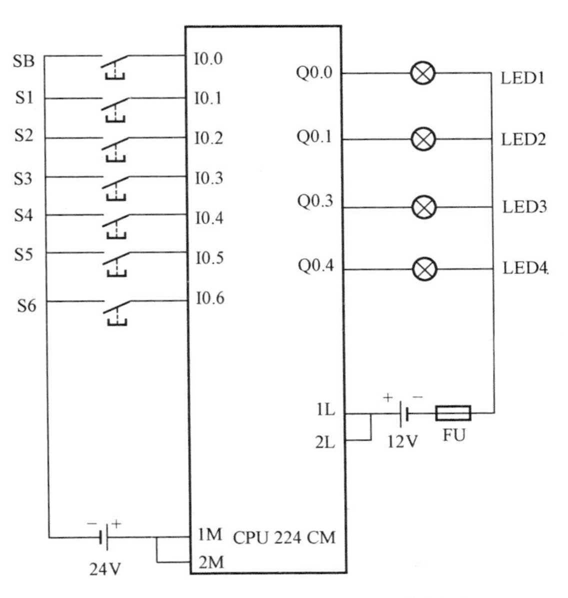

图 17-1　成型机 PLC 控制硬件接线

二、所需材料及设备

可编程序控制器 S7-200、组合开关、熔断器、LED 灯、按钮、接线端子排、塑料软铜线、电工通用工具、镊子、万用表、绝缘电阻表、配线板等，器材型号或参数见表 17-2。

表 17-2　项目器材

名称	型号或参数	单位	数量或长度
单相交流电源	AC 220V 和 36V、5A	处	1
计算机	预装 V4.0 STEP7 编程软件，型号自定义	台	1
可编程序控制器	S7-224	台	1
配线板	500mm×600mm×20mm	块	1
组合开关	HZ10-25/3	个	1
DC 12V 开关电源	KT-P003	个	1
DC 12VLED 灯	JLE-LED	个	5
DC 12V 灯头	螺旋	个	5
三联按钮	LA10-3H 或 LA4-3H	个	2
拨动开关	SS-11G11	个	6
熔断器及熔芯配套	F1-0.5	套	1
接线端子排	JX2-1015，500V、10A	条	1
塑料软铜线	BVR-1.5mm^2	m	20
塑料软铜线	BVR-0.75mm^2	m	10
别径压端子	UT2.5-4，UT1-4	个	40
行线槽	TC3025	条	5
异形塑料管	ϕ3mm	m	0.2
木螺钉	ϕ3mm×20mm，ϕ3mm×15mm	个	20
平垫圈	ϕ4mm	个	20

三、设计程序

根据控制要求，在计算机中编写程序，程序设计如图 17-2 所示。

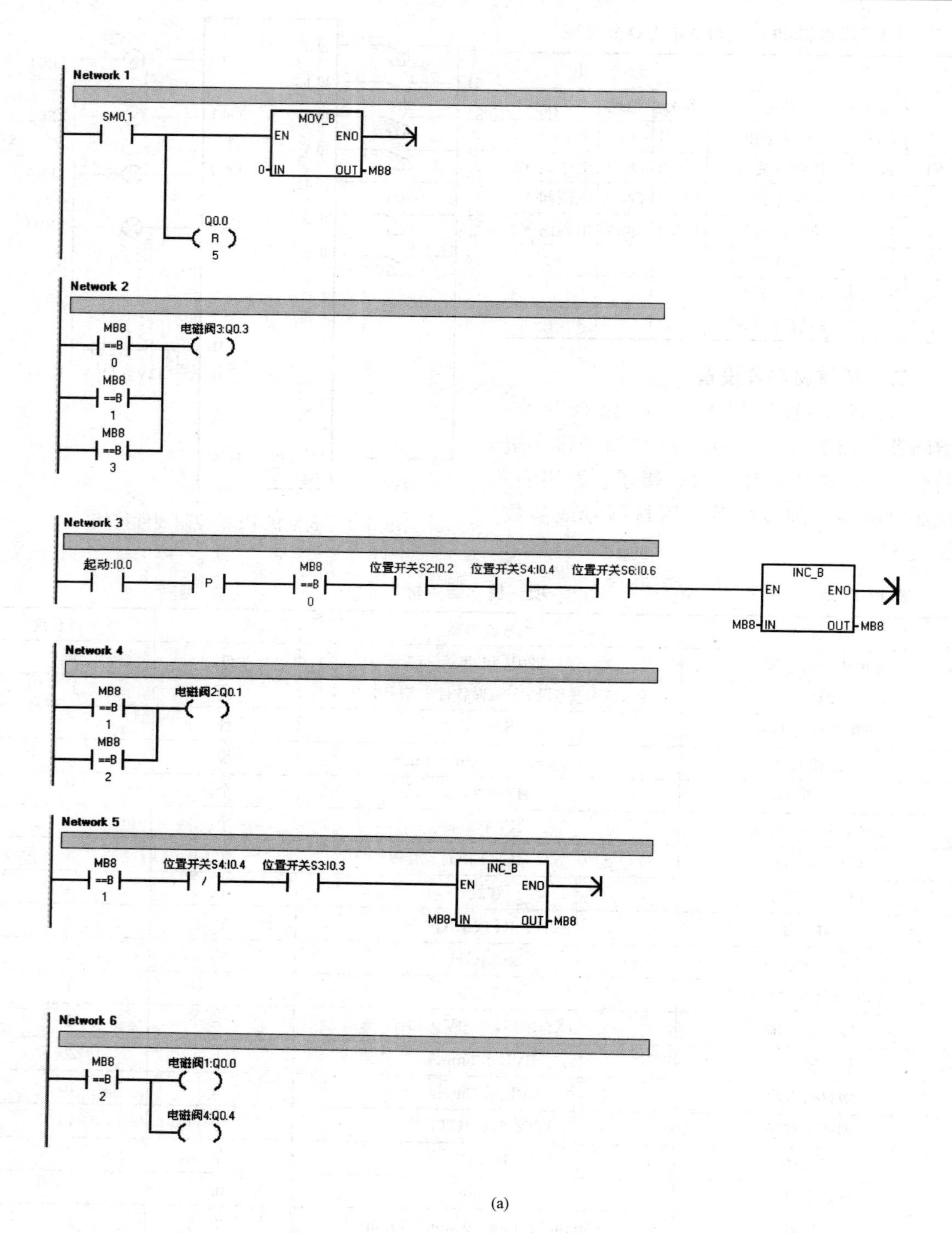

(a)

图 17-2　成型机 PLC 控制程序（一）

（a）梯形图

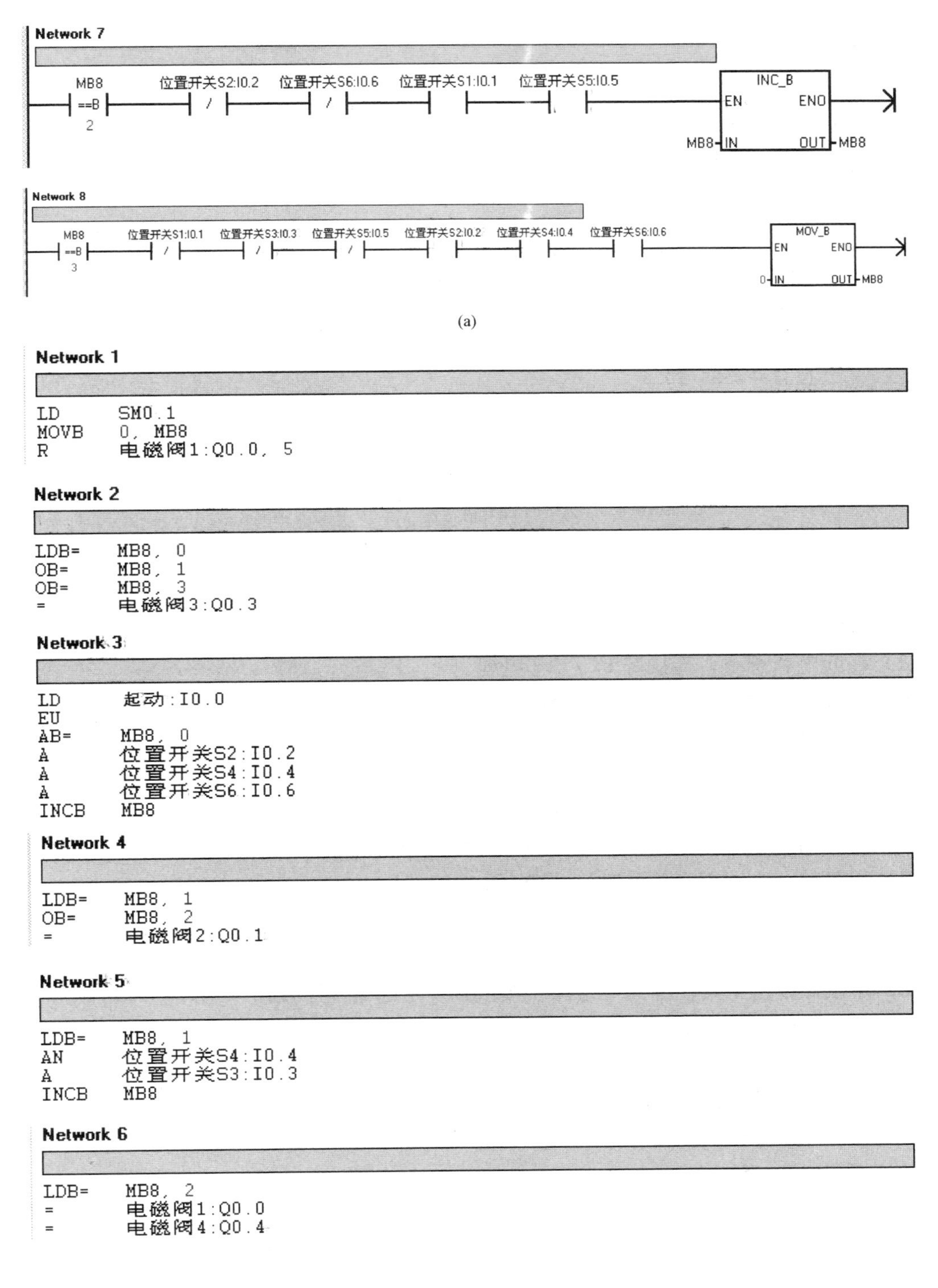

(a)

Network 1

```
LD      SM0.1
MOVB    0, MB8
R       电磁阀1:Q0.0, 5
```

Network 2

```
LDB=    MB8, 0
OB=     MB8, 1
OB=     MB8, 3
=       电磁阀3:Q0.3
```

Network 3

```
LD      起动:I0.0
EU
AB=     MB8, 0
A       位置开关S2:I0.2
A       位置开关S4:I0.4
A       位置开关S6:I0.6
INCB    MB8
```

Network 4

```
LDB=    MB8, 1
OB=     MB8, 2
=       电磁阀2:Q0.1
```

Network 5

```
LDB=    MB8, 1
AN      位置开关S4:I0.4
A       位置开关S3:I0.3
INCB    MB8
```

Network 6

```
LDB=    MB8, 2
=       电磁阀1:Q0.0
=       电磁阀4:Q0.4
```

(b)

图 17-2　成型机 PLC 控制程序（二）

（a）梯形图；（b）语句表

```
Network 7

LDB=    MB8, 2
AN      位置开关S2:I0.2
AN      位置开关S6:I0.6
A       位置开关S1:I0.1
A       位置开关S5:I0.5
INCB    MB8

Network 8

LDB=    MB8, 3
AN      位置开关S1:I0.1
AN      位置开关S3:I0.3
AN      位置开关S5:I0.5
A       位置开关S2:I0.2
A       位置开关S4:I0.4
A       位置开关S6:I0.6
MOVB    0, MB8
```

(b)

图 17-2 成型机 PLC 控制程序（三）

(b) 语句表

四、安装配线

按图 17-1 所示进行配线，安装并确认接线正确。

五、运行调试

(1) 在断电状态下，连接好 PC/PPI 电缆。

(2) 打开 PLC 的前盖，将"运行模式"选择开关拨到 STOP 位置，此时 PLC 处于停止状态，或者用鼠标单击工具栏中的 STOP 按钮，可以进行程序编写。

(3) 在作为编程器的计算机上，运行 V4.0 STEP7 Micro 编程软件。

(4) 用菜单命令"文件—新建"生成一个新项目；用菜单命令"文件—打开"打开一个已有的项目；用菜单命令"文件—另存为"可修改项目的名称。

(5) 用菜单命令"PLC—类型"，设置 PLC 的型号。

(6) 设置通信参数。

(7) 编写控制程序。

(8) 用鼠标单击工具栏中的"编译"按钮或"全部编译"按钮来编译输入的程序。

(9) 下载程序文件到 PLC。

(10) 把 S1～S6 拨到 OFF 状态，Y3 亮。

(11) 将"运行模式"选择开关拨到 RUN 位置，或者用鼠标单击工具栏中的 RUN 按钮使 PLC 进入运行方式。

(12) 拨上 S2、S4、S6。

(13) 按下"起动"按钮 SB，Y2、Y3 亮。

(14) 使 S4＝OFF（拨下），S3＝ON（拨上），Y1、Y2、Y4 亮。

(15) 使 S2＝S6＝OFF（拨下）；使 S1＝S5＝ON（拨上），Y3 灯亮。

(16) 使 S1＝S3＝S5＝OFF，S2＝S4＝S6＝ON，Y3 灯亮。S1～S6 均各有指示灯，灯亮为 ON，灯灭为 OFF。

(17) 若满足要求，程序调试结束。

项目十八　轧钢机 PLC 控制

技术要点

会根据项目分析系统控制要求写出 I/O 分配点并正确设计出外部接线图；会根据控制要求选择 PLC 的编程方法；进一步学会使用 S7-200 系列 PLC 的字节传送指令、定时器指令、比较指令、复位指令、字节增指令；能根据控制要求正确编制、输入和传输 PLC 程序；能独立完成整机安装与调试；会根据系统调试出现的情况，修改相关设计。

知识要点

掌握单元板移位寄存/显示电路原理，进一步掌握 S7-200 系列 PLC 字节传送指令、定时器指令、比较指令、复位指令、字节增指令；进一步掌握 S7-200 系列 PLC 位存储器 M；掌握 PLC 的编程技巧；掌握 PLC 常用的编程方法；掌握整机的安装与调试。

知识准备

单元板移位寄存/显示电路原理如图 18-1 所示。

集成电路 CD4015 是双 4 位移位寄存器，其引出端功能为 1CP、2CP 是时钟输入端，1CR、2CR 是清零端，1DS、2DS 是串行数据输入端，$1Q_0$～$1Q_3$、$2Q_0$～$2Q_3$ 是数据输出端，

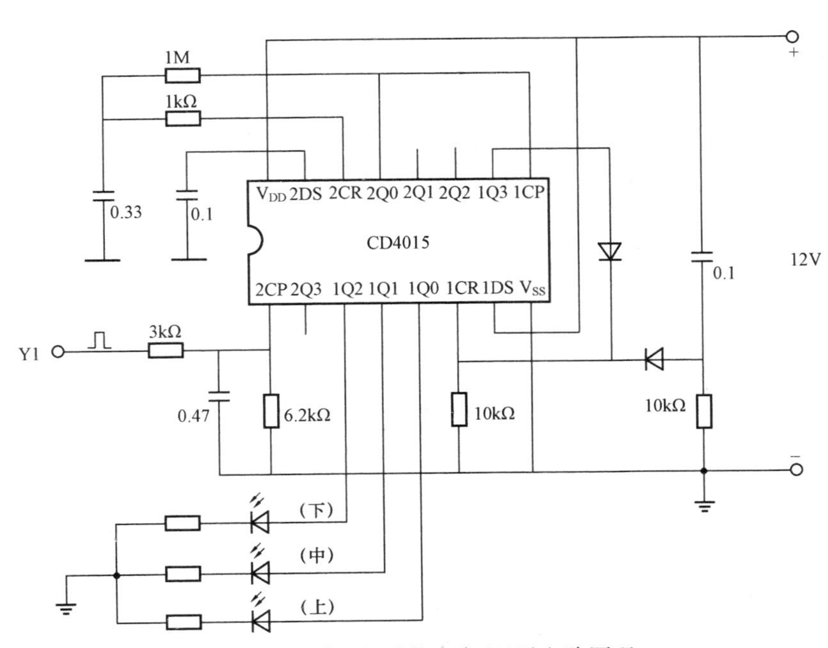

图 18-1　单元板移位寄存/显示电路原理

V_{DD}是正电源，V_{SS}是接地电源。

该电路的时钟输入脉冲信号Y1由PLC提供，CD4015的输出端$1Q_0$～$1Q_2$分别驱动轧压量指示灯（三个发光二极管）。电路的工作原理是当脉冲加到2CP端，$2Q_0$为高电平，其上跳沿一方面为1CP提供脉冲前沿，同时经1CR端，又将$2Q_0$清零（这样可以滤除PLC输出脉冲的干扰信号）。随后$1Q_0$为高电平，驱动LED（上）亮。当2CP再接到脉冲时，$1Q_1$为高电平，驱动LED（中）亮，$1Q_0$保持为高电平，如果2CP再接到脉冲时，$1Q_2$为高电平、驱动LED（下）亮，$1Q_0$、$1Q_1$保持为高电平。其移位过程可以依次类推，当$1Q_3$为高电平时，经二极管使1CP清零，$1Q_0$～$1Q_3$为低电平。该电路可以开机清零。

任务实施

一、轧钢机PLC控制工作原理

按下“起动”按钮，电动机M1、M2运行，Y1（第一次）给出向下的轧压量（用一个指示灯亮表示）。用开关S1模拟传感器，当传送带上面有钢板时S1为ON，则电动机M3正转，钢板轧过后，S1的信号消失（为OFF），检测传送带上面钢板到位的传感器S2有信号（为ON），表示钢板到位，电磁阀Y2动作，电动机M3反转，将钢板推回，Y1第二次给出比Y1第一次给出更大的轧压量（用两个指示灯亮表示），S2信号消失，S1有信号电动机M3正转。当S1的信号消失，仍重复上述动作，完成三次轧压。当第三次轧压完成后，S2有信号，则停机。可以重新起动。

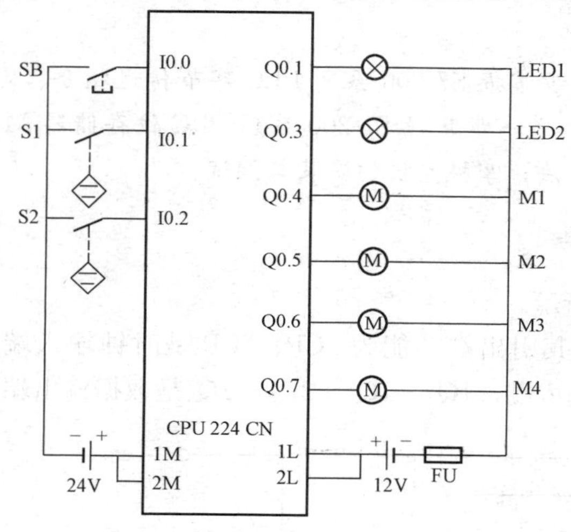

图18-2 轧钢机PLC控制硬件接线

轧钢机PLC控制系统I/O分配表，见表18-1，其硬件接线如图18-2所示。按硬件接线图接好线，将相应的控制指令程序输入PLC中调试好。

表18-1 轧钢机PLC控制系统的I/O分配表

输入			输出		
符号	地址	功能	符号	地址	功能
SB	I0.0	起动按钮	LED1	Q0.1	轧压量Y1
S1	I0.1	传感器（开关S1）	LED2	Q0.3	电磁阀Y2
S2	I0.2	传感器（开关S2）	M1	Q0.4	电动机
			M2	Q0.5	电动机
			M3	Q0.6	电动机正转
			M3	Q0.7	电动机反转

二、所需材料及设备

可编程序控制器S7-200、组合开关、熔断器、LED灯、按钮、接线端子排、塑料软铜线、电工通用工具、镊子、万用表、绝缘电阻表、配线板等，器材型号或参数见表18-2。

表 18-2　项目器材

名　称	型号或参数	单　位	数量或长度
单相交流电源	AC 220V 和 36V，5A	处	1
计算机	预装 V4.0 STEP7 编程软件，型号自定义	台	1
可编程序控制器	S7-224	台	1
配线板	500mm×600mm×20mm	块	1
组合开关	HZ10-25/3	个	1
DC 12V 开关电源	KT-P003	个	1
DC 12V LED 灯	JLE-LED	个	2
DC 12V 灯头	螺旋	个	2
三联按钮	LA10-3H 或 LA4-3H	个	1
12V 直流电动机	3650	台	3
拨动开关	SS-11G11	个	2
熔断器及熔芯配套	F1-0.5	套	1
接线端子排	JX2-1015，500V、10A	条	1
塑料软铜线	BVR-1.5mm²	m	20
塑料软铜线	BVR-0.75mm²	m	10
别径压端子	UT2.5-4，UT1-4	个	40
行线槽	TC3025	条	5
异形塑料管	ϕ3mm	m	0.2
木螺钉	ϕ3mm×20mm，ϕ3mm×15mm	个	20
平垫圈	ϕ4mm	个	20

三、设计程序

根据控制要求，在计算机中编写程序，程序设计如图 18-3 所示。

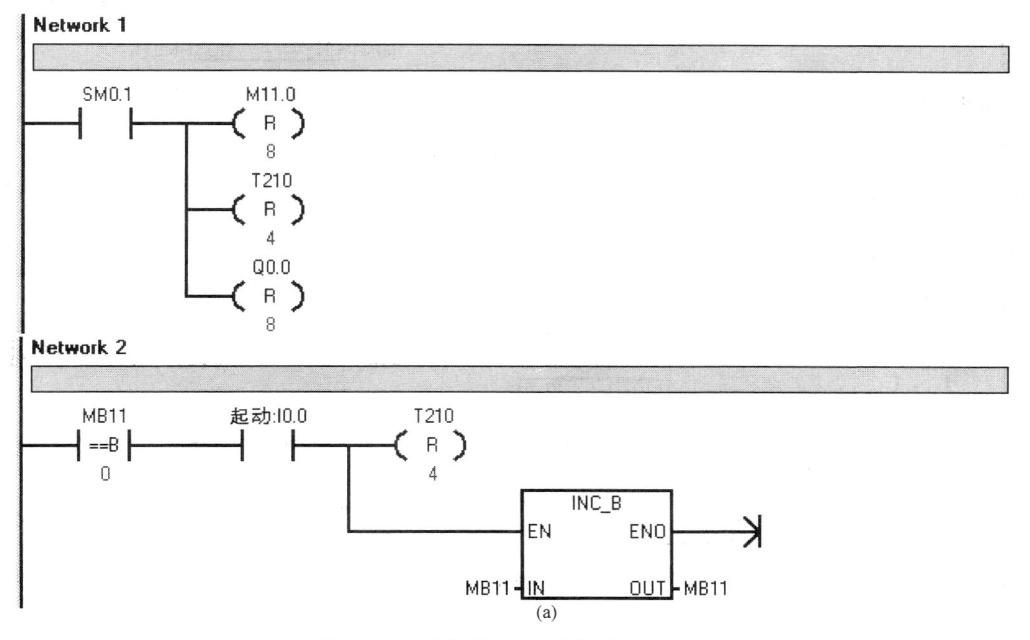

(a)

图 18-3　轧钢机 PLC 控制程序（一）

(a) 梯形图

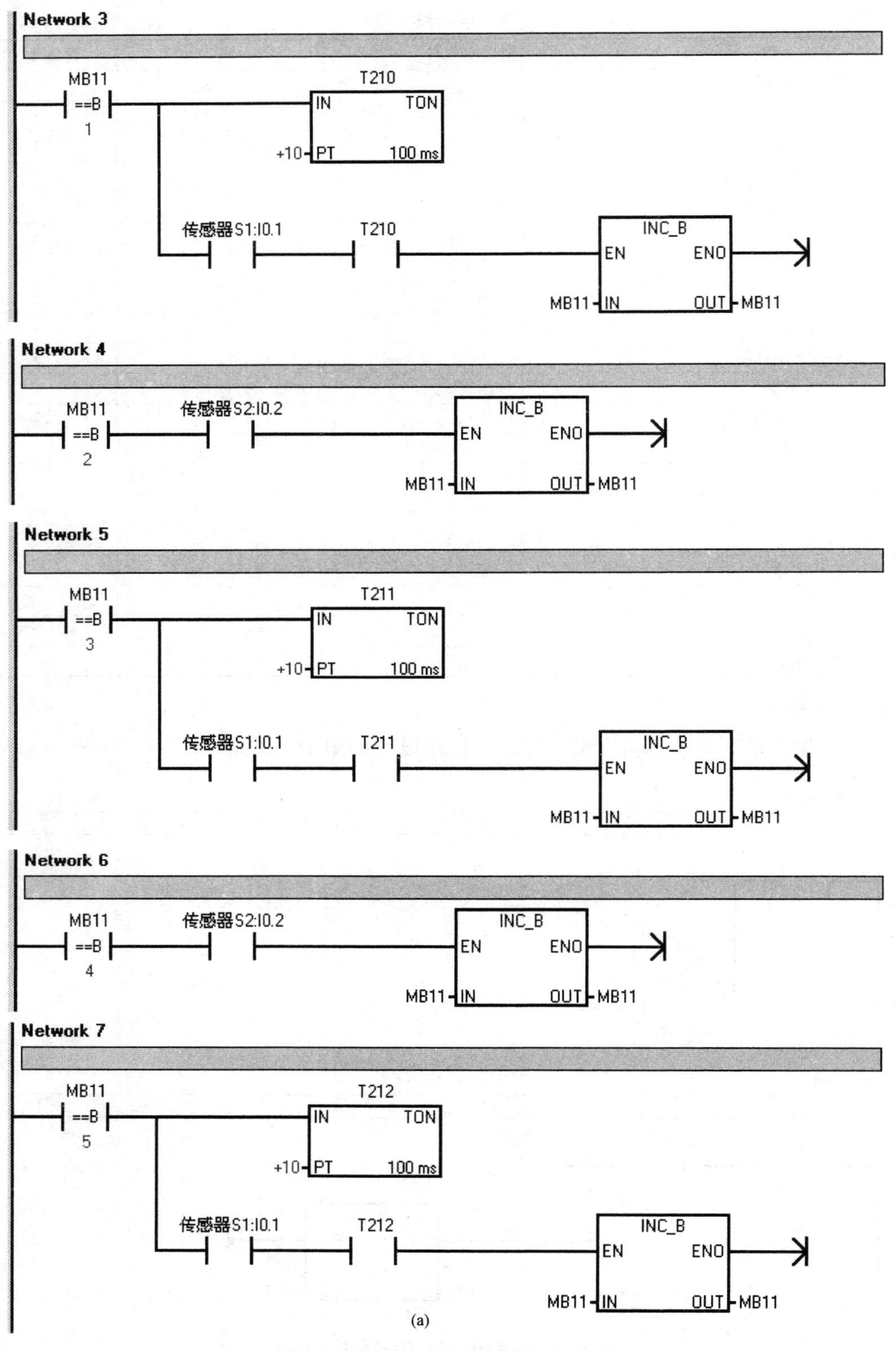

(a)

图 18-3 轧钢机 PLC 控制程序（二）

（a）梯形图

Network 8

MB11 ==B 6

T213 IN TON

+10 PT 100 ms

传感器S2:I0.2　T213

INC_B EN ENO

MB11 IN OUT MB11

Network 9

MB11 ==B 7

T214 IN TON

1 PT 100 ms

T214

MOV_B EN ENO

0 IN OUT MB11

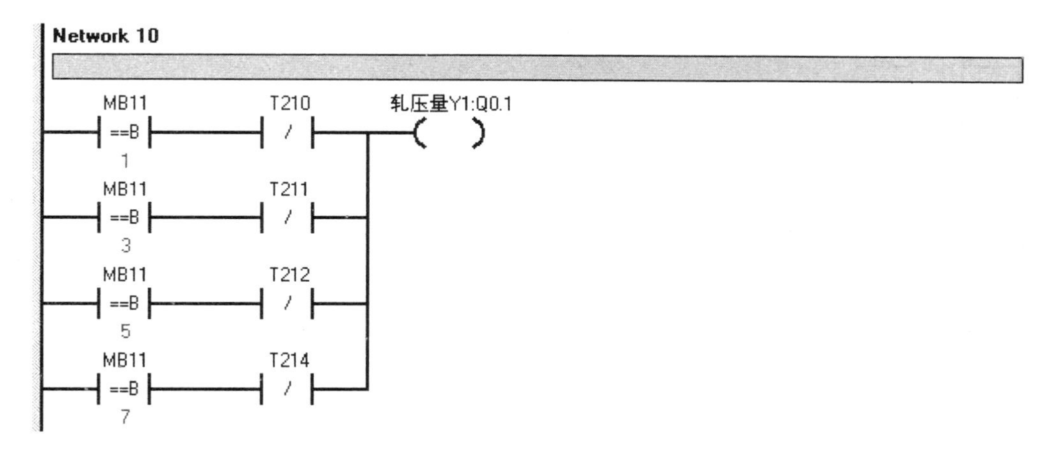

Network 11

MB11 ==B 3

电磁阀Y2:Q0.3

MB11 ==B 5

(a)

图 18-3　轧钢机 PLC 控制程序（三）

（a）梯形图

Network 12

MB11 ==B 1　电动机M1:Q0.4

MB11 ==B 2

MB11 ==B 4

MB11 ==B 6

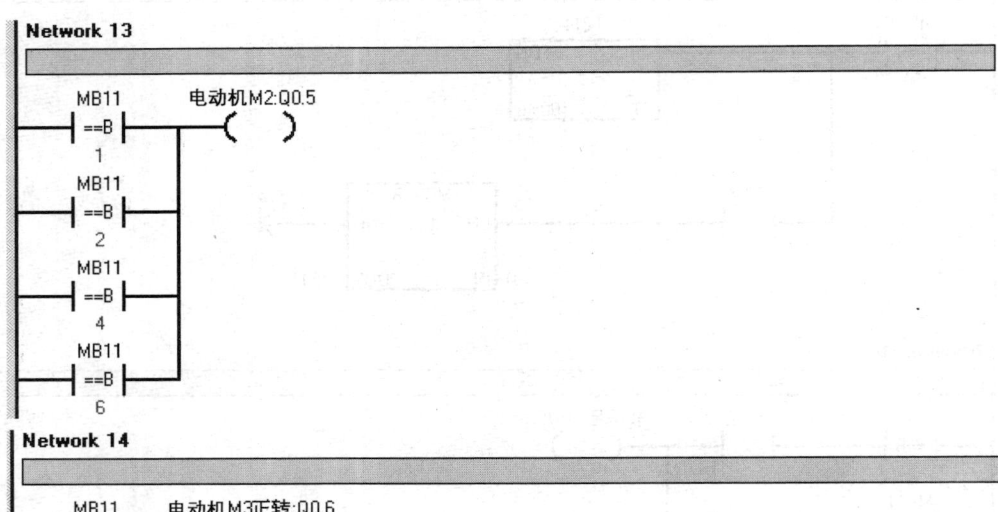

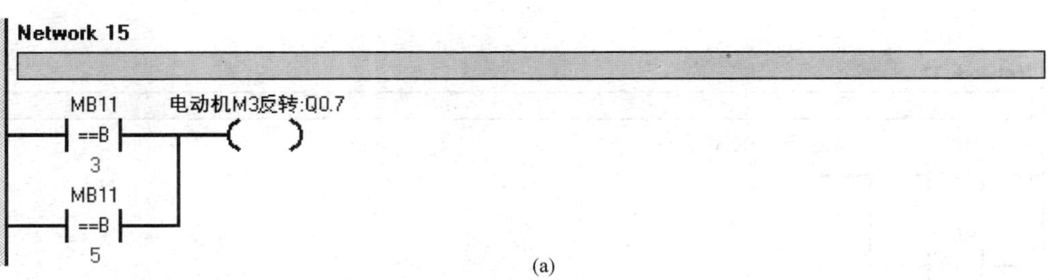

(a)

图 18-3　轧钢机 PLC 控制程序（四）

（a）梯形图

Network 1

```
LD      SM0.1
R       M11.0, 8
R       T210, 4
R       Q0.0, 8
```

Network 2

```
LDB=    MB11, 0
A       起动:I0.0
R       T210, 4
INCB    MB11
```

Network 3

```
LDB=    MB11, 1
TON     T210, +10
A       传感器S1:I0.1
A       T210
INCB    MB11
```

Network 4

```
LDB=    MB11, 2
A       传感器S2:I0.2
INCB    MB11
```

Network 5

```
LDB=    MB11, 3
TON     T211, +10
A       传感器S1:I0.1
A       T211
INCB    MB11
```

Network 6

```
LDB=    MB11, 4
A       传感器S2:I0.2
INCB    MB11
```

Network 7

```
LDB=    MB11, 5
TON     T212, +10
A       传感器S1:I0.1
A       T212
INCB    MB11
```

Network 8

```
LDB=    MB11, 6
TON     T213, +10
A       传感器S2:I0.2
A       T213
INCB    MB11
```

Network 9

```
LDB=    MB11, 7
TON     T214, 1
A       T214
MOVB    0, MB11
```

(b)

图 18-3　轧钢机 PLC 控制程序（五）

（b）语句表

```
Network 10

LDB=    MB11, 1
AN      T210
LDB=    MB11, 3
AN      T211
OLD
LDB=    MB11, 5
AN      T212
OLD
LDB=    MB11, 7
AN      T214
OLD
=       轧压量Y1:Q0.1

Network 11

LDB=    MB11, 3
OB=     MB11, 5
=       电磁阀Y2:Q0.3

Network 12

LDB=    MB11, 1
OB=     MB11, 2
OB=     MB11, 4
OB=     MB11, 6
=       电动机M1:Q0.4

Network 13

LDB=    MB11, 1
OB=     MB11, 2
OB=     MB11, 4
OB=     MB11, 6
=       电动机 M2:Q0.5

Network 14

LDB=    MB11, 2
OB=     MB11, 4
OB=     MB11, 6
=       电动机 M3正转:Q0.6

Network 15

LDB=    MB11, 3
OB=     MB11, 5
=       电动机M3反转:Q0.7
```

(b)

图 18-3　轧钢机 PLC 控制程序（六）

（b）语句表

四、安装配线

按图 18-2 所示进行配线，安装并确认接线正确。

五、运行调试

（1）在断电状态下，连接好 PC/PPI 电缆。

（2）打开 PLC 的前盖，将“运行模式”选择开关拨到 STOP 位置，此时 PLC 处于停止状态，或者用鼠标单击工具栏中的 STOP 按钮，可以进行程序编写。

（3）在作为编程器的计算机上，运行 V4.0 STEP7 Micro 编程软件。

（4）用菜单命令“文件—新建”生成一个新项目；用菜单命令“文件—打开”打开一个已有的项目；用菜单命令“文件—另存为”可修改项目的名称。

（5）用菜单命令“PLC—类型”，设置 PLC 的型号。

（6）设置通信参数。

（7）编写控制程序。

（8）用鼠标单击工具栏中的“编译”按钮或“全部编译”按钮来编译输入的程序。

（9）下载程序文件到 PLC。

（10）将“运行模式”选择开关拨到 RUN 位置，或者用鼠标单击工具栏中的 RUN 按钮使 PLC 进入运行方式。

（11）先按下后松开“起动”按钮 SB，LED1 灯亮，电动机 M1、M2 运行。

（12）先合上 S1，后断开 S1，LED1 灯亮，电动机 M1、M2 运行，电动机 M3 正转。

（13）先合上 S2，后断开 S2，LED1、LED2 两个灯亮，电动机 M3 反转。

（14）先合上 S1，后断开 S1，LED1、LED2 两个灯亮，电动机 M1、M2 运行，电动机 M3 正转。

（15）先合上 S2，后断开 S2，LED1、LED2 两个灯亮，电动机 M3 反转。

（16）先合上 S1，后断开 S1，电动机 M1、M2 运行，LED1 灯亮，电动机 M3 正转。

（17）先合上 S2，后断开 S2，全过程结束。

（18）若满足要求，程序调试结束。

项目十九　邮件分拣机PLC控制

技术要点

会根据项目分析系统控制要求写出I/O分配点并正确设计出外部接线图；会根据控制要求选择PLC的编程方法；学会使用S7-200系列PLC的中断指令、高速计数器指令，进一步学会使用S7-200系列PLC的字节、双字传送指令、定时器指令、比较指令、复位指令、置位指令、跳变指令；能根据控制要求正确编制、输入和传输PLC程序；能独立完成整机安装与调试；会根据系统调试出现的情况，修改相关设计。

知识要点

掌握邮件分拣机PLC演示单元的工作原理；掌握S7-200系列PLC的中断指令、高速计数器指令；进一步掌握S7-200系列PLC字节、双字传送指令、定时器指令、比较指令、复位指令、置位指令、跳变指令；进一步掌握S7-200系列PLC位存储器M；掌握PLC的编程技巧；掌握PLC常用的编程方法；掌握整机的安装与调试。

知识准备

一、高速计数器定义，高速计数器

定义高速计数器指令为指定的高速计数器分配一种工作模式，高速计数器指令（HSC）执行时，根据HSC特殊存储器位的状态，设置和控制高速计数器的工作模式，参数N指定了高速计数器号。

CPU 221和CPU 222不支持HSC1和HSC2。每个高速计数器只能用1个HDEF。

使ENO=0的HDEF错误条件：SM4.3（运行时间）；0003（输入冲突）；0004（中断中的非法指令）；000A（HSC重定义）；

使ENO＝0的HSC错误条件：SM4.3（运行时间）；0001（在HDEF前使用HSCHDEF）；0005（同时操作HSC/PLS）。

梯形图符号为

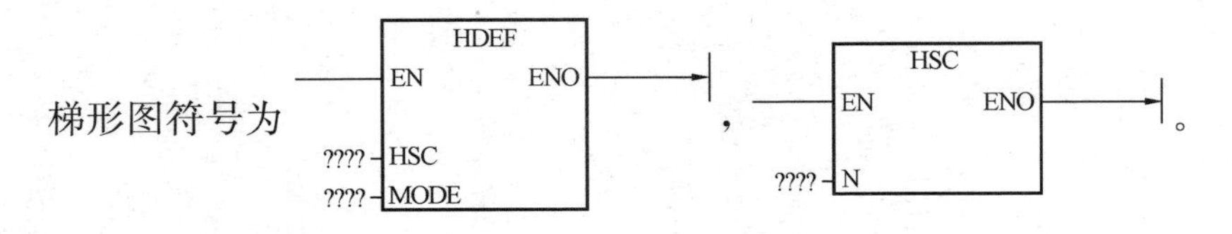

高速计数器指令的有效操作数见表19-1。

1. 理解高速计数器指令

高速计数器累计CPU扫描速率不能控制的高速事件，可以配置最多12种不同的操作模式。高速计数器的最高计数频率依赖于CPU的型号，每个计数器对它所支持的时钟，方向

表 19-1　　高速计数器指令的有效操作数

输入/输出	操作数	数据类型
HSC	常数	BYTE
MODE	常数	BYTE
N	常数	WORD

控制，复位和起动都有专用的输入。对于两相计数器，两个时钟可以同时以最大速率工作。对正交模式，可以选择以单倍（1×）或 4 倍（4×）最大计数速率工作。HSC1 和 HSC2 互相完全独立，并且不影响其他的高速功能。所有高速计数器可同时以最高速率工作而互不干扰。

2. 使用高速计数器

一般来说，高速计数器被用作驱动鼓形计时器设备，该设备有一个安装了增量轴式编码器的轴以恒定的速度转动。轴式编码器每圈提供一个确定的计数值和一个复位脉冲。来自轴式编码器的时钟和复位脉冲作为高速计数器的输入。高速计数器装入一组预置值中的第一个值，当前计数值小于当前预置值时，希望的输出有效。计数器设置成在当前值等于预置值和有复位时产生中断。

随着每次当前计数值等于预置值的中断事件的出现，一个新的预置值被装入，并重新设置下一个输出状态。当出现复位中断事件时，设置第一个预置值和第一个输出状态，这个循环又重新开始。

由于中断事件产生的速率远低于高速计数器的计数速率，用高速计数器可实现精确控制，而与 PLC 整个扫描周期的关系不大。采用中断方法允许在简单的状态控制中用独立的中断程序装入一个新的预置值，这样使得程序简单直接，并容易读懂。当然，也可以在一个中断程序中处理所有的中断事件。

3. 理解高速计数器的详细时序

如图 19-1～图 19-7 所示的时序图，按模式给出了每个计数器是如何工作的。复位和起动输入的操作用独立的时序图表示，并且对所有用到复位和起动输入的种类都给出了时序图。在复位和起动输入图中，复位和起动都编程为高电平有效。

当采用计数模式 6、7 或 8 时，若增时钟和减时钟的上升沿出现彼此相差不到 0.3ms，高速计数器会认为这些事件是同时发生的。如果出现这种情况，当前值不会发生变化，也不会有计数方向变化的指示。当增时钟和减时钟的上升沿距离大于这个时间段（0.3ms）时，高速计数器可以分别捕获到每一个独立事件。在任一情况下都不会有错误产生，计数器会保持正确的计数值。详见图 19-5～图 19-7。

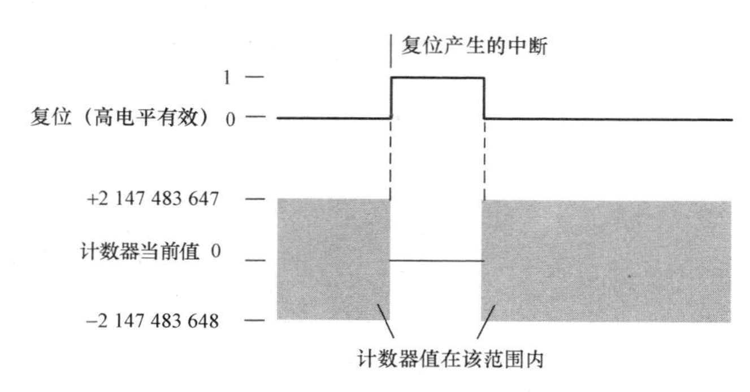

图 19-1　有复位无起动的操作

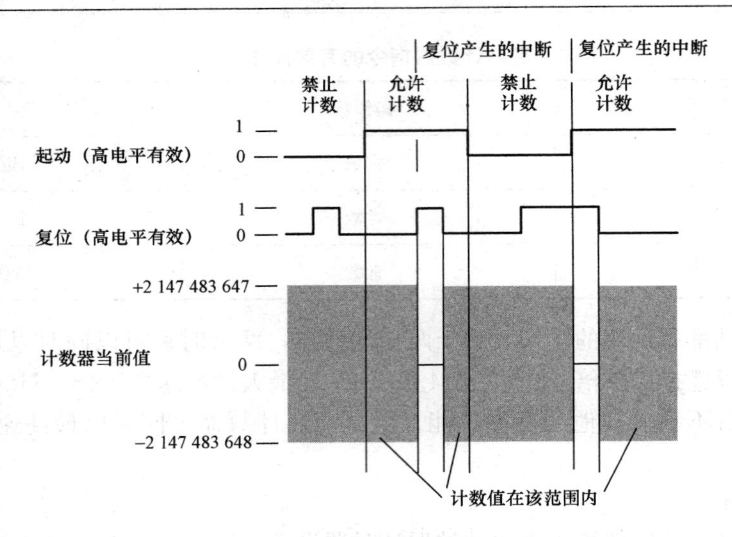

图 19-2 有复位和起动的操作

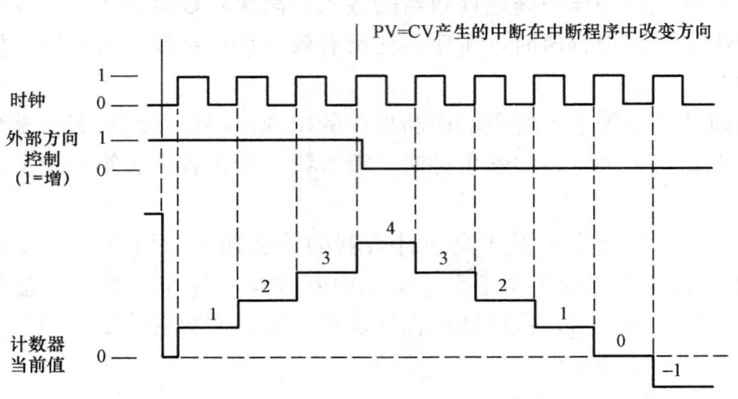

图 19-3 模式 0、1 或模式 2 的操作

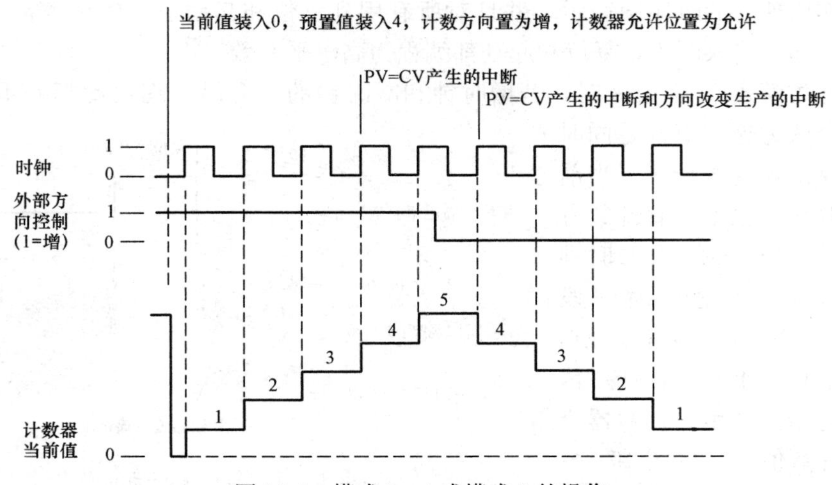

图 19-4 模式 3、4 或模式 5 的操作

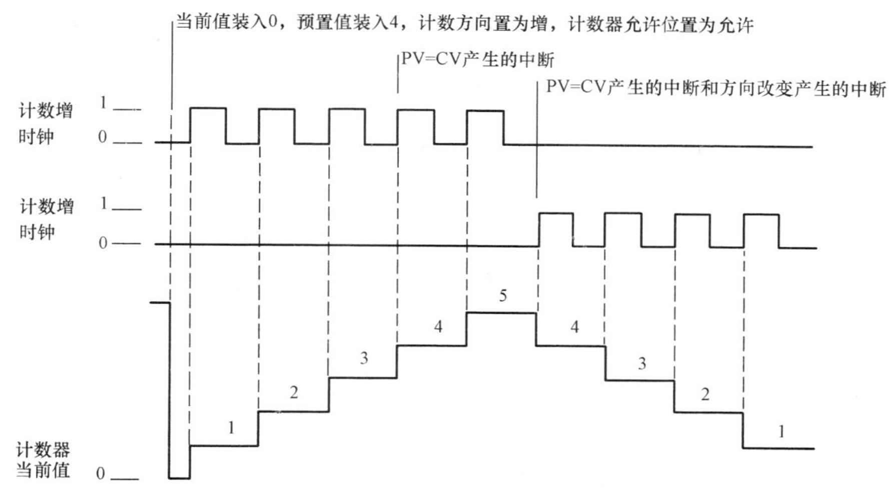

图 19-5　模式 7、8 或模式 9 的操作

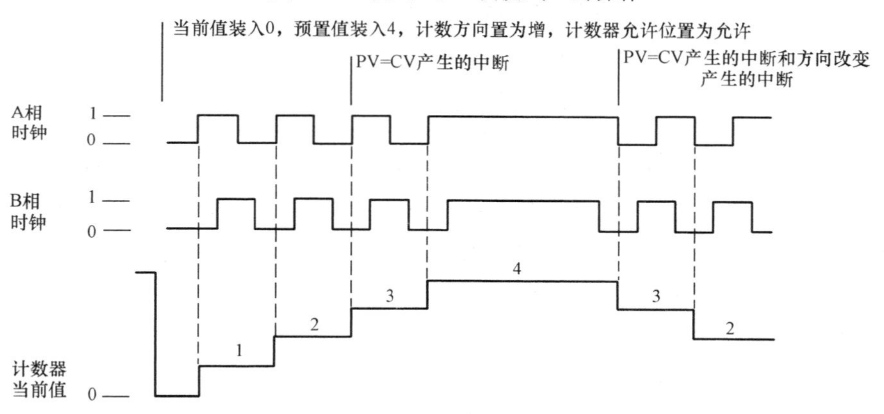

图 19-6　模式 9、10 或模式 11（正交 1×模式）的操作

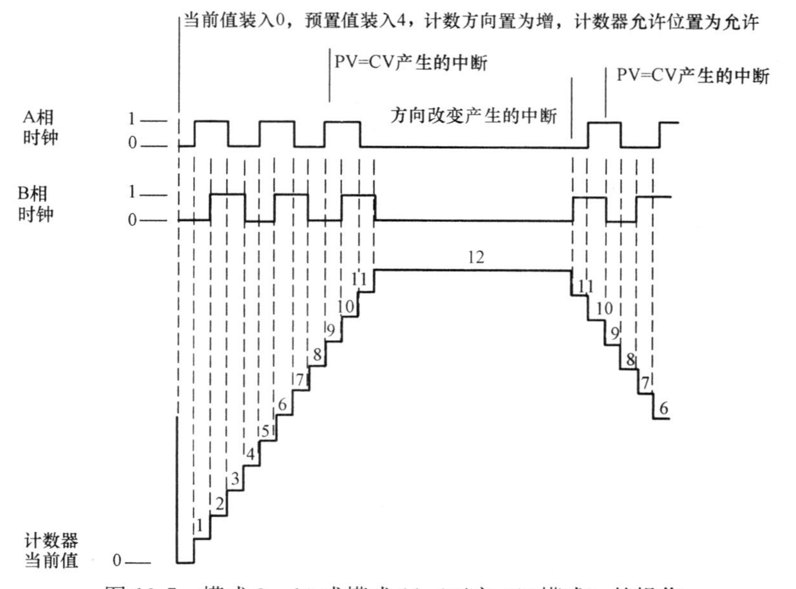

图 19-7　模式 9、10 或模式 11（正交 4×模式）的操作

二、中断连接，中断分离指令

中断连接指令（ATCH）：把一个中断事件（EVNT）和一个中断程序（INT）联系起来，并允许这个中断事件。

中断分离指令（DTCH）：截断一个中断事件（EVNT）和所有中断程序的联系，并禁止了该中断事件。

中断连接指令：

使 ENO=0 错误的条件：SM4.3（运行时间）；0006（间接寻址）。

梯形图符号为 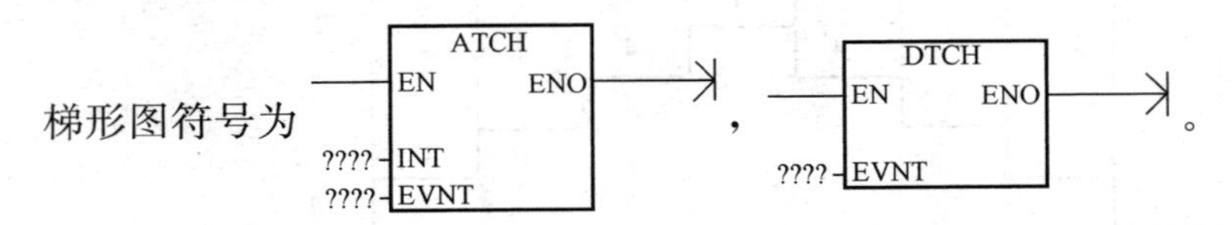

中断连接、中断分离指令的有效操作数见表 19-2。

表 19-2　　中断连接、中断分离指令的有效操作数

输入/输出	操作数	数据类型
INT	常数	BYTE
EVNT	常数。CPU221/222：0～12，19～23，27～33。CPU 224：0～23，27～33 。CPU226：0～33	BYTE

在激活一个中断程序前，必须在中断事件和该事件发生时希望执行的那段程序间建立一种联系。中断连接指令（ATCH）指定某中断事件（由中断事件号指定）所要调用的程序段（由中断程序号指定）。多个中断事件可调用同一个中断程序，但一个中断事件不能同时指定调用多个中断程序。在中断允许时，某个中断事件发生，只有为该事件指定的最后一个中断程序被执行。当为某个中断事件指定其所对应的中断程序时，该中断事件会自动被允许。如果用全局中断禁止指令（DISI）禁止所有中断，则每个出现的中断事件就进入中断队列，直到用全局中断允许指令（ENI）重新允许中断。

当把中断事件和中断程序连接时，自动允许中断。如果采用禁止全局中断指令不响应所有中断，每个中断事件进行排队，直到采用允许全局中断指令重新允许中断。可以用中断分离指令（DTCH）截断中断事件和中断程序之间的联系，以单独禁止中断事件。中断分离指令（DTCH）使中断回到不激活或无效状态。

三、中断返回指令

有条件中断返回指令可以用来根据逻辑操作的条件从中断程序中返回。从菜单 Edit＞Insert＞Interrupt 中加入一个中断。

操作数：无。

数据类型：无。

梯形图符号为——(RETI)。

四、中断程序

可以用中断程序入口点处的中断程序标号来识别每个中断程序。中断程序由位于中断程序标号和无条件中断返回指令间的所有指令组成。中断程序在响应与之关联的内部或外部中断事件时执行。可以用无条件中断返回指令（RETI）或条件中断返回指令（CRETI）退出中断程序（从而将控制还给主程序），而无条件中断返回指令是必需的。

五、中断允许，中断禁止

中断允许指令（ENI）全局地允许所有被连接的中断事件。

中断禁止指令（DISI）全局地禁止处理所有中断事件。

操作数：无。

数据类型：无。

当进入 RUN 模式时，就禁止了中断。而在 RUN 模式，可以执行全局中断允许指令（ENI）允许所有中断。全局中断禁止指令（DISI）允许中断事件排队等候，但不允许激活中断子程序。

梯形图符号为 —(ENI)，—(DISI)。

六、邮件分拣机 PLC 演示单元的工作原理

L1、L2 分别为红、绿指示灯，S2 开关为模拟读码器，M1～M4 为模拟推进器，其上面的指示灯为等待，下面的指示灯为工作。电路原理图如图 19-8 所示，当开关断开时 LED（上）亮，LED（下）灭，当开关闭合时 LED（上）灭，LED（下）亮。

M5 模拟传送带的驱动电动机，S1 模拟光码器，其脉冲电路如图 19-9 所示，当 a 端接入电源后，NE555 开始振荡，脉冲信号经 S1 端可供 PLC 输入端采集。

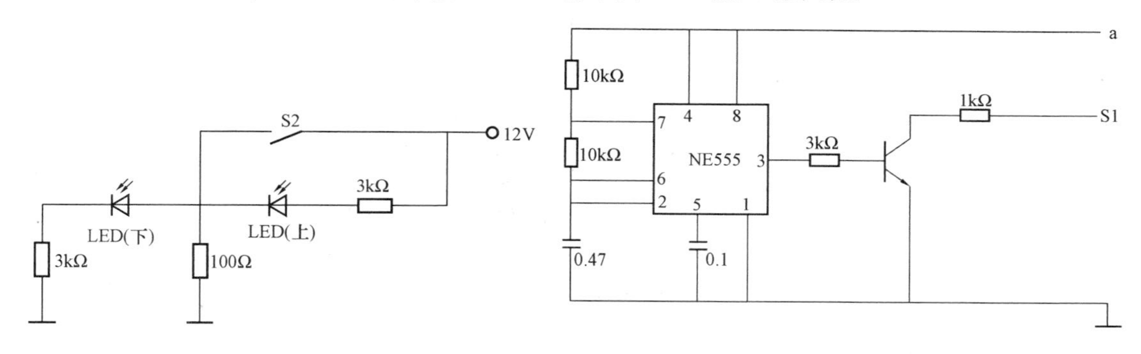

图 19-8　邮件分拣控制系统演示单元的工作原理　　图 19-9　模拟光码器 MNG-1 电路

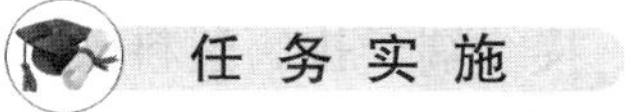

一、邮件分拣机 PLC 控制工作原理

起动后绿灯 L2 亮、红灯 L1 灭且电机 M5 运行，表示可以进行邮件分拣。开关 S2 为 ON 表示检测到了邮件，用拨码开关模拟邮件的邮编号码（1.0～1.3 为拨码开关，对应的为 1、2、4、8），从拨码开关读到邮码的正常值为 1、2、3、4、5。若非此 5 个数，则红灯 L1 闪烁，表示出错，电动机 M5 停止。重新起动后，可再运行。若是此 5 个数中的任一个，则红灯亮绿灯灭，电动机 M5 运行，PLC 采集电动机光码器 S1 的脉冲数（从邮件读码器到相应的分拣箱的距离已折合成脉冲数），邮件到达分拣箱时，推进器将邮件推进邮箱。随后红灯灭绿灯亮，可继续分拣。

邮件分拣机 PLC 控制系统 I/O 分配表，见表 19-3，其硬件接线如图 19-10 所示。按硬件接线图接好线，将相应的控制指令程序输入 PLC 中调试好。

表 19-3　　邮件分拣机 PLC 控制系统 I/O 分配表

输入			输出		
符号	地址	功能	符号	地址	功能
S1	I0.0	模拟光码器	M1	Q0.1	模拟推进器
SB	I0.1	起动按钮	M2	Q0.2	模拟推进器
S2	I0.2	模拟读码器	M3	Q0.3	模拟推进器
			M4	Q0.4	模拟推进器
			M5	Q0.5	驱动电动机
			LED1	Q0.6	红灯 L1
			LED2	Q0.7	绿灯 L2

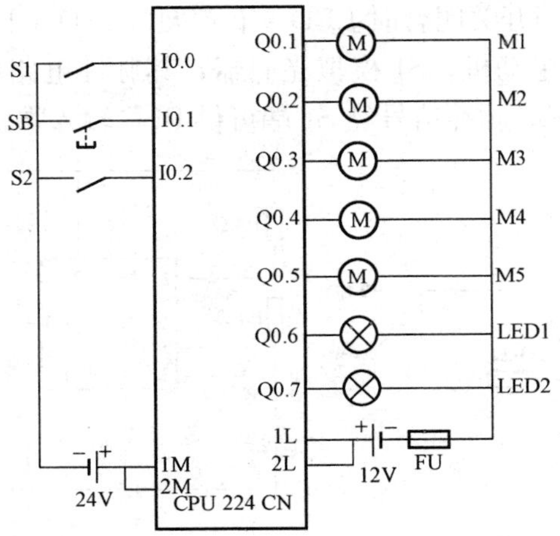

图 19-10　邮件分拣机 PLC 控制硬件接线

二、所需材料及设备

可编程序控制器 S7-200、组合开关、熔断器、LED 灯、按钮、接线端子排、塑料软铜线、电工通用工具、镊子、万用表、绝缘电阻表、配线板等，器材型号或参数见表 19-4。

表 19-4　　项　目　器　材

名　称	型号或参数	单　位	数量或长度
单相交流电源	AC 220V 和 36V，5A	处	1
计算机	预装 V4.0 STEP7 编程软件，型号自定义	台	1
可编程序控制器	S7-224	台	1
配线板	500mm×600mm×20mm	块	1
组合开关	HZ10-25/3	个	1
DC 12V 开关电源	KT-P003	个	1
DC 12V LED灯	JLE-LED	个	2

续表

名　　称	型号或参数	单　　位	数量或长度
DC 12V 灯头	螺旋	个	2
三联按钮	LA10-3H 或 LA4-3H	个	1
DC 12V 电动机	3650	台	1
模拟光码器	MNG-1	个	1
模拟读码器	SS-11G11	个	1
熔断器及熔芯配套	F1-0.5	套	1
接线端子排	JX2-1015，500V、10A	条	1
塑料软铜线	BVR-1.5mm^2	m	20
塑料软铜线	BVR-0.75mm^2	m	10
别径压端子	UT2.5-4，UT1-4	个	40
行线槽	TC3025	条	5
异形塑料管	ϕ3mm	m	0.2
木螺钉	ϕ3mm×20mm，ϕ3mm×15mm	个	20
平垫圈	ϕ4mm	个	20

三、设计程序

根据控制要求，在计算机中编写程序，主程序设计如图 19-11 所示，中断程序设计如图 19-12 所示。

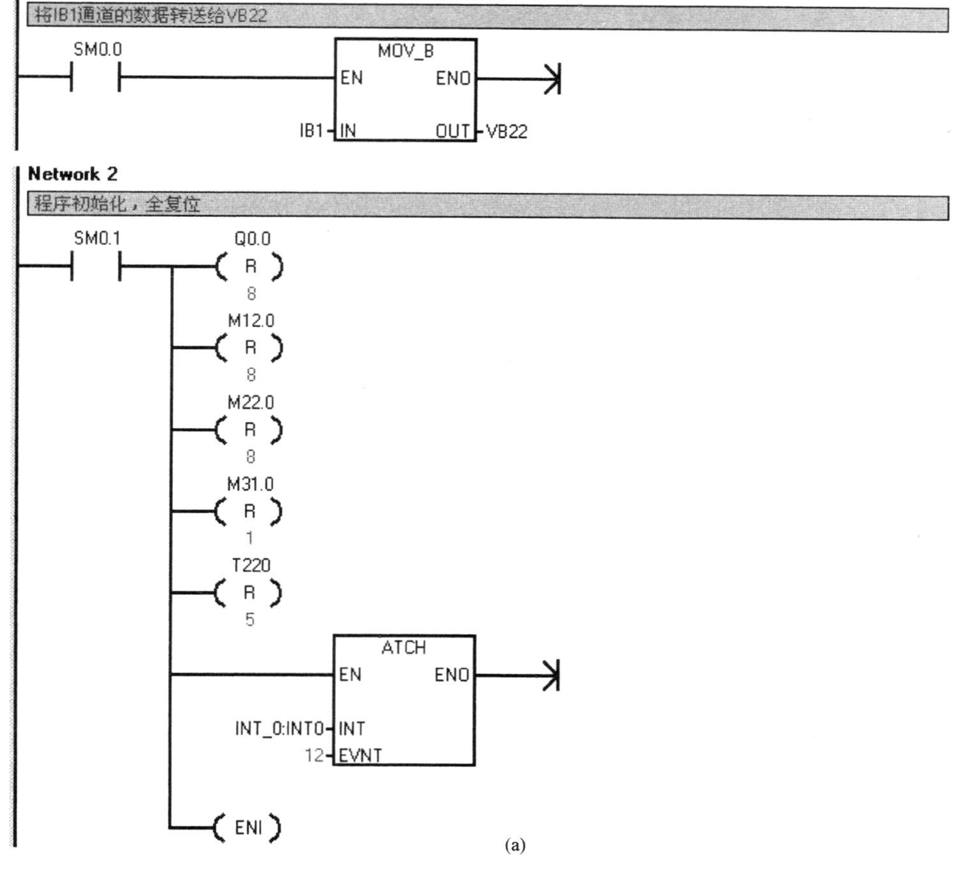

图 19-11　邮件分拣机 PLC 控制主程序（一）

(a) 梯形图

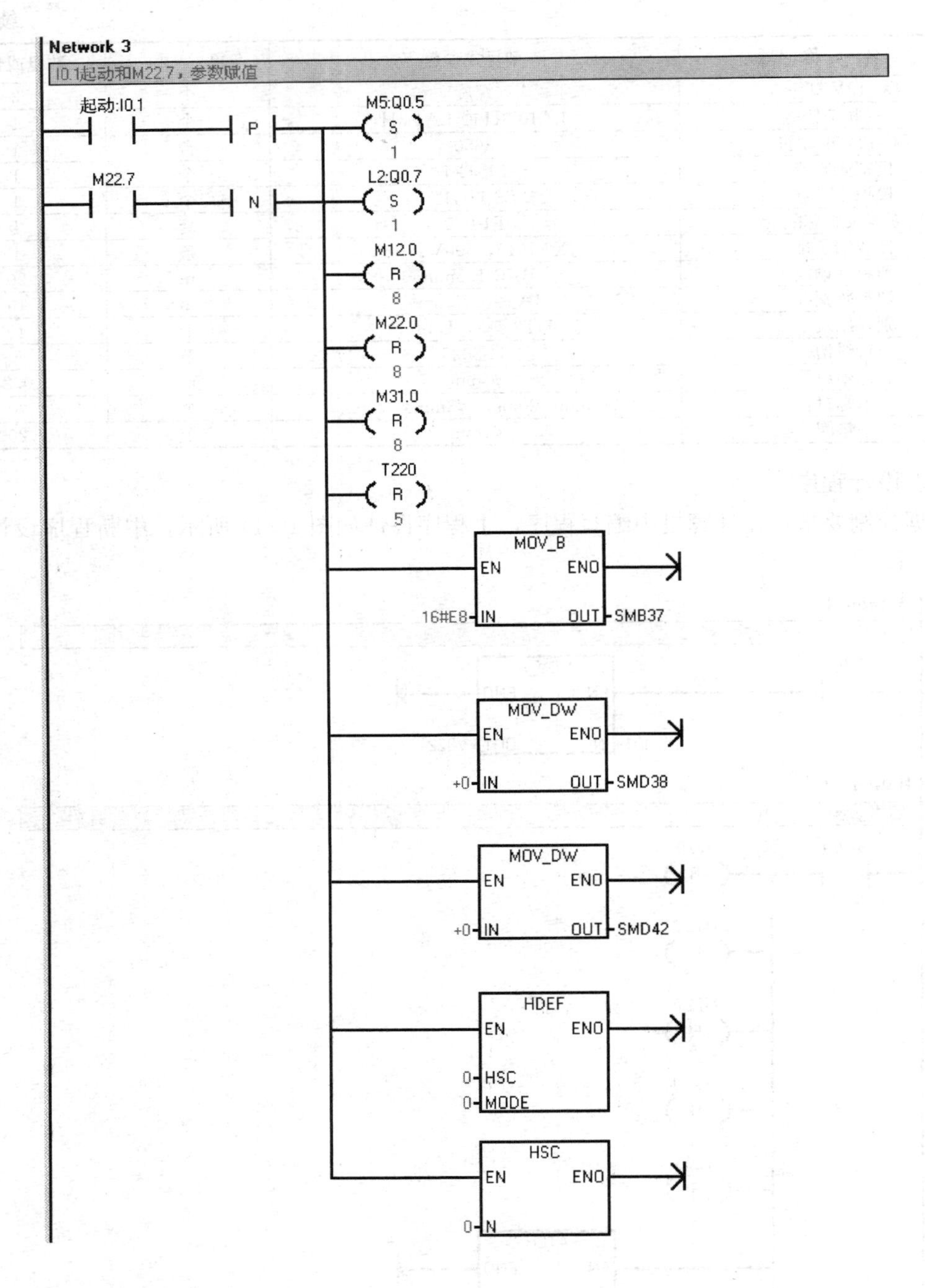

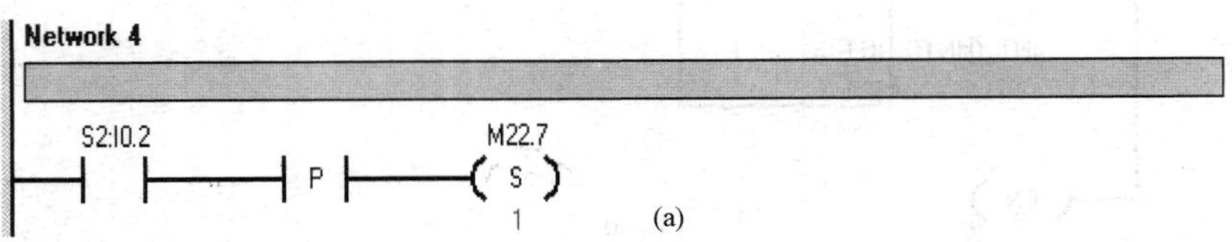

(a)

图 19-11 邮件分拣机 PLC 控制主程序（二）

(a) 梯形图

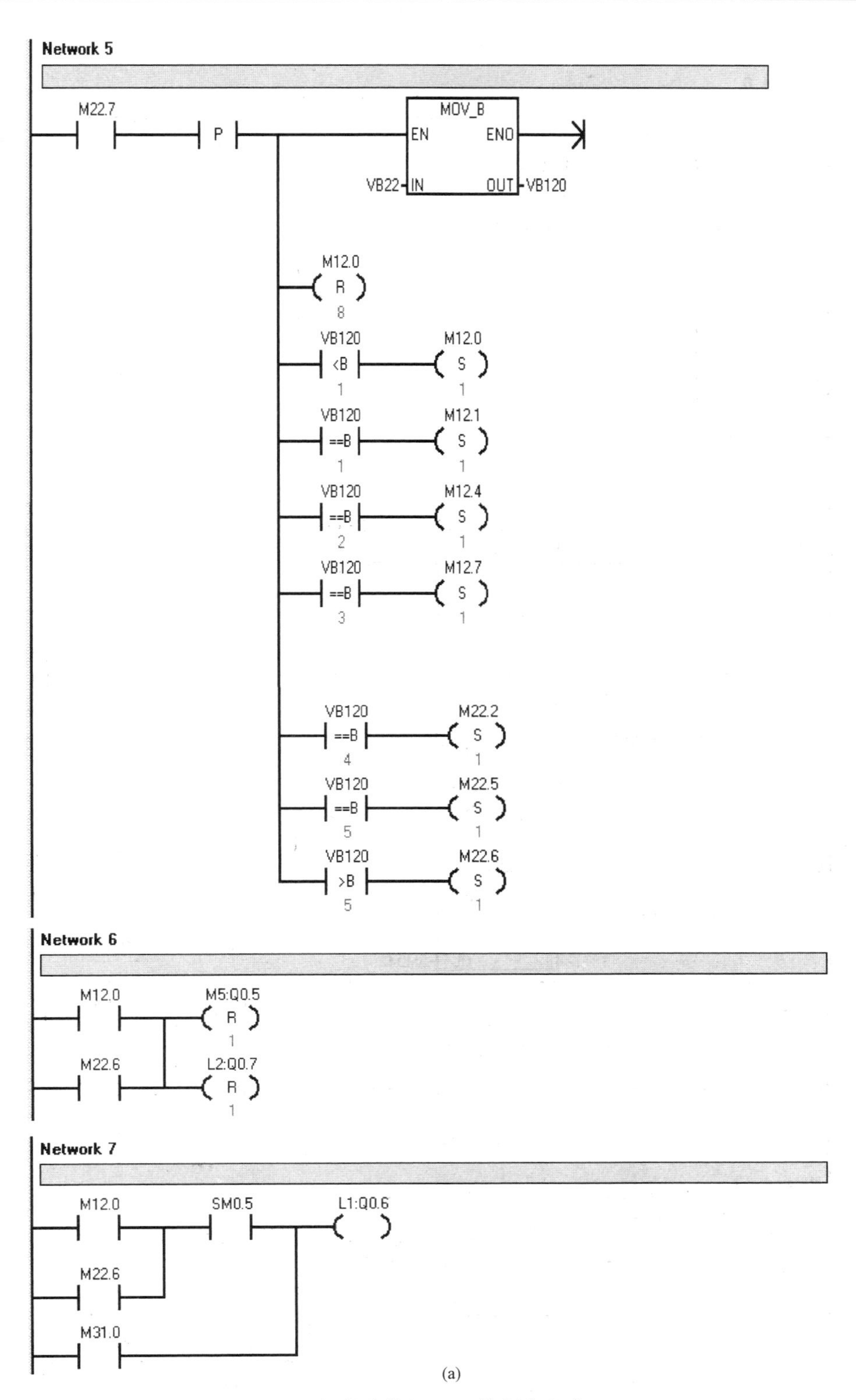

(a)

图 19-11　邮件分拣机 PLC 控制主程序（三）

（a）梯形图

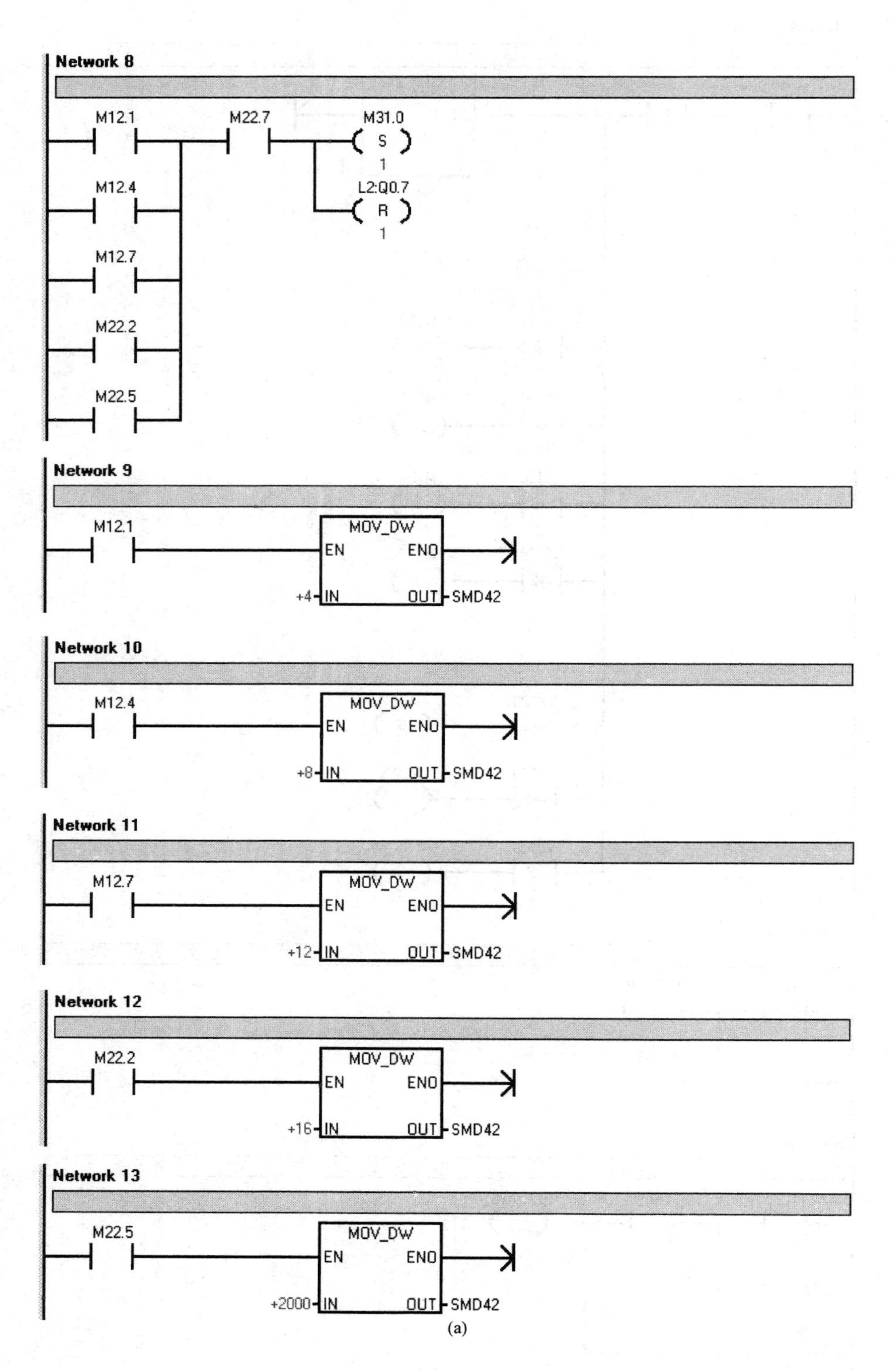

图 19-11　邮件分拣机 PLC 控制主程序（四）

(a) 梯形图

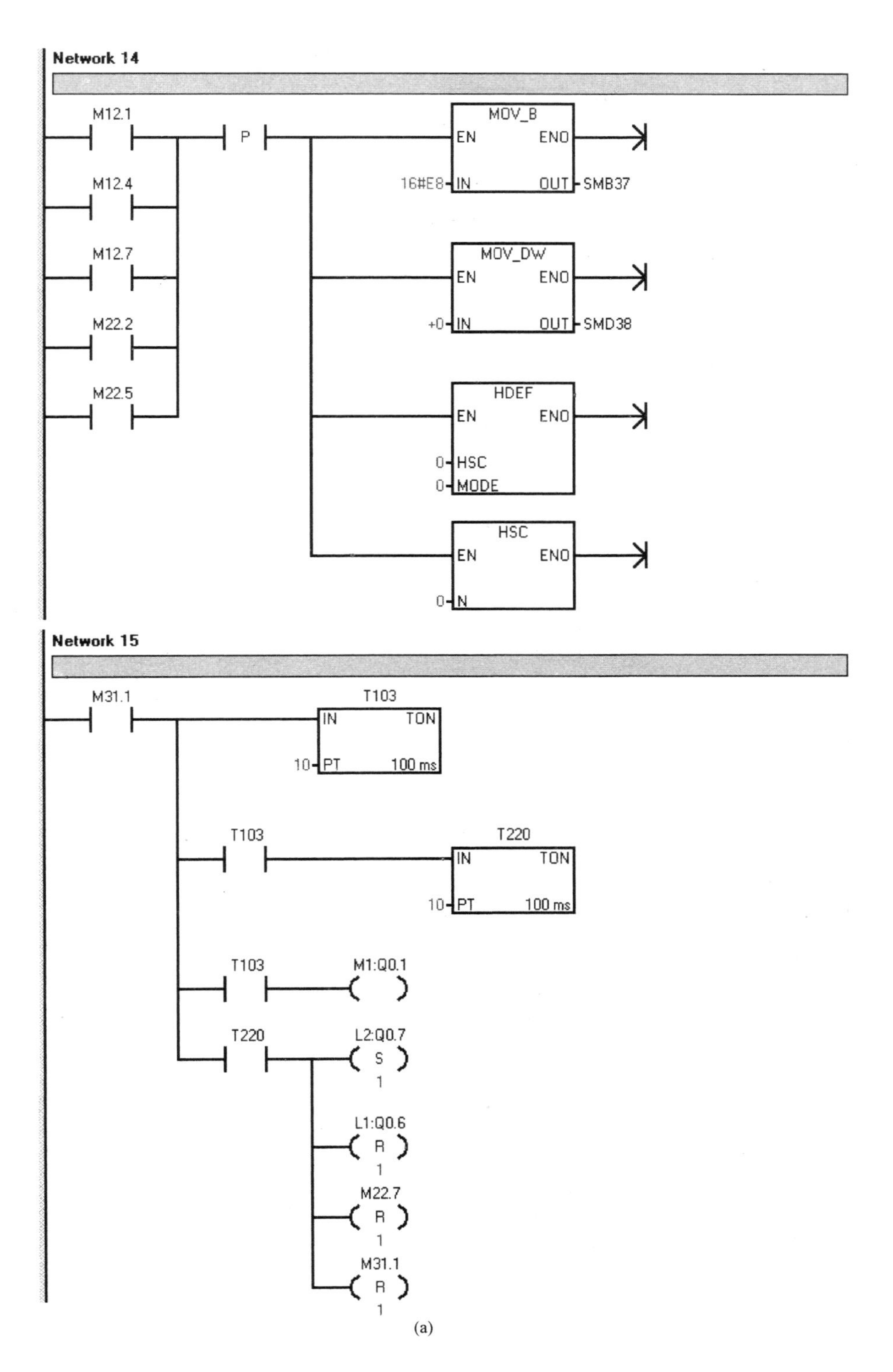

(a)

图 19-11　邮件分拣机 PLC 控制主程序（五）

(a) 梯形图

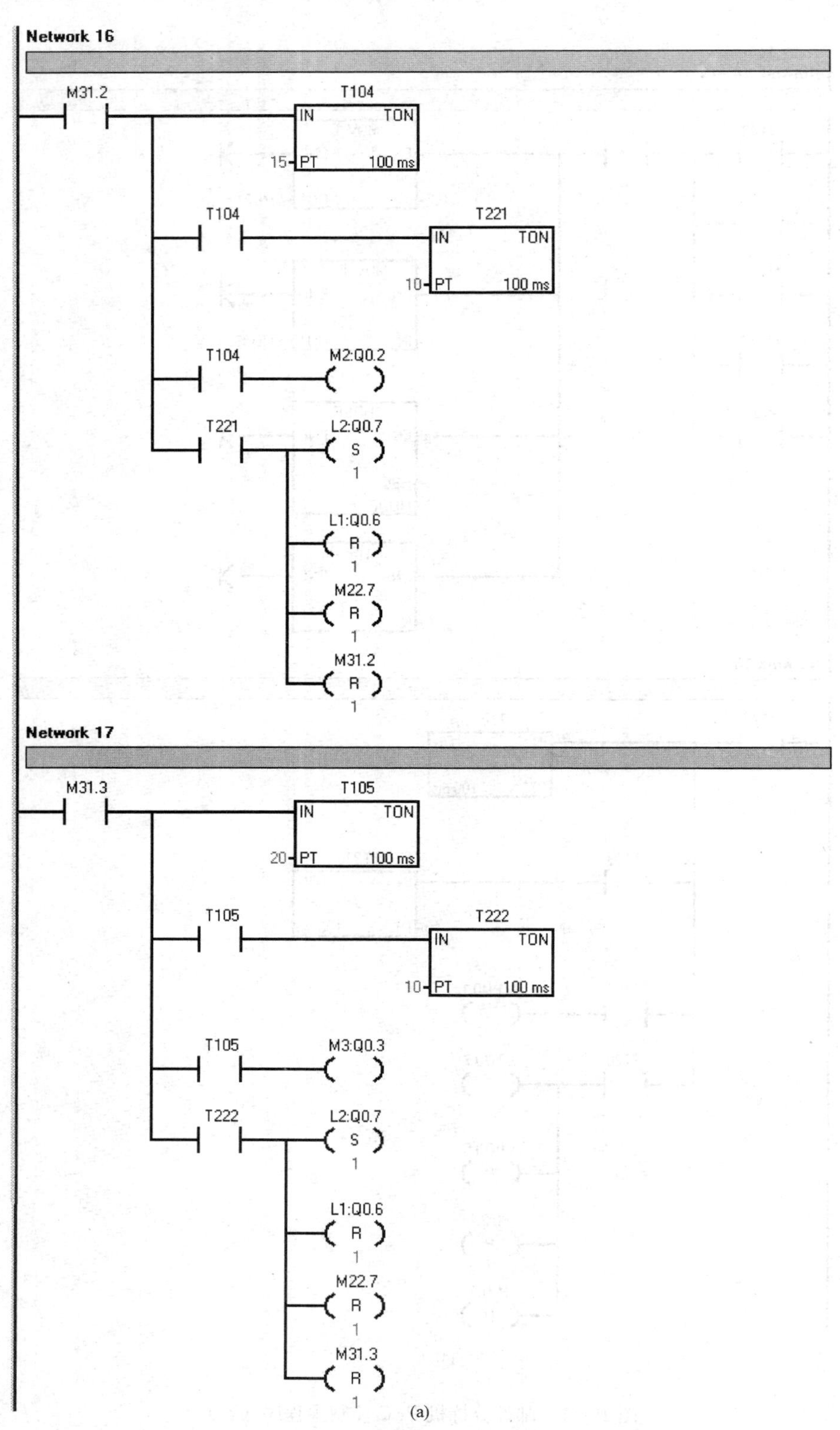

图 19-11 邮件分拣机 PLC 控制主程序（六）
(a) 梯形图

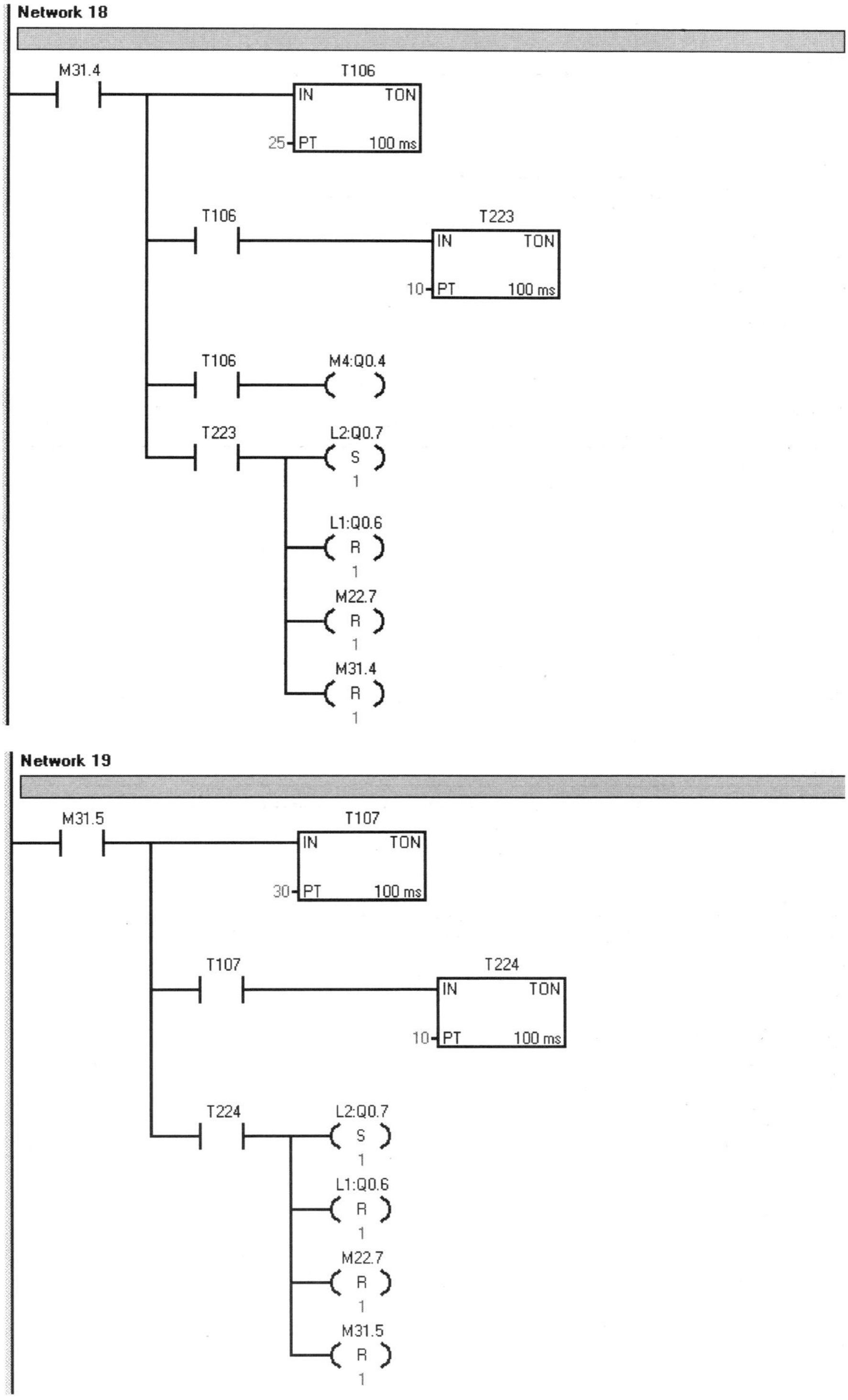

(a)

图 19-11　邮件分拣机 PLC 控制主程序（七）

（a）梯形图

```
Network 1
将IB1通道的数据转送给VB22
LD      SM0.0
MOVB    IB1, VB22

Network 2
程序初始化，全复位
LD      SM0.1
R       Q0.0, 8
R       M12.0, 8
R       M22.0, 8
R       M31.0, 1
R       T220, 5
ATCH    INT_0:INT0, 12
ENI

Network 3
I0.1起动和M22.7，参数赋值
LD      起动:I0.1
EU
LD      M22.7
ED
OLD
S       M5:Q0.5, 1
S       L2:Q0.7, 1
R       M12.0, 8
R       M22.0, 8
R       M31.0, 8
R       T220, 5
MOVB    16#E8, SMB37
MOVD    +0, SMD38
MOVD    +0, SMD42
HDEF    0, 0
HSC     0

Network 4

LD      S2:I0.2
EU
S       M22.7, 1

Network 5

LD      M22.7
EU
LPS
MOVB    VB22, VB120
R       M12.0, 8
AB<     VB120, 1
S       M12.0, 1
LRD
AB=     VB120, 1
S       M12.1, 1
LRD
AB=     VB120, 2
S       M12.4, 1
LRD
AB=     VB120, 3
S       M12.7, 1
LRD
AB=     VB120, 4
S       M22.2, 1
LRD
AB=     VB120, 5
S       M22.5, 1
LPP
AB>     VB120, 5
S       M22.6, 1
```

(b)

图 19-11　邮件分拣机 PLC 控制主程序（八）

（b）语句表

Network 6

```
LD      M12.0
O       M22.6
R       M5:Q0.5, 1
R       L2:Q0.7, 1
```

Network 7

```
LD      M12.0
O       M22.6
A       SM0.5
O       M31.0
=       L1:Q0.6
```

Network 8

```
LD      M12.1
O       M12.4
O       M12.7
O       M22.2
O       M22.5
A       M22.7
S       M31.0, 1
R       L2:Q0.7, 1
```

Network 9

```
LD      M12.1
MOVD    +4, SMD42
```

Network 10

```
LD      M12.4
MOVD    +8, SMD42
```

Network 11

```
LD      M12.7
MOVD    +12, SMD42
```

Network 12

```
LD      M22.2
MOVD    +16, SMD42
```

Network 13

```
LD      M22.5
MOVD    +2000, SMD42
```

Network 14

```
LD      M12.1
O       M12.4
O       M12.7
O       M22.2
O       M22.5
EU
MOVB    16#E8, SMB37
MOVD    +0, SMD38
HDEF    0, 0
HSC     0
```

(b)

图 19-11　邮件分拣机 PLC 控制主程序（九）

(b) 语句表

(b) 语句表

Network 15

```
LD      M31.1
LPS
TON     T103, 10
A       T103
TON     T220, 10
LRD
A       T103
=       M1:Q0.1
LPP
A       T220
S       L2:Q0.7, 1
R       L1:Q0.6, 1
R       M22.7, 1
R       M31.1, 1
```

Network 16

```
LD      M31.2
LPS
TON     T104, 15
A       T104
TON     T221, 10
LRD
A       T104
=       M2:Q0.2
LPP
A       T221
S       L2:Q0.7, 1
R       L1:Q0.6, 1
R       M22.7, 1
R       M31.2, 1
```

Network 17

```
LD      M31.3
LPS
TON     T105, 20
A       T105
TON     T222, 10
LRD
A       T105
=       M3:Q0.3
LPP
A       T222
S       L2:Q0.7, 1
R       L1:Q0.6, 1
R       M22.7, 1
R       M31.3, 1
```

Network 18

```
LD      M31.4
LPS
TON     T106, 25
A       T106
TON     T223, 10
LRD
A       T106
=       M4:Q0.4
LPP
A       T223
S       L2:Q0.7, 1
R       L1:Q0.6, 1
R       M22.7, 1
R       M31.4, 1
```

(b)

图 19-11 邮件分拣机 PLC 控制主程序（十）

(b) 语句表

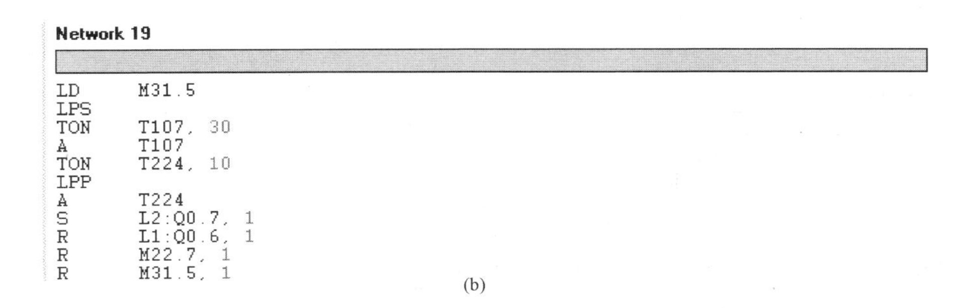

Network 19

```
LD      M31.5
LPS
TON     T107, 30
A       T107
TON     T224, 10
LPP
A       T224
S       L2:Q0.7, 1
R       L1:Q0.6, 1
R       M22.7, 1
R       M31.5, 1
```

(b)

图 19-11　邮件分拣机 PLC 控制主程序（十一）
(b) 语句表

四、安装配线

按图 19-10 所示进行配线，安装并确认接线正确。

五、运行调试

(1) 在断电状态下，连接好 PC/PPI 电缆。

(2) 打开 PLC 的前盖，将“运行模式”选择开关拨到 STOP 位置，此时 PLC 处于停止状态，或者用鼠标单击工具栏中的 STOP 按钮，可以进行程序编写。

(3) 在作为编程器的计算机上运行 V4.0 STEP7 Micro 编程软件。

(4) 用菜单命令“文件—新建”生成一个新项目；用菜单命令“文件—打开”打开一个已有的项目；用菜单命令“文件—另存为”可修改项目的名称。

(5) 用菜单命令“PLC—类型”，设置 PLC 的型号。

(6) 设置通信参数。

(7) 编写控制程序。

(8) 用鼠标单击工具栏中的“编译”按钮或“全部编译”按钮来编译输入的程序。

(9) 下载程序文件到 PLC。

(10) 将“运行模式”选择开关拨到 RUN 位置，或者用鼠标单击工具栏中的 RUN 按钮使 PLC 进入运行方式。

(11) 拨上 1.0～1.3 中任一个或任两个，但二进制组合值必须在 1～5 范围内（1.0、1.1、1.2、1.3 分别对应的代码是 1、2、4、8）。

(12) 先按下“起动”按钮 SB，然后松开“起动”按钮 SB，绿灯 L2 保持亮，驱动电动机 M5 运行。

(13) 拨上 S2，M1～M4 有一组灯箭头亮灭反向（与编码对应），同时红灯 L1 亮、绿灯 L2 灭，然后恢复原状，最后绿灯 L2 亮，驱动电动机 M5 运行。如果编码组合后超出数值 5，则红灯 L1 闪烁，再次操作需重新按下“起动”按钮 SB 。

(14) 此时可重新检测邮件。

(15) 若满足要求，程序调试结束。

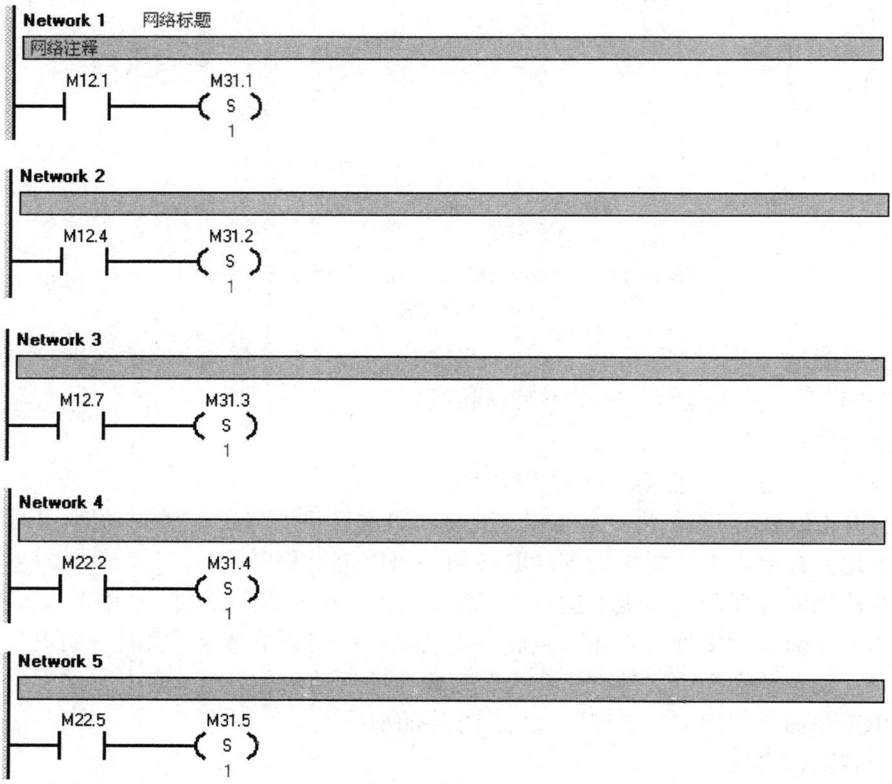

Network 1 网络标题

网络注释

M12.1 M31.1 (S) 1

Network 2

M12.4 M31.2 (S) 1

Network 3

M12.7 M31.3 (S) 1

Network 4

M22.2 M31.4 (S) 1

Network 5

M22.5 M31.5 (S) 1

(a)

Network 1 网络标题

网络注释

```
LD      M12.1
S       M31.1, 1
```

Network 2

```
LD      M12.4
S       M31.2, 1
```

Network 3

```
LD      M12.7
S       M31.3, 1
```

Network 4

```
LD      M22.2
S       M31.4, 1
```

Network 5

```
LD      M22.5
S       M31.5, 1
```

(b)

图 19-12 邮件分拣机 PLC 控制中断程序

(a) 梯形图；(b) 语句表

项目二十　气动机械手PLC控制

技术要点

会根据项目分析系统控制要求写出I/O分配点并正确设计出外部接线图；会根据控制要求选择PLC的编程方法；学会使用S7-200系列PLC的顺序控制继电器指令，进一步学会使用S7-200系列PLC的定时器指令、子程序调用指令、复位指令、置位指令、字节右移位指令；能根据控制要求正确编制、输入和传输PLC程序；能独立完成整机安装与调试；会根据系统调试出现的情况，修改相关设计。

知识要点

掌握S7-200系列PLC的顺序控制继电器指令，进一步掌握S7-200系列PLC的定时器指令、子程序调用指令、复位指令、置位指令、字节右移位指令；进一步掌握S7-200系列PLC位存储器M；掌握PLC的编程技巧；掌握PLC常用的编程方法；掌握整机的安装与调试。

知识准备

一、机械手的概念

能模仿人手和臂的某些动作功能，用以按固定程序抓取、搬运物件或操作工具的自动操作装置。它可代替人的繁重劳动以实现生产的机械化和自动化，能在有害环境下操作以保护人身安全，因而广泛应用于机械制造、冶金、电子、轻工和原子能等部门。

机械手的种类，按驱动方式可分为液压式、气动式、电动式、机械式机械手；按适用范围可分为专用机械手和通用机械手两种；按运动轨迹控制方式可分为点位控制和连续轨迹控制机械手等。

机械手通常用作机床或其他机器的附加装置，如在自动机床或自动生产线上装卸和传递工件，在加工中心中更换刀具等，一般没有独立的控制装置。有些操作装置需要由人直接操纵，如用于原子能部门操持危险物品的主从式操作手也常称为机械手。

二、机械手的结构

机械手主要包括机械手的旋转、大臂的伸缩、小臂的升降、手抓的松紧。各关节均采用电磁阀作为驱动装置，在机械大臂伸缩、小臂升降及手抓的松紧环节都配有传感器，并编制了能满足运动控制要求的软件，实现对机械手的速度、位置及4关节联动控制。

机械手主要由手部和运动机构组成。手部是用来抓持工件（或工具）的部件，根据被抓持物件的形状、尺寸、质量、材料和作业要求而有多种结构形式，如夹持型、托持型和吸附型等。运动机构使手部完成各种转动（摆动）、移动或复合运动来实现规定的动作，改变被抓持物件的位置和姿势，运动机构的升降、伸缩、旋转等独立运动方式，称为机械手的自由度。为了抓取空间中任意位置和方位的物体，需有6个自由度。自由度是机械手设计的关键参数。自由度越多，机械手的灵活性越大，通用性越广，其结构也越复杂。一般专用机械手有2或3个自由度。

三、气缸概念与气缸分类

气缸一般分为双作用式气缸、单作用弹簧复位式气缸和摆动气缸等。双作用气缸指两腔可以分别输入压缩空气，实现双向运动的气缸。其结构可分为双活塞杆式、单活塞杆式、双活塞式、缓冲式和非缓冲式等。此类气缸使用最为广泛。

双活塞杆双作用气缸有缸体固定式和活塞杆固定式两种。缸体固定式，其所带载荷（如工作台）与气缸两活塞杆连成一体，压缩空气依次进入气缸两腔（一腔进气另一腔排气），活塞杆带动工作台左右运动，工作台运动范围等于其有效行程 s 的3倍。安装所占空间大，一般用于小型设备上。活塞杆固定式，为管路连接方便，活塞杆制成空心，缸体与载荷（工作台）连成一体，压缩空气从空心活塞杆的左端或右端进入气缸两腔，使缸体带动工作台向左或向右运动，工作台的运动范围为其有效行程 s 的2倍。适用于中、大型设备。

单作用气缸只有一腔可输入压缩空气，实现一个方向运动。其活塞杆只能借助外力将其推回；通常借助于弹簧力、膜片张力、重力等。气缸复位弹簧、膜片的张力均随变形大小变化，因而活塞杆的输出功率在行进过程中是变化的。由于以上特点，单作用活塞气缸多用于短行程。其推力及运动速度均要求不高场合，如气吊、定位和夹紧等装置上，单作用柱塞缸则不然，可用在长行程、高载荷的场合。

回转气缸（摆动气缸），主要由导气头、缸体、活塞、活塞杆组成。这种气缸的缸体连同缸盖及导气头芯被其他动力（如车床主轴）携带回转，活塞及活塞杆只能做往复直线运动，导气头体外接管路，固定不动。回转气缸的结构为增大其输出功率采用两个活塞串联在一根活塞杆上，这样其输出功率比单活塞也增大约一倍，且可减小气缸尺寸，导气头体与导气头芯因需相对转动，装有滚动轴承，并以研配间隙密封，应设油杯润滑以减少摩擦，避免烧损或卡死。回转气缸主要用于机床夹具和线材卷曲等装置上。

四、电磁阀

电磁阀是用来控制流体方向的自动化基础元件，属于执行器；通常用于机械控制和工业阀门上面，对介质方向进行控制，从而达到对阀门开关的控制。其工作原理为（以液压油为介质）电磁阀里有密闭的腔，在不同位置开有通孔，每个孔都通向不同的油管，腔中间是阀，两面是两块电磁铁，哪面的磁铁线圈通电阀体就会被吸引到哪边，通过控制阀体的移动来挡住或漏出不同的排油孔，而进油孔是常开的，液压油就会进入不同的排油管，然后通过油的压力来推动油缸的活塞，活塞又带动活塞杆，活塞杆带动机械装置。这样通过控制电磁铁的电流就控制了机械运动。介质为气体时与之类似。

五、传感器

传感器，也就是对一些非电量如压力、力矩、应变、位移、速度、温度、流量、液位、质量等进行检测的元件，在现代化的自动检测、遥控和自动控制系统中，这是必不可少的部分。

传感器指能感知某一非电量的信息，并能将之转化为可加以利用的信息的装置或者说是将被测非电量信号转换为与之有确定对应关系的电量信号输出的器件或装置。传感器有时也称为变换器、换能器或探测器。

传感器一般是利用物理、化学、生物等的某些效应或原理按照一定的制造工艺研制的。从功能上来说，传感器通常由敏感元件、转换元件及转换电路组成，如图 20-1 所示。

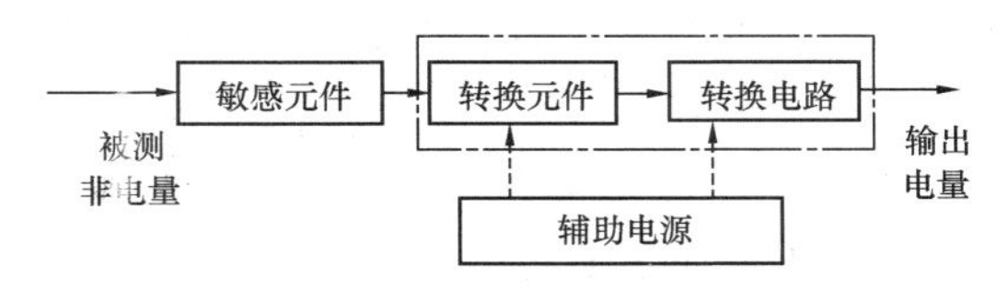

图 20-1　传感器的组成

敏感元件是指传感器中能直接感受（或响应）被测量的部分。在完成非电量到电量的变换时，并非所有的非电量都能利用现有手段直接转换成电量，往往是先变换为另一种易于变成电量的非电量，然后再转换成电量。如传感器中各种类型的弹性元件常被称为弹性敏感元件。

转换元件是指能将感受到的非电量直接转换成电量的器件或元件。如光电池将光的变化量转换为电势，应变片将应变转换为电阻量等。

转换电路是指将无源型传感器输出的电参数量转换成电量。常用的转换电路有电桥电路、脉冲调宽电路、谐振电路等，它们将电阻、电容、电感等电参量转换成电压、电流或频率。

六、顺序控制继电器指令

S7-200 系列 PLC 有如下三条顺序控制继电器指令：

（1）装载顺序控制继电器指令 LSCR。用于表示一个 SCR 段，即状态步的开始。当 $n=1$ 时，允许该 SCR 段工作。SCR 段必须用 SCRE 指令结束。

梯形图符号为 n SCR 。

（2）顺序控制继电器转换指令 SCRT。用于表示 SCR 段之间的转换。SCRT 指令有两个功能，一个使当前激活的 SCR 程序段的 S 位复位，以使该 SCR 程序段停止工作；另一个使下一个将要执行的 SCR 程序段的 S 位置位，以便下一个 SCR 程序段工作。

梯形图符号为 n (SCRT) 。

（3）顺序控制继电器结束指令 SCRE。用于表示一个 SCR 段的结束。每一个 SCR 段的结束必须使用 SCRE 指令，该指令无操作数。

梯形图符号为 n (SCRE) 。

（4）使用顺序控制继电器指令必须注意：

1）顺序控制继电器指令只对状态元件 S 有效。为了保证程序的可靠运行，驱动状态元件 S 的信号应采用短脉冲。

2）当需要保持输出时，可使用置位 S 指令，复位 R 指令。

3）在 SCR 段不能使用跳转指令和标号指令。也就是说，不允许跳入、跳出或在内部跳转，但可以在 SCR 段附近使用这两个指令。

七、子程序调用指令

S7-200 系列 PLC 的控制程序由主程序、子程序和中断程序组成。子程序常用于需要多次反复执行相同任务的地方，使用时只需要编写一次子程序，别的程序在需要时可以调用它，不需要重新编写此程序。与子程序相关的操作有子程序的建立、子程序的调用和返回等。

1. 子程序的建立

建立子程序是通过编程软件来完成的。可采用下列方法建立：在编程软件“编辑”菜单中选择“插入子程序”；在程序编辑器视窗中单击鼠标右键，从弹出的菜单中选择“插入子程序”。程序编辑器将从原来的程序组织单元显示进入新的子程序，其底部出现标志新的子程序的新标签，可以对新的子程序进行编程。对于S7-200系列PLC的CPU226XM，最多可以有128个子程序，对其余的CPU，最多可以有64个子程序。

2. 子程序的调用和返回

子程序的调用指令CALL，是把程序控制权交与子程序。可以在主程序，另一子程序和中断程序中带参数或不带参数地调用子程序，但是不能在子程序中调用自己。调用子程序时将执行子程序的全部指令，直到子程序结束，然后控制程序返回到子程序调用指令的下一个指令。

子程序条件返回指令CRET，是在使输入有效时，结束子程序的执行，返回主程序中此子程序调用指令的下一条指令。

使用说明：CRET多用于子程序的内部，由判断条件决定是否结束子程序调用；RET用于子程序的结束。

如果在子程序的内部又有对另一子程序的调用指令，则称这种调用结构为子程序的嵌套。子程序的嵌套深度最多是8层。

在调用子程序时，CPU保存整个逻辑堆栈后将栈顶值置为1，堆栈中的其他值清0，控制转移到被调用的子程序。子程序执行完成时，用调用时保存的数据恢复堆栈，控制返回调用程序。

八、分支控制

在许多实例中，一个顺序控制状态流必须分成2个或多个不同分支控制状态流。当一个控制状态流分离成多个分支时，所有的分支控制状态流必须同时激活，如图20-2所示。

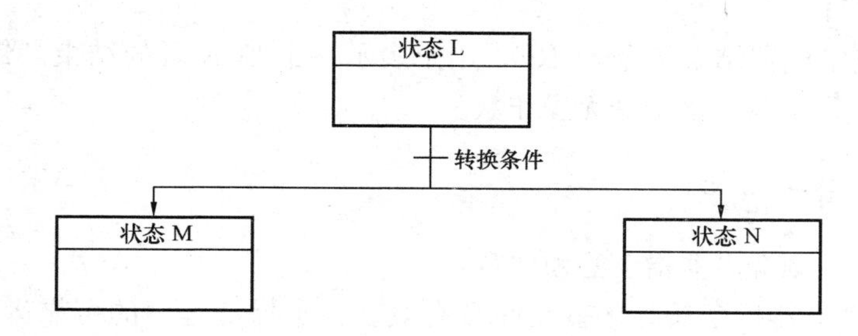

图20-2 控制状态流的分支

在同一个转移条件的允许下，使用多条SCRT指令可以在一段SCR程序中实现控制流的分支。

九、合并控制

当多个控制流产生类似结果时，可以把这些控制流合并成一个控制流，我们称为控制状态流的合并。在合并控制流时，所有的控制流必须都是完成了的，才能执行下一个状态，如

图 20-3 所示。

在 SCR 程序中，通过从状态 L 转到状态 L′，以及从状态 M 转到状态 M′ 的方法实现控制流的合并。当状态 L′、M′的 SCR 使能位为真时，即可激活状态 N。

状态L
状态M
转换条件
状态N

图 20-3　控制流的合并

十、转移控制

在有些情况下，一个控制流可能转入多个可能的控制流中某一个。到底进入哪一个，取决于控制流前面的转移条件，哪一个首先为真，如图 20-4 所示。

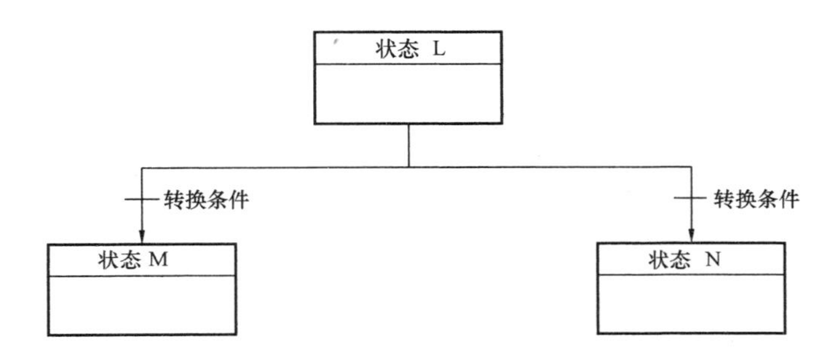

图 20-4　基于转移条件的控制流分支

十一、跳转及标号指令

跳转指令（JMP）可使程序流程转到同一程序中的具体标号（n）处，当这种跳转执行时，栈顶的值总是逻辑 1。

标号指令（LBL）标记跳转目的地的位置（n）。

操作数 n：常数 0～255。

数据类型：WORD。

跳转和标号指令必须用在主程序、子程序或中断程序中。不能从主程序跳到子程序或中断程序，同样不能从子程序或中断程序跳出。

梯形图符号为

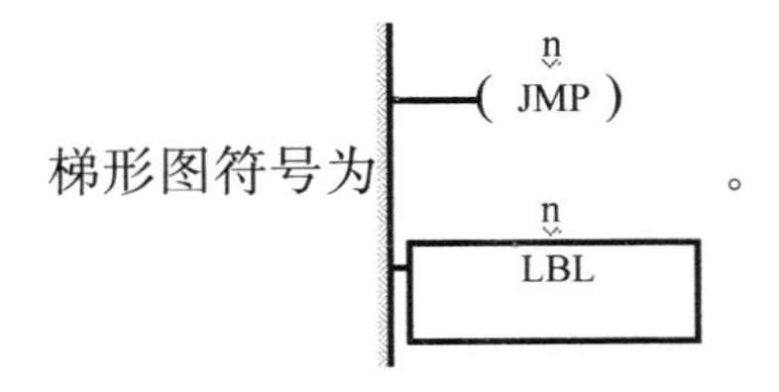

。

任 务 实 施

一、气动机械手 PLC 控制工作原理

采用 PLC 为主程序的控制系统，控制若干个电磁阀，驱动机械手做下降、夹紧、上升、右移、下降、松开、上升、左移等动作，组成如图 20-5 所示。

气动机械手有手动控制和自动控制两种模式。当选择手动控制时，通过各步的按钮操作

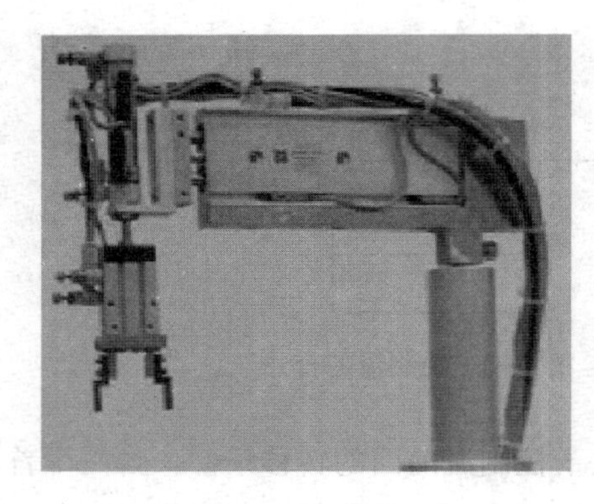
图 20-5 气动机械手

气动机械手进行单步动作。当选择自动控制时，按下“起动”按钮，气动机械手开始自动工作，按下“停止”按钮，气动机械手在完成当前一个循环后停止工作。气动机械手工作过程如图 20-6 所示，图中为一个将工件由一处传送到另一处，上升/下降和左移/右移的执行用双线圈双位电磁阀推动气缸完成。当某个电磁阀线圈通电时，就一直保持现有的机械动作，例如一旦下降的电磁阀线圈通电，气动机械手下降，即使线圈再断电，仍保持现有的下降动作状态，直到相反方向的线圈通电为止。另外，夹紧/松开由单线圈双位电磁阀推动气缸完成，线圈通电执行夹紧动作，线圈断电时执行松开动作。气动机械手装有上、下限位和左、右限位开关，有 8 个动作且运行方式分为单步、单周期和连续三种模式。

气动机械手 PLC 控制系统 I/O 分配表见表 20-1，其硬件接线如图 20-7 所示。按硬件接线图接好线，将相应的控制指令程序输入 PLC 中调试好。

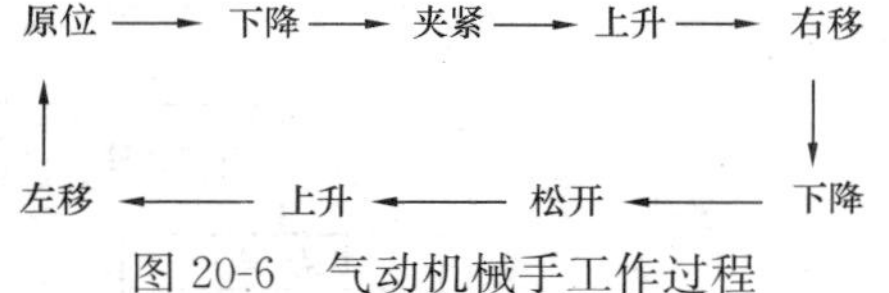

图 20-6 气动机械手工作过程

表 20-1　　气动机械手 PLC 控制系统 I/O 分配表

输入			输出		
符号	地址	功能	符号	地址	功能
SB1	I0.0	起动	YV1	Q0.0	下降
SP1	I0.1	下限	YV2	Q0.1	夹紧、松开
SP2	I0.2	上限	YV3	Q0.2	上升
SP3	I0.3	右限	YV4	Q0.3	右移
SP4	I0.4	左限	YV5	Q0.4	左移
SP	I0.5	无工件检测	LED	Q0.5	原位显示
SB2	I0.6	停止			
SA	I0.7	手动			
	I1.0	单步			
	I1.1	单周期			
	I1.2	连续			
SB3	I1.3	下降			
SB4	I1.4	上升			
SB5	I1.5	右移			
SB6	I2.0	左移			
SB7	I2.1	夹紧			
SB8	I2.2	松开			
SB9	I2.3	复位			

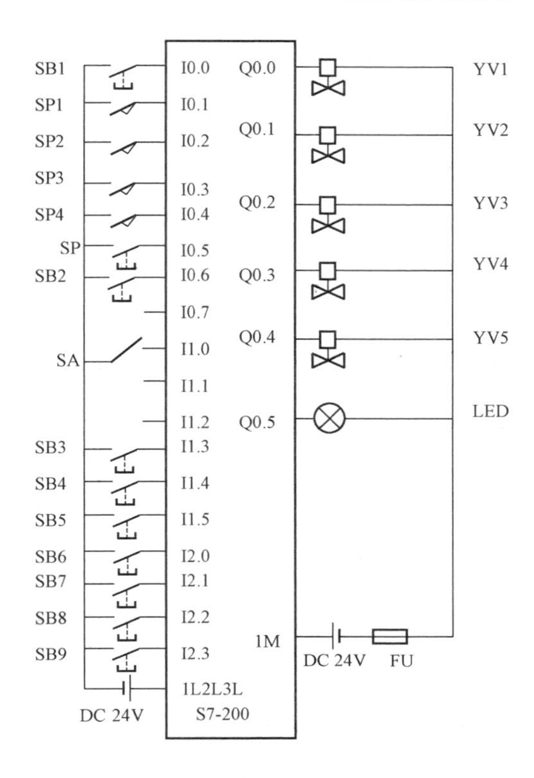

图 20-7　气动机械手 PLC 控制硬件接线

二、所需材料及设备

可编程序控制器 S7-200、组合开关、熔断器、LED 灯、按钮、接线端子排、塑料软铜线、电工通用工具、镊子、万用表、绝缘电阻表、配线板等，器材型号或参数见表 20-2。

表 20-2　　　　**项　目　器　材**

名称	型号或参数	单　位	数量或长度
单相交流电源	AC 220V 和 36V，5A	处	1
计算机	预装 V4.0 STEP7 编程软件，型号自定义	台	1
可编程序控制器	S7-224	台	1
配线板	500mm×600mm×20mm	块	1
组合开关	HZ10-25/3	个	1
DC 24V 开关电源	S-240-24	个	1
DC 24V LED 灯	JLE-LED	个	1
DC 24V 灯头	螺旋	个	1
三联按钮	LA10-3H 或 LA4-3H	个	3
DC 24V 电磁阀	4V120-06	个	5

续表

序号或名称	型号或参数	单　　位	数量或长度
磁性开关	CXSM15-100	个	4
工作方式选择开关	YW1S-3E20+YW-E10P	个	1
无工件检测开关	MHZ2-16D	个	1
熔断器及熔芯配套	F1-0.5	套	1
接线端子排	JX2-1015，500V、10A	条	1
塑料软铜线	BVR-1.5mm²	m	20
塑料软铜线	BVR-0.75mm²	m	10
别径压端子	UT2.5-4，UT1-4	个	40
行线槽	TC3025	条	5
异形塑料管	ϕ3mm	m	0.2
木螺钉	ϕ3mm×20mm，ϕ3mm×15mm	个	20
平垫圈	ϕ4mm	个	20

三、设计程序

1. 整体设计

手动控制程序和自动控制程序分别编写成相对独立的子程序模块，通过调用指令进行功能选择。当"工作方式选择开关"选择"手动工作方式"时，I0.7接通，执行手动控制程序；当"工作方式选择开关"选择"自动工作方式"（单步、单周、连续）时，I1.0、I1.1、I1.2分别接通，执行自动控制程序。整体设计的控制主程序如图20-8所示，此处也可使用跳转及标号指令实现手动工作方式与自动工作方式的选择。

2. 手动控制程序

手动控制不需要按工序顺序动作，可以按继电接触式控制电路来设计。手动控制程序如图20-9所示，此处也可使用顺序控制继电器指令实现手动控制。手动按钮I1.3、I1.4、I1.5、I2.0、I2.1、I2.2分别控制下降、上升、右移、左移、夹紧、松开各个动作。为了保证系统的安全运行，设置了一些必要的联锁保护。其中，在左右移动的控制环节中加入了I0.2作上限联锁。因为气动机械手只有处于上限位置时，才允许左右移动。

由于夹紧、松开动作选用单线圈双位电磁阀控制，故在梯形图控制程序中用置位、复位指令来控制Q0.1，该指令具有保持功能，并且也设置了联锁保护。因为只有当气动机械手处于下限时，才能进行夹紧和松开动作。

3. 自动控制程序

气动机械手自动控制流程如图20-10所示。对于顺序控制可用多种方法进行编程，用移位指令或顺序控制继电器指令很容易实现这种控制功能，转换的条件由各磁性开关及定时器的状态来决定。

气动机械手的夹紧和松开动作的控制原则，可以采用压力检测、位置检测或按照时间的

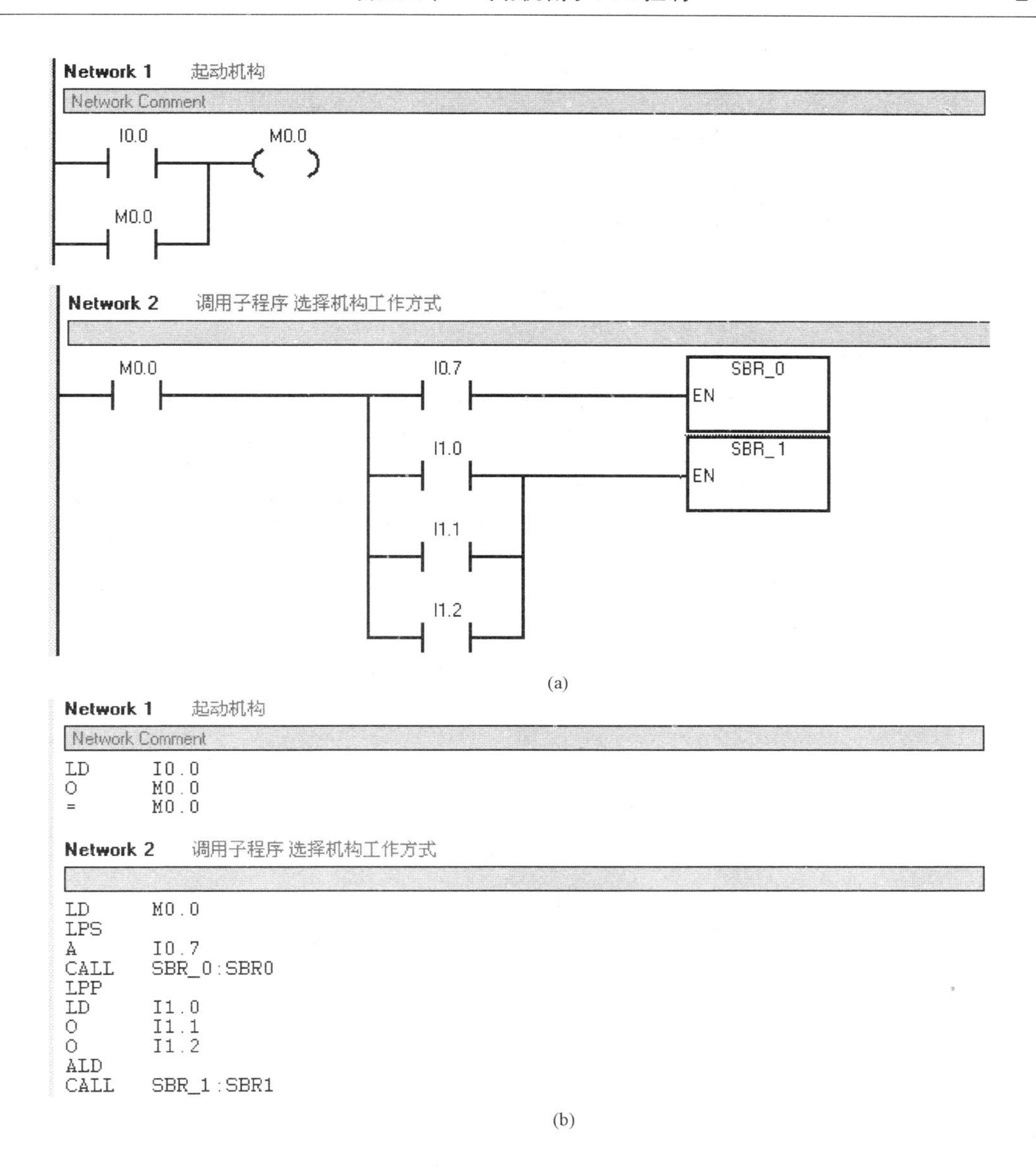

图 20-8　气动机械手 PLC 控制主程序
(a) 梯形图；(b) 语句表

原则进行控制。本项目用定时器 T37 控制夹紧时间，T38 控制松开时间。其工作过程分析如下：

（1）机构处于原位，上限位和左限位磁性开关闭合，I0.2、I0.4 接通，移位指令的移位寄存器首位 M1.0 置 1，Q0.5 输出原位显示，机构当前处于原位。

（2）按下“起动”按钮，I0.0 接通，产生移位信号，使移位寄存器右移一位，M1.1 置 1，同时 M1.0 恢复为 0，M1.1 得电，Q0.0 输出下降信号。

（3）下降至下限位，下限位磁性开关动作，I0.1 接通，移位寄存器右移一位，移位结果使 M1.2 为 1，Q0.1 接通，夹紧动作开始，同时 T37 接通，定时器开始计时。

（4）经过延时，T37 触点接通，移位寄存器又右移一位，使 M1.3 置 1，Q0.2 接通，机

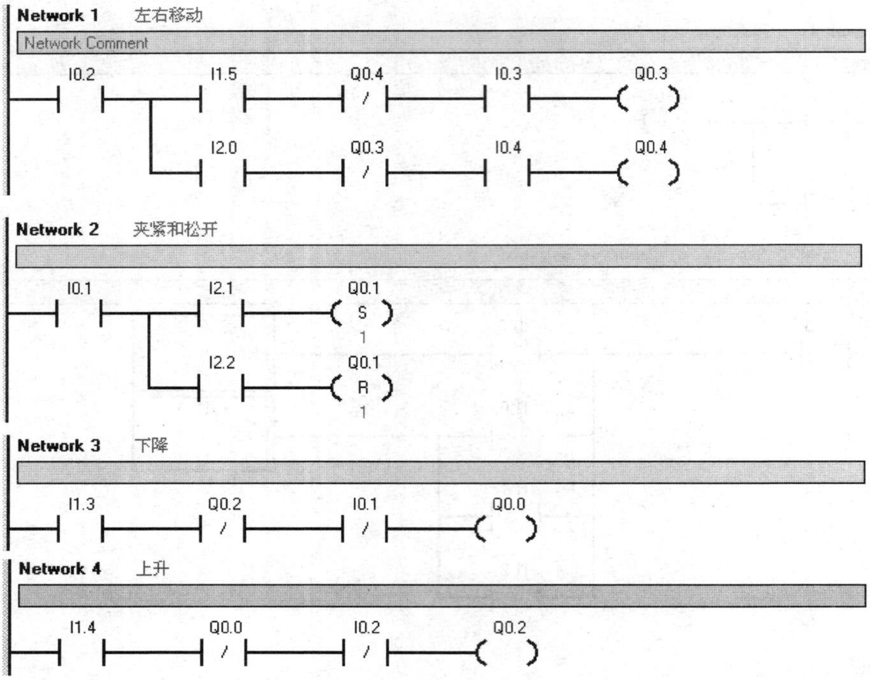

Network 1 左右移动

Network Comment

I0.2 I1.5 Q0.4 I0.3 Q0.3

I2.0 Q0.3 I0.4 Q0.4

Network 2 夹紧和松开

I0.1 I2.1 Q0.1 S 1

I2.2 Q0.1 R 1

Network 3 下降

I1.3 Q0.2 I0.1 Q0.0

Network 4 上升

I1.4 Q0.0 I0.2 Q0.2

(a)

Network 1 左右移动

Network Comment

```
LD      I0.2
LPS
A       I1.5
AN      Q0.4
A       I0.3
=       Q0.3
LPP
A       I2.0
AN      Q0.3
A       I0.4
=       Q0.4
```

Network 2 夹紧和松开

```
LD      I0.1
LPS
A       I2.1
S       Q0.1, 1
LPP
A       I2.2
R       Q0.1, 1
```

Network 3 下降

```
LD      I1.3
AN      Q0.2
AN      I0.1
=       Q0.0
```

Network 4 上升

```
LD      I1.4
AN      Q0.0
AN      I0.2
=       Q0.2
```

(b)

图 20-9 手动控制程序（子程序 0）

(a) 梯形图；(b) 语句表

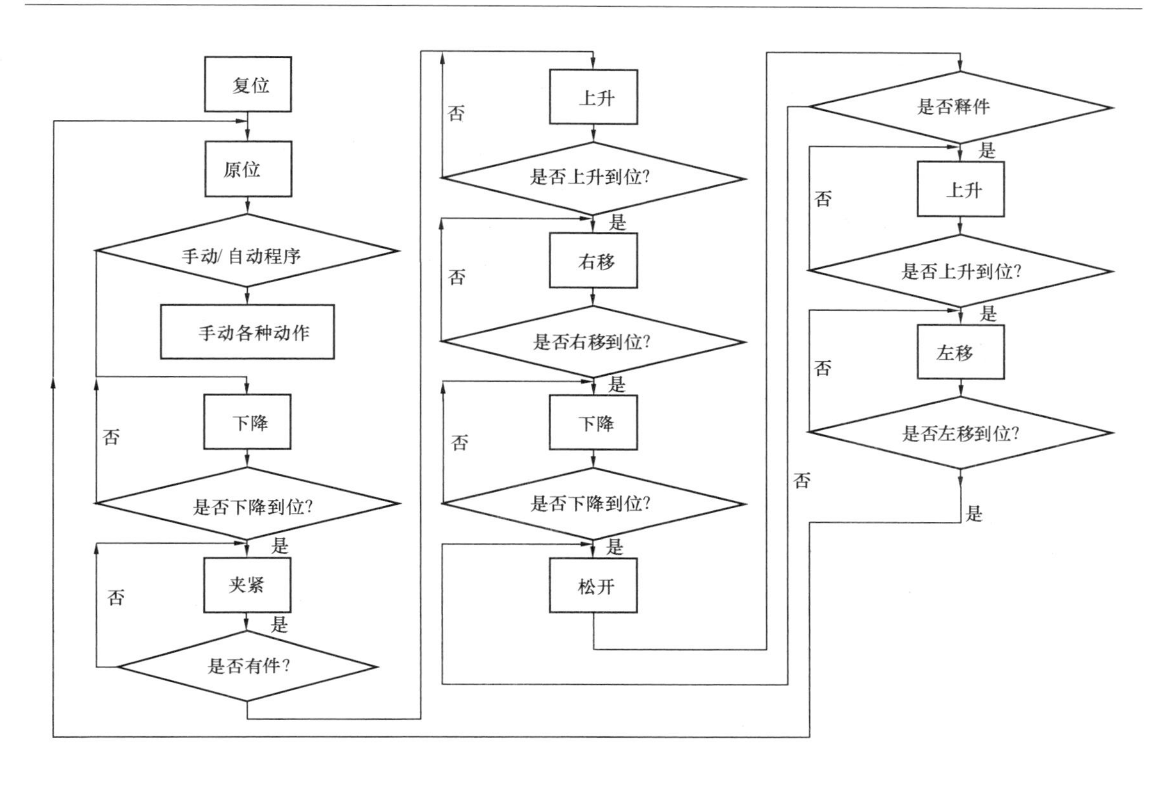

图 20-10　气动机械手自动控制流程图

构上升。由于 M1.2 为 1，夹紧动作继续执行。

（5）上升至上限位，上限位磁性开关动作，I0.2 接通，移位寄存器再右移一位，M1.4 置 1，Q0.3 接通，机构右移。

（6）右移至右限位，右限位磁性开关动作，I0.3 接通，将移位寄存器中的 1 移到 M1.5，Q0.0 得电，机构再次下降。

（7）下降至下限位，下限位磁性开关动作，移位寄存器又右移一位，使 M1.6 置 1，Q0.1 复位，机构松开，放下零件同时接通 T38 定时器，定时器开始计时。

（8）延时时间到，T38 动合触点闭合，移位寄存器右移一位，M1.7 置 1，Q0.2 再次得电上升。

（9）上升至上限位，上限位磁性开关动作，I0.2 闭合，移位寄存器右移一位，M2.0 置 1，Q0.4 接通，机构左移。

（10）左移至原位后，左限位磁性开关动作，I0.4 接通，移位寄存器仍右移一位，M2.1 置 1，一个自动循环结束。

自动控制程序中包含了单周期或连续运动。程序执行单周期或连续取决于工作方式选择开关。当选择连续方式时，I1.2 使 M0.0 置 1，当机构回到原位时，移位寄存器自动复位，并使 M1.0 置 1，同时 I1.2 闭合，又获得一个移位信号，机构按顺序反复执行；当选择单周期操作方式时，I1.1 使 M0.0 置 0，当机构回到原位时，按下“起动”按钮，机构自动运行一个周期后停止在原位。自动控制程序如图 20-11 所示。

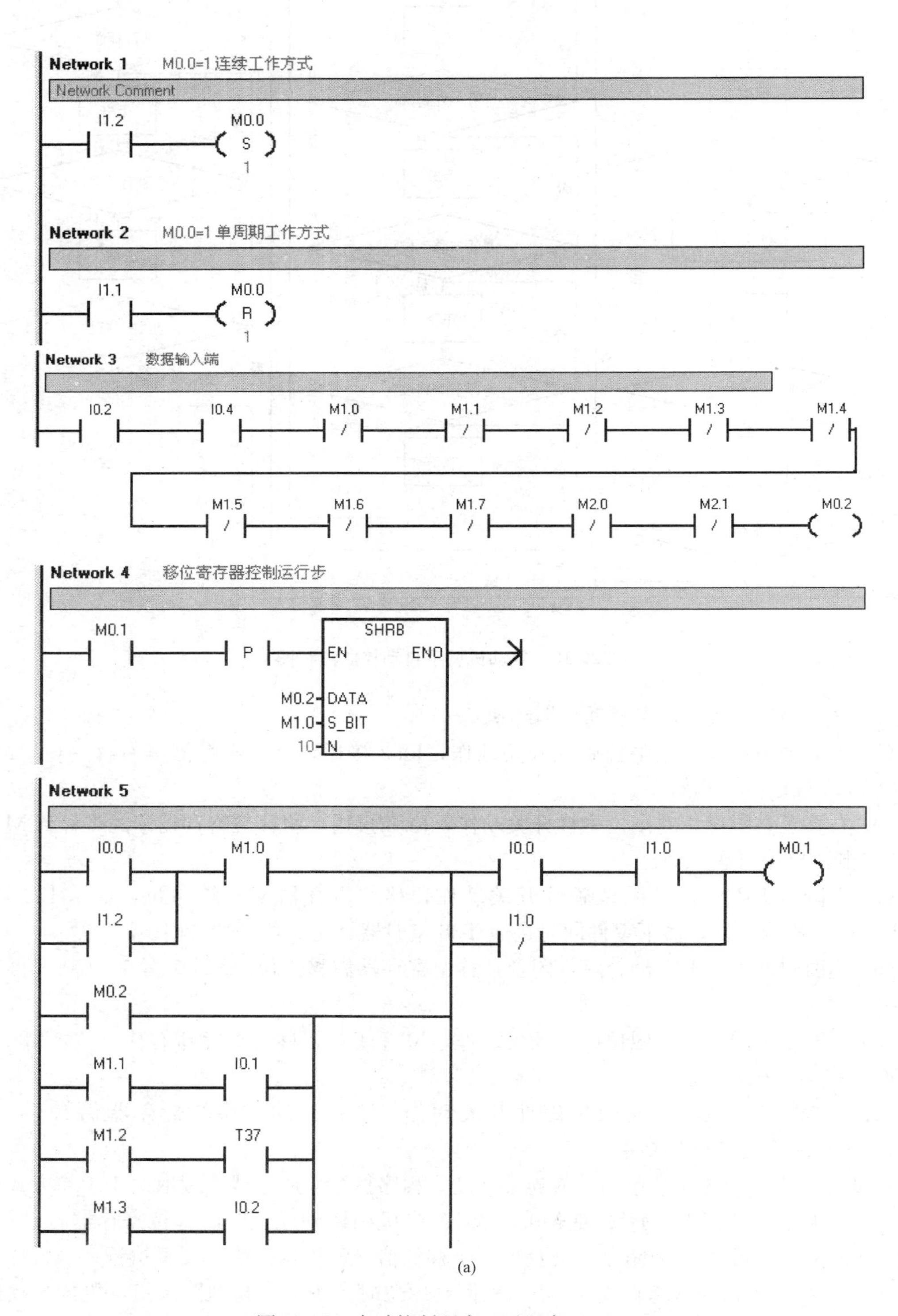

(a)

图 20-11 自动控制程序（子程序 1）（一）

（a）梯形图

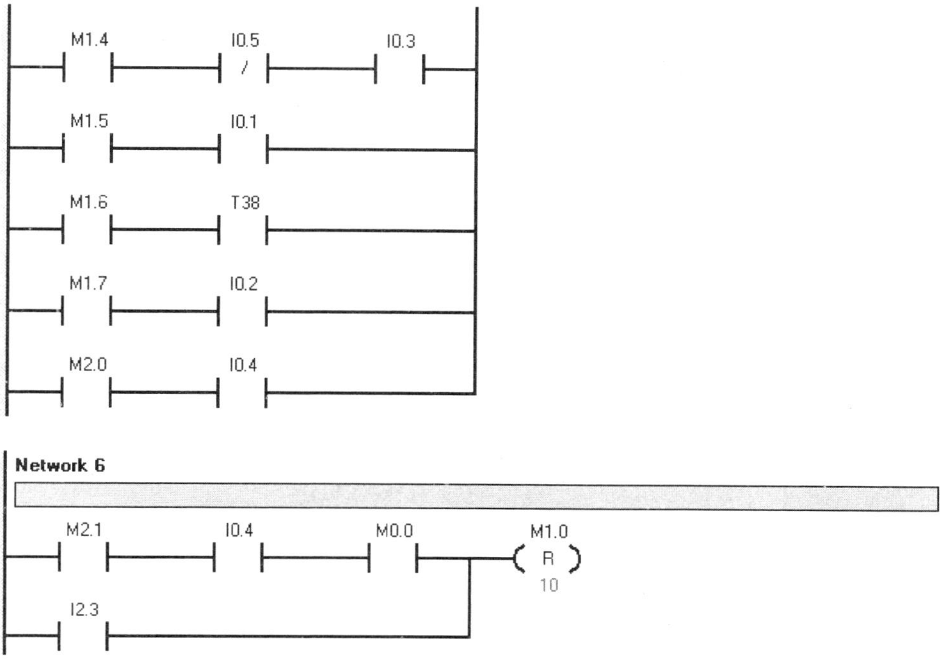

M1.4　I0.5 /　I0.3

M1.5　I0.1

M1.6　T38

M1.7　I0.2

M2.0　I0.4

Network 6

M2.1　I0.4　M0.0　M1.0 (R) 10

I2.3

(a)

Network 1　M0.0=1 连续工作方式

Network Comment

```
LD      I1.2
S       M0.0, 1
```

Network 2　M0.0=1 单周期工作方式

```
LD      I1.1
R       M0.0, 1
```

Network 3　数据输入端

```
LD      I0.2
A       I0.4
AN      M1.0
AN      M1.1
AN      M1.2
AN      M1.3
AN      M1.4
AN      M1.5
AN      M1.6
AN      M1.7
AN      M2.0
AN      M2.1
=       M0.2
```

Network 4　移位寄存器控制运行步

```
LD      M0.1
EU
SHRB    M0.2, M1.0, 10
```

(b)

图 20-11　自动控制程序（子程序 1）（二）

(a) 梯形图；(b) 语句表

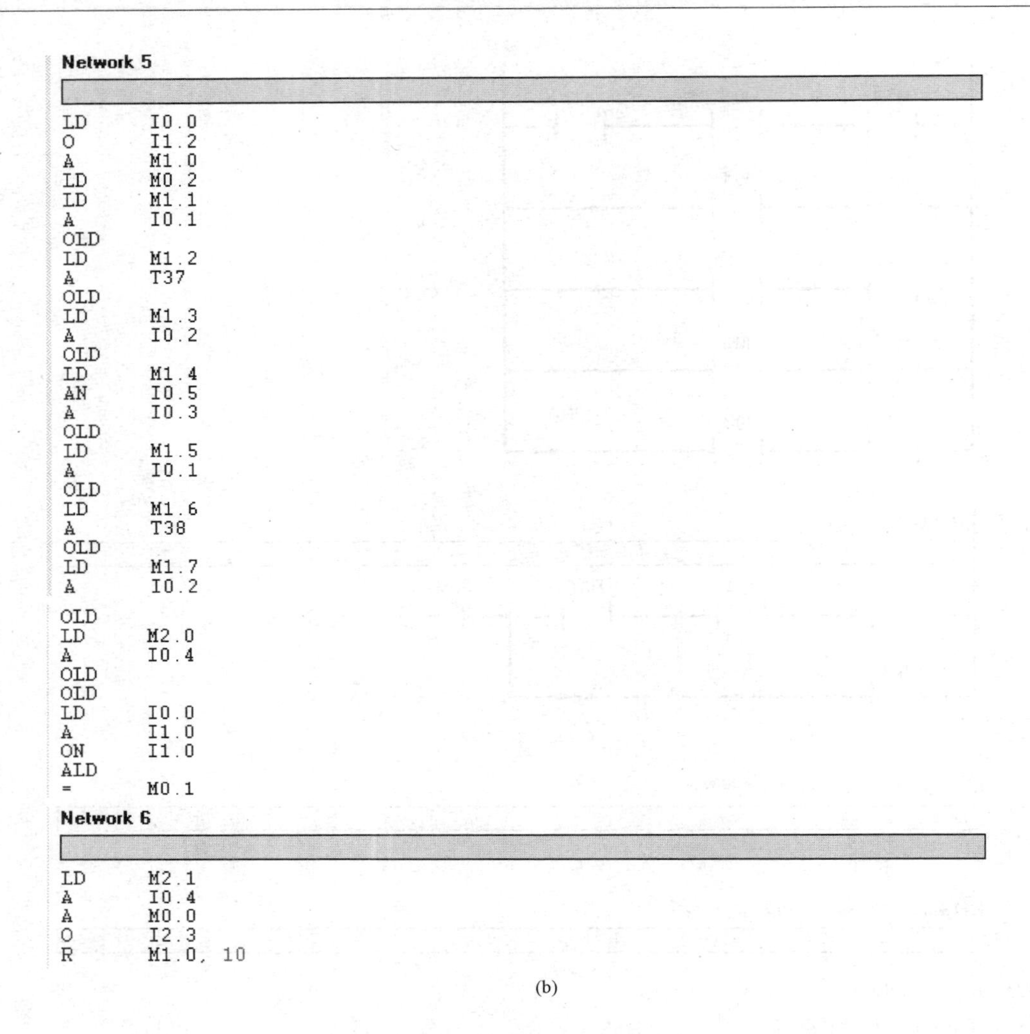

```
Network 5

LD      I0.0
O       I1.2
A       M1.0
LD      M0.2
LD      M1.1
A       I0.1
OLD
LD      M1.2
A       T37
OLD
LD      M1.3
A       I0.2
OLD
LD      M1.4
AN      I0.5
A       I0.3
OLD
LD      M1.5
A       I0.1
OLD
LD      M1.6
A       T38
OLD
LD      M1.7
A       I0.2
OLD
LD      M2.0
A       I0.4
OLD
OLD
LD      I0.0
A       I1.0
ON      I1.0
ALD
=       M0.1

Network 6

LD      M2.1
A       I0.4
A       M0.0
O       I2.3
R       M1.0, 10
```

(b)

图 20-11　自动控制程序（子程序 1）（三）
(b) 语句表

4. 输出显示程序

气动机械手的运动主要包括上升、下降、左移、右移、夹紧、松开，在控制程序中 M1.1、M1.5 分别控制左、右下降，M1.2 控制夹紧，M1.6 控制松开，M1.3、M1.7 分别控制左、右上升，M1.4、M2.0 分别控制右移左移，M1.0 原位显示。输出显示程序如图 20-12 所示。

四、安装配线

按图 20-7 所示进行配线，安装并确认接线正确。

五、运行调试

（1）在断电状态下，连接好 PC/PPI 电缆。

（2）打开 PLC 的前盖，将“运行模式”选择开关拨到 STOP 位置，此时 PLC 处于停止状态，或者用鼠标单击工具栏中的 STOP 按钮，可以进行程序编写。

（3）在作为编程器的计算机上，运行 V4.0 STEP7 Micro 编程软件。

（4）用菜单命令“文件—新建”生成一个新项目；用菜单命令“文件—打开”打开一个已有的项目；用菜单命令“文件—另存为”可修改项目的名称。

（5）用菜单命令“PLC—类型”，设置 PLC 的型号。

（6）设置通信参数。

（7）编写控制程序。

（8）用鼠标单击工具栏中的“编译”按钮或“全部编译”按钮来编译输入的程序。

（9）下载程序文件到 PLC。

（10）将“运行模式”选择开关拨到 RUN 位置，或者用鼠标单击工具栏中的 RUN 按钮

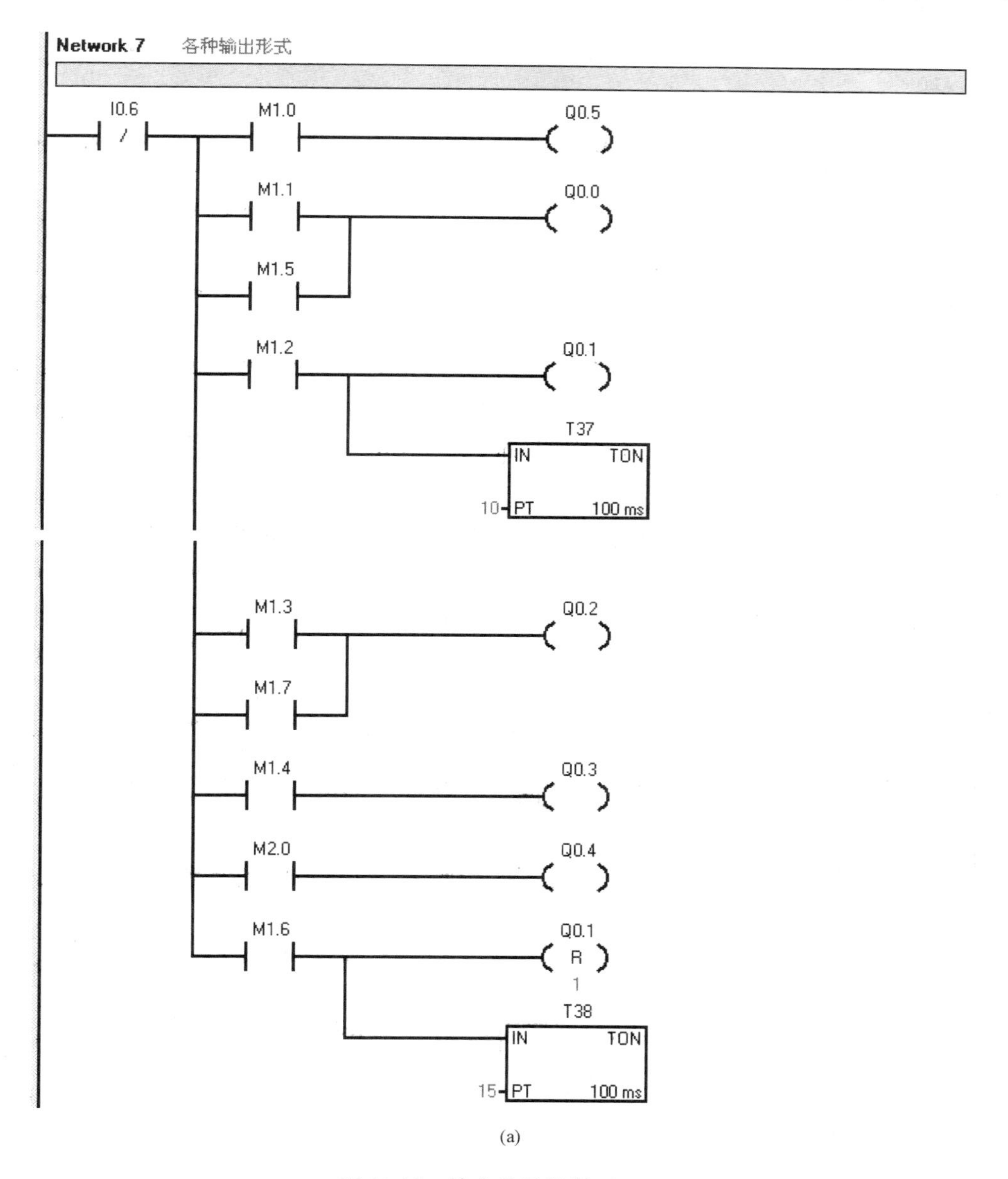

(a)

图 20-12　输出显示程序（一）

（a）梯形图

Network 7 各种输出形式

```
LDN     I0.6
LPS
A       M1.0
=       Q0.5
LRD
LD      M1.1
O       M1.5
ALD
=       Q0.0
LRD
A       M1.2
=       Q0.1
TON     T37, 10
LRD
LD      M1.3
O       M1.7
ALD
=       Q0.2
LRD
LPS
A       M1.4
=       Q0.3
LPP
A       M2.0
=       Q0.4
LPP
A       M1.6
R       Q0.1, 1
TON     T38, 15
```

(b)

图 20-12 输出显示程序（二）
(b) 语句表

使 PLC 进入运行方式。

(11) 连续。将工作方式选择开关 SA 转到连续位置 I1.2，按照机构连续运行工艺要求调试。

(12) 单周期。将工作方式选择开关 SA 转到单周期位置 I1.1，按照机构单周期运行工艺要求调试。

(13) 单步。将工作方式选择开关 SA 转到单步位置 I1.0，按照机构单步运行工艺要求调试。

(14) 手动。将工作方式选择开关 SA 转到手动位置 I0.7，按照机构手动运行工艺要求调试。

(15) 若全部满足要求，程序调试结束。

项目二十一　恒压供水系统PLC及变频器控制

技术要点

会根据项目分析系统控制要求写出I/O分配点并正确设计出外部接线图；会根据控制要求选择PLC的编程方法；学会使用S7-200系列PLC的整数数学运算指令、实数数学运算指令、转换指令、PID指令及变频器的参数设置等；进一步学会使用S7-200系列PLC的传送指令、比较指令；能根据控制要求正确编制、输入和传输PLC程序；能独立完成整机安装与调试；会根据系统调试出现的情况，修改相关设计。

知识要点

掌握S7-200系列PLC的整数数学运算指令、实数数学运算指令、转换指令、PID指令及变频器的工作原理等；进一步掌握S7-200系列PLC的传送指令、比较指令；进一步掌握S7-200系列PLC变量存储器V；掌握PLC的编程技巧；掌握PLC常用的编程方法；掌握整机的安装与调试。

知识准备

一、整数数学运算指令

1. 整数加法和整数减法

整数加法和整数减法指令把两个16位整数相加或相减，产生一个16位结果（OUT）。

在LAD中　　IN1+IN2=OUT，IN1−IN2=OUT

在STL中　　IN1+OUT= OUT，OUT−IN1=OUT

使ENO=0的错误条件：SM 1.1（溢出）；SM4.3（运行时间）；0006（间接寻址）。

这些指令影响下面的特殊存储器位：SM 1.0（零）；SM 1.1（溢出）；SM1.2（负）。

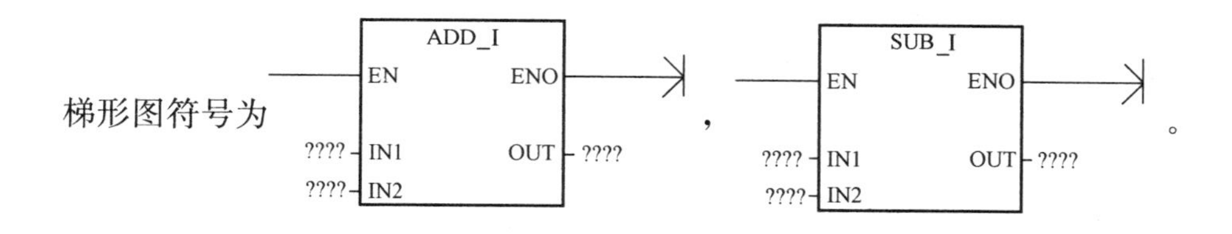

整数加法和整数减法指令的有效操作数见表21-1。

表 21-1　　整数加法和整数减法指令的有效操作数

输入/输出	操作数	数据类型
IN1、IN2	VW、IW、QW、MW、SW、SMW、LW、AIW、T、C、AC、常数、* VD、* AC、* LD	INT
OUT	VW、IW、QW、MW、SW、SMW、LW、T、C、AC、*VD、*AC、*LD	INT

2. 双整数加法和双整数减法

双整数加法和双整数减法指令把两个 32 位双整数相加或相减，产生一个 32 位结果(OUT)。

在 LAD 中　　IN1＋IN2＝OUT，IN1－IN2 ＝ OUT

在 STL 中　　IN1＋OUT＝OUT，OUT－IN1＝OUT

使 ENO＝0 的错误条件：SM1.1（溢出）；SM4.3（运行时间）；0006（间接寻址）。

这些指令影响下面的特殊存储器位：SM1.0（零）；SM 1.1（溢出）；SM1.2（负）。

梯形图符号为

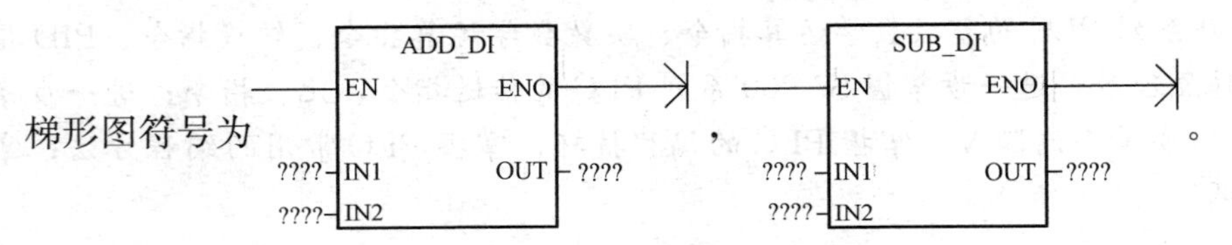

双整数加法和双整数减法指令的有效操作数见表 21-2。

表 21-2　　双整数加法和双整数减法指令的有效操作数

输入/输出	操作数	数据类型
IN1、IN2	VD、ID、QD、MD、SD、SMD、LD、AC、HC、常数、* VD、* AC、* LD	DINT
OUT	VD、ID、QD、MD、SD、SM、LD、AC、* VD、* AC、* LD	DINT

3. 整数乘法和整数除法

整数乘法指令把两个 16 位整数相乘，产生一个 16 位乘积。

整数除法指令把两个 16 位整数相除，产生一个 16 位商，不保留余数。

如果结果大于一个字，就置位溢出位。

在 LAD 中　　IN1×IN2＝OUT，IN1÷IN2＝OUT

在 STL 中　　IN1×OUT＝OUT，OUT÷IN1＝OUT

使 ENO＝0 的错误条件：SM 1.1（溢出）；SM4.3（运行时间）；0006（间接寻址）。

这些指令影响下面的特殊存储器位：SM 1.0（零）；SM1.1（溢出）；SM1.2（负）；SM1.3（被 0 除）。

如果在乘或除的操作过程中 SM 1.1（溢出）被置位，就不写到输出，并且所有其他的算术状态位被置为 0。

梯形图符号为 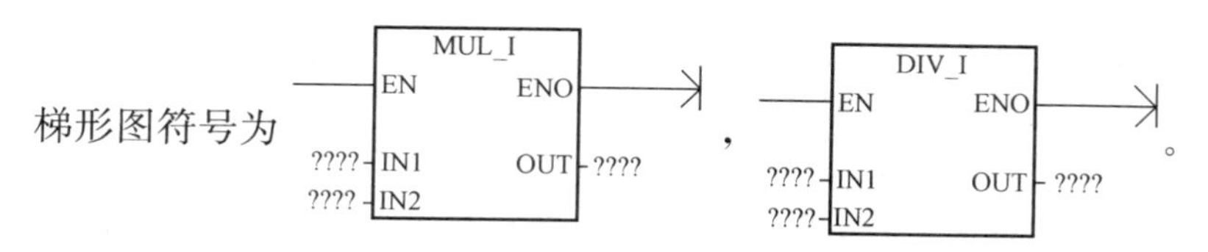

整数乘法和整数除法指令的有效操作数见表 21-3。

表 21-3　整数乘法和整数除法指令的有效操作数

输入/输出	操作数	数据类型
IN1、IN2	VW、IW、QW、MW、SW、SMW、LW、AIW、T、C、AC、常数、* VD、* AC、* LD	INT
OUT	VW、IW、QW、MW、SW、SMW、LW、T、C、AC、*VD、* AC、* LD	INT

4. 双整数乘法和双整数除法

整数乘法指令把两个 32 位双整数相乘，产生一个 32 位乘积。

双整数除法指令把两个 32 位双整数相除，产生一个 32 位商，不保留余数。

在 LAD 中　　IN1×IN2＝OUT，IN1÷IN2＝OUT

在 STL 中　　IN1×OUT＝OUT，OUT÷IN1＝OUT

使 ENO＝0 的错误条件：SM 1.1（溢出）；SM4.3（运行时间）；0006（间接寻址）。

这些指令影响下面的特殊存储器位：SM 1.0（零）；SM1.1（溢出）；SM1.2（负）；SM1.3（被 0 除）。

如果在乘或除的操作过程中 SM 1.1（溢出）被置位，就不写到输出，并且所有其他的算术状态位被置为 0。

梯形图符号为 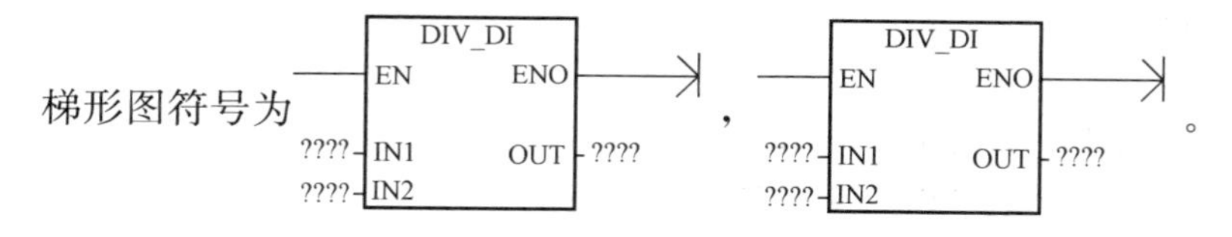

双整数乘法和双整数除法指令的有效操作数见表 21-4。

表 21-4　双整数乘法和双整数除法指令的有效操作数

输入/输出	操作数	数据类型
IN1、IN2	VD、ID、QD、MD、SD、SMD、LD、AC、HC、常数、* VD、* AC、* LD	DINT
OUT	VD、ID、QD、MD、SD、SMD、LD、AC、* VD、* AC、* LD	DINT

5. 整数乘法产生双整数和整数除法产生双整数

整数乘法产生双整数指令把两个 16 位整数相乘，产生一个 32 位积。

整数除法产生双整数指令把两个 16 位整数相除，产生一个 32 位结果，其中 16 位是余数（最高有效位），16 位是商（最低有效位）。

在 STL 除法指令中，32 位结果的最低有效位（16 位）被用作乘数。

在STL除法指令中，32位结果的最低有效位（16位）被用作被除数。

在LAD中　　IN1×IN2=OUT，IN1÷IN2=OUT

在STL中　　IN1×OUT=OUT，OUT÷IN1=OUT

使ENO=0的错误条件：SM 1.1（溢出）；SM4.3（运行时间）；0006（间接寻址）。

这些指令影响下面的特殊存储器位：SM 1.0（零）；SM1.1（溢出）；SM1.2（负）；SM1.3（被0除）。

如果在除法操作的时候SM 1.3（被0除）被置位，其他的算术状态位保留不变，原始输入操作数不变化；否则，所有有关的算术状态位是算术操作的有效状态。

梯形图符号为 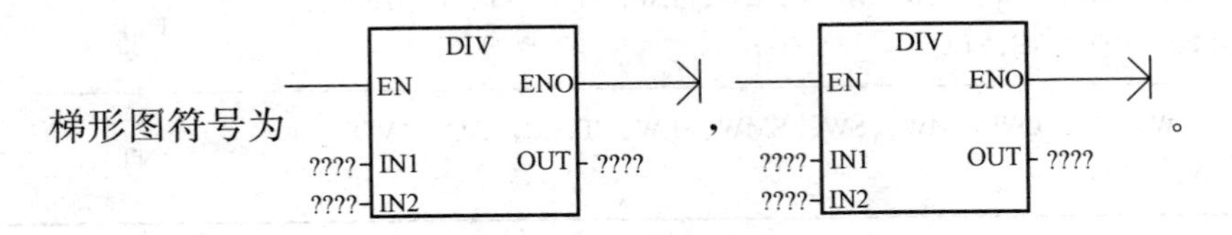

。

整数乘法产生双整数和整数除法产生双整数指令的有效操作数见表21-5。

表21-5　　整数乘法产生双整数和整数除法产生双整数指令的有效操作数

输入/输出	操作数	数据类型
IN1、IN2	VW、IW、QW、MW、SW、SMW、LW、AIW、T、C、AC、常数、* VD、* AC、* LD	INT
OUT	VD、ID、QD、MD、SD、SMD、LD、AC、* VD、* AC、* LD	DINT

二、实数数学运算指令

1. 实数加减

实数的加减指令把两个32位实数相加或相减，得到32位实数结果（OUT）。

在LAD中　　IN1+IN2=OUT，IN1-IN2=OUT

在STL中　　IN1+OUT=OUT，OUT-IN1=OUT

使ENO=0的错误条件：SM 1.1（溢出）；SM4.3（运行时间）；0006（间接寻址）。

这些指令影响下面的特殊存储器位：SM 1.0（零）；SM1.1（溢出）；SM1.2（负）。

SM1.1用来指示溢出错误和非法值。如果SM 1.1置位，SM1.0和SM 1.2的状态就无效，原始操作数不改变；如果SM1.1不置位，SM1.0和SM12的状态反映算术操作的结果。

梯形图符号为 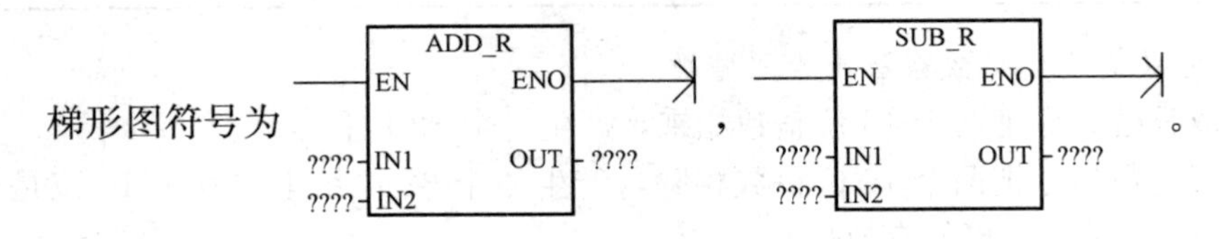

。

实数加减指令的有效操作数见表21-6。

表 21-6　　实数加减指令的有效操作数

输入/输出	操作数	数据类型
IN1、IN2	VD、ID、QD、MD、SD、SMD、AC、LD、常数、*VD、*AC、*LD	REAL
OUT	VD、ID、QD、MD、SD、SMD、AC、LD、*VD、*AC、*LD	REAL

2. 实数乘、除

实数乘法指令把两个 32 位实数相乘，产生 32 位实数结果（OUT）。

实数除法指令把两个 32 位实数相除，得到 32 位实数商。

在 LAD 中　　IN1×IN2=OUT，IN1÷IN2=OUT

在 STL 中　　IN1×OUT=OUT，OUT÷IN1=OUT

使 ENO=0 的错误条件：SM 1.1（溢出）；SM4.3（运行时间）；0006（间接寻址）。

这些指令影响下面的特殊存储器位：SM 1.0（零）；SM1.1（溢出或在运算中产生非法值，或发现输入参数非法）；SM1.2（负）；SM1.3（被 0 除）。

如果在除法操作过程中 SM1.3 被置位，其他的算术状态位保持不变，原始输入操作数也不变。SM 1.1 用来指示溢出错误和非法值。如果 SM1.1 置位、SM1.0 和 SM 1.2 的状态就无效，原始操作数不改变。如果 SM 1.1 和 SM1.3（在除法操作中）不置位，SM 1.0 和 SM 1.2 的状态反映算术操作的结果。

梯形图符号为

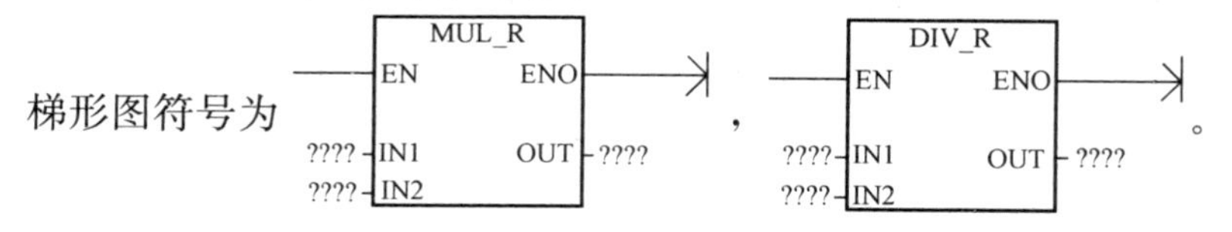

实数乘、除指令的有效操作数见表 21-7。

表 21-7　　实数乘、除指令的有效操作数

输入/输出	操作数	数据类型
IN1、IN2	VD、ID、QD、MD、SD、SMD、LD、AC、常数、*VD、*AC、*LD	REAL
OUT	VD、ID、QD、MD、SD、SMD、LD、AC、*VD、*AC、*LD	REAL

三、转换指令

1. BCD 码转换为整数（BCDI），整数转为 BCD 码（IBCD）

BCDI 指令将输入的 BCD 码（IN）转换成整数（OUT），即将结果送入 OUT，输入 IN 的范围是 0～9999。

IBCD 指令将输入的整数（IN）转换成 BCD 码（OUT），即将结果送入 OUT，输入 IN 的范围是 0～9999。

使 ENO=0 的错误条件：SM1.6（BCD 错误）；SM4.3（运行时间）；0006（间接寻址）。

这些指令影响下面特殊存储器位：SM1.6（非法 BCD）。

梯形图符号为 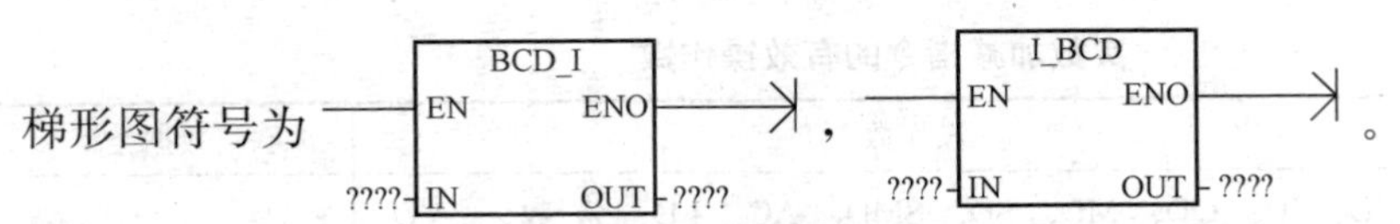

。

BCD码转换为整数（BCDI)、整数转换为BCD码（IBCD）指令的有效操作数见表21-8。

表 21-8 BCD 码转换为整数（BCDI)、整数转换为 BCD 码（IBCD）指令的有效操作数

输入/输出	操作数	数据类型
IN	VW、IW、QW、MW、SW、SMW、LW、AIW、T、C、AC、常数、* VD、* AC、* LD	WORD
OUT	VW、IW、QW、MW、SW、SMW、LW、AC、* VD、* AC、* LD、T、C	WORD

2. 双字整数转换为实数（DTR）

DTR指令将32位有符号整数（IN）转换成32位实数（OUT)。

使ENO=0的错误条件：SM4.3（运行时间)；0006（间接寻址)。

梯形图符号为 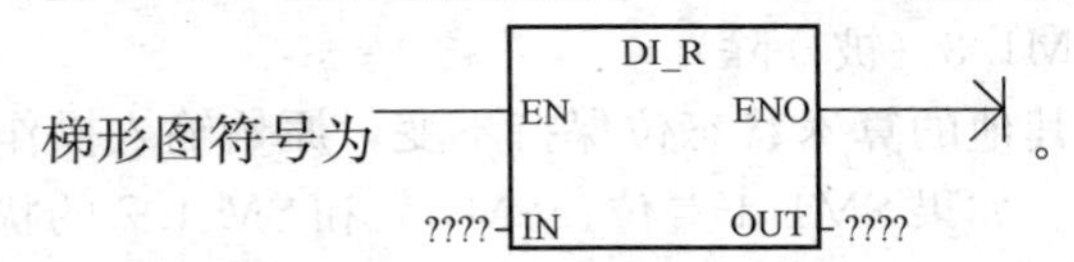

。

双字整数转换为实数（DTR）指令的有效操作数见表21-9。

表 21-9 双字整数转换为实数（DTR）指令的有效操作数

输入/输出	操作数	数据类型
IN	VD、ID、QD、MD、SD、SMD、LD、AC 、HC、常数、* VD、* AC、* LD	DINT
OUT	VD、ID、QD、MD、SD、SMD、LD、AC 、* VD、* AC、* LD	REAL

3. 取整（ROUND）

取整指令（ROUND）将实数（IN）转换成双整数值（OUT)。如果小数部分大于0.5，就仅一位。

使ENO=0的错误条件：SM1.1（溢出)；SM4.3（运行时间)；0006（间接寻址)。

这些指令影响下面的特殊存储器位：SM1.1（溢出)。

梯形图符号为 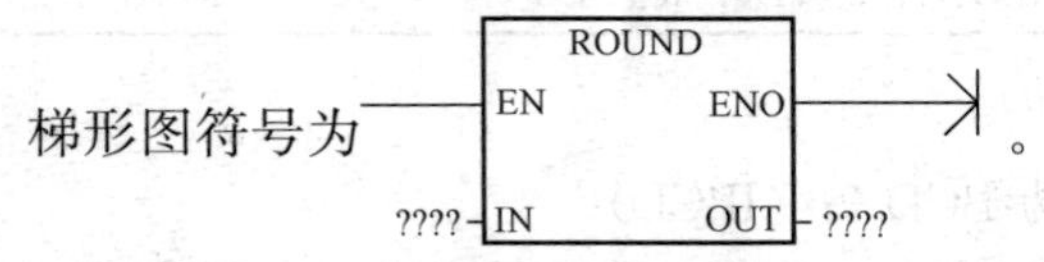

。

取整指令（ROUND）的有效操作数见表21-10。

表 21-10 取整指令（ROUND）的有效操作数

输入/输出	操作数	数据类型
IN	VD、ID、QD、MD、SD、SMD、LD、AC、HC、常数、* VD、* AC、* LD	REAL
OUT	VD、ID、QD、MD、SD、SMD、LD、AC、* VD、* AC、* LD	DINT

4. 取整（TRUNC）

取整指令（TRUNC）将 32 位实数（IN）转换成 32 位有符号整数（OUT），只有实数的整数部分被转换（舍去小数部分）。

如果要转换的值是无效的实数，或太大而输出无法表示，溢出位被置位，输出不变化。

使 ENO=0 的错误条件：SM1.1（溢出）；SM4.3（运行时间）；0006（间接寻址）。

这些指令影响下面的特殊存储器位：SM1.1（溢出）。

梯形图符号为

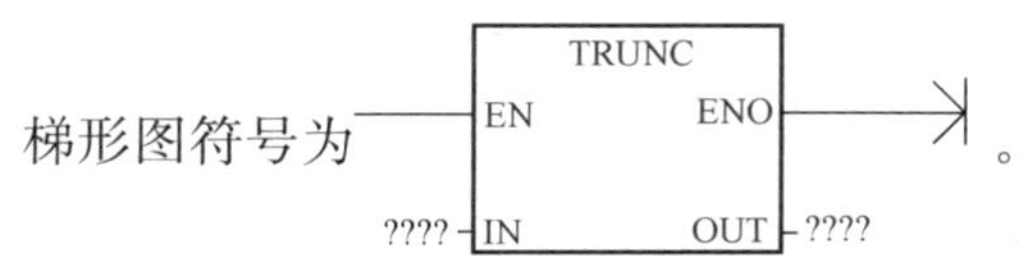

。

取整指令（TRUNC）的有效操作数见表 21-11。

表 21-11　取整指令（TRUNC）的有效操作数

输入/输出	操作数	数据类型
IN	VD、ID、QD、MD、SD、SMD、LD、AC、常数、*VD、*AC、*LD	REAL
OUT	VD、ID、QD、MD、SD、SMD、LD、AC、*VD、*AC、*LD	DINT

5. 双整数到整数

双整数到整数转换指令把输入端（IN）的双整数转换成一个整数（OUT），如果要转换的数太大，溢出位被置位，并且输出保持不变。

使 ENO=0 的错误条件：SM 1.1（溢出）；SM4.3（运行时间）；0006（间接寻址）。

这些指令影响下面的特殊存储器位：SM 1.1（溢出）。

梯形图符号为

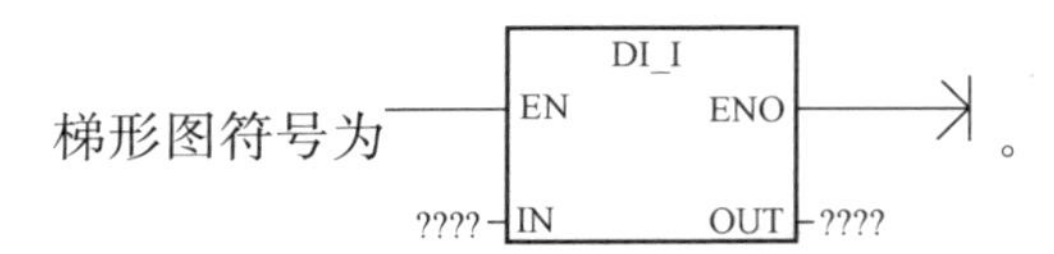

。

双整数到整数转换指令的有效操作数见表 21-12。

表 21-12　双整数到整数转换指令的有效操作数

输入/输出	操作数	数据类型
IN	VD、ID、QD、MD、SD、SMD、LD、AC、常数、*VD、*AC、*LD、HC	DINT
OUT	VW、IW、QW、MW、SW、SMW、LW、T、C、AC、*VD、*AC、*LD	INT

6. 整数到双整数

整数到双整数转换指令把输入端（IN）的整数转换成一个双整数（OUT），符号进行扩展。

使 ENO=0 的错误条件：SM4.3（运行时间）；0006（间接寻址）。

梯形图符号为

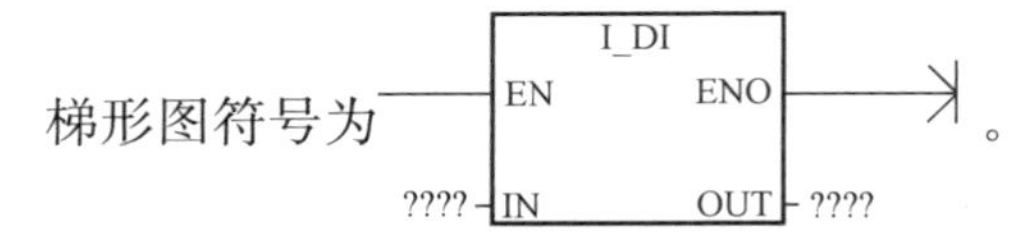

。

整数到双整数转换指令的有效操作数见表 21-13。

表 21-13 整数到双整数转换指令的有效操作数

输入/输出	操作数	数据类型
IN	VW、IW、QW、MW、SW、SMW、LW、AIW、T、C、AC、常数、* VD、* AC、* LD	INT
OUT	VD、ID、QD、MD、SD、SMD、LD、AC、* VD、* AC、* LD	DINT

7. 整数到实数

整数转换到实数时，使用整数到双整数指令 6，然后再使用双整数到实数指令 2。

8. 字节到整数

字节到整数转换指令把输入端（IN）的字节值转换成一个整数（OUT），由于字节是无符号的，所以没有符号扩展。

使 ENO=0 的错误条件：SM4.3（运行时间）；0006（间接寻址）。

梯形图符号为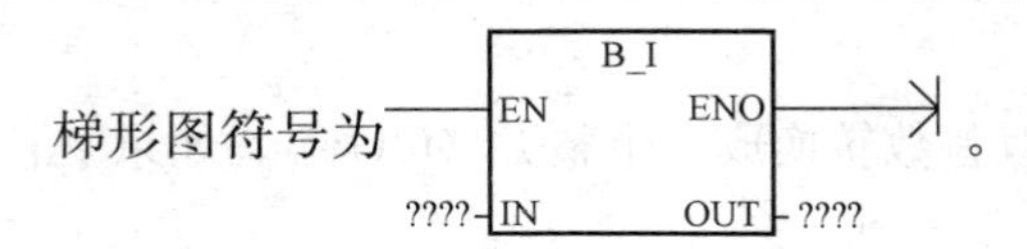。

字节到整数转换指令的有效操作数见表 21-14。

表 21-14 字节到整数转换指令的有效操作数

输入/输出	操作数	数据类型
IN	VB、IB、QB、MB、SB、SMB、LB、AC、常数、* VD、* AC、* LD	BYTE
OUT	VW、IW、QW、MW、SW、SMW、LW、T、C、AC、*VD、* AC、* LD	INT

9. 整数到字节

整数到字节转换指令把输入端（IN）的字转换成一个字节（OUT），值的范围是 0～255，所有其他的值会造成溢出，输出不变化。

使 ENO=0 的错误条件：SM1.1（溢出）；SM4.3（运行时间）；0006（间接寻址）。

这些指令影响下面的特殊存储器位：SM1.1（溢出）。

梯形图符号为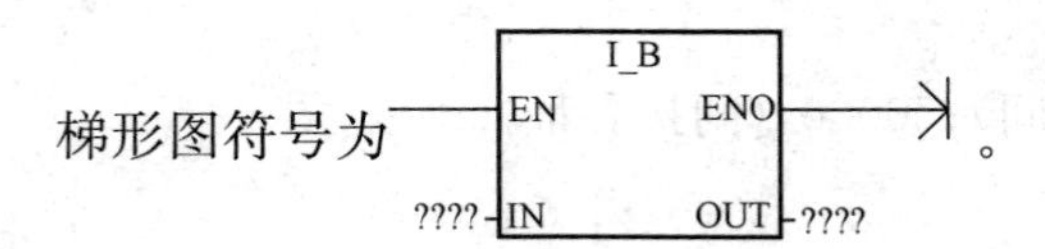。

整数到字节转换指令的有效操作数见表 21-15。

表 21-15　　整数到字节转换指令的有效操作数

输入/输出	操作数	数据类型
IN	VW、IW、QW、MW、SW、SMW、LW、T、C、AIW、AC、常数、* VD、* AC、* LD	INT
OUT	VB、IB、QB、MB、SB、SMB、LB、AC、* VD、* AC、* LD	BYTE

10. PID 控制

PID 控制是比例-积分-微分控制（proportional-integral-derivative）的简称。其优点是不需要精确地控制系统数学模型，有较强的灵活性和适应性，而且 PID 控制的结构典型、程序设计简单、工程上易于实现、参数调整方便。

（1）用 PLC 对模拟量进行 PID 控制大致有如下几种方法：

1）使用 PID 过程控制模块。这种模块的 PID 控制程序是 PLC 厂家设计的，并放在模块中，使用时只需要设置一些参数，使用起来非常方便。

2）使用 PID 功能指令。它是用于 PID 控制的子程序，与模拟量输入/输出模块一起使用，可以得到类似于使用 PID 过程控制的效果，但价格低，如 S7-200 的 PID 指令。

3）用自编的程序实现 PID 控制。在没有 PID 过程控制模块和功能指令的情况下，仍希望采用某种改进的 PID 控制算法，此时需要自己编制 PID 控制程序。

（2）输入输出变量的转换。PID 控制有给定值 sp 和过程变量 pv 两个输入量。给定值通常是固定值，过程变量通常是经过 A/D 转换和计算后得到的被控量的实测值。给定值和过程变量都是和被控对象有关的值，对于不同的系统，它们的大小、范围与工程单位有很大的不同。应用 PLC 的 PID 指令对这些量进行运算之前，必须将其转换成标准化的浮点数（实数）。同样，对于 PID 指令的输出，在将其送给 D/A 转换器之前，也需要进行转换。

（3）PID 指令及其回路表。

S7-200 的 PID 指令梯形图符号为

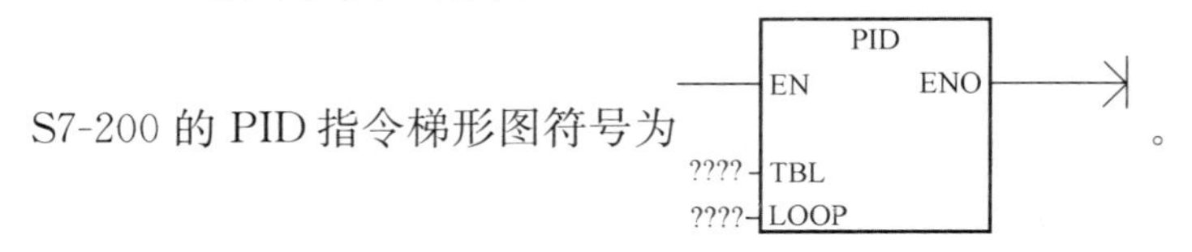

。

指令中 TBL 是回路表的起始地址，LOOP 是回路编号。编译时如果指令指定的回路表起始地址或回路号超出范围，CPU 将生成编译错误（范围错误），引起编译失败。PID 指令对回路表中的某些输入值不进行范围检查，应保证过程变量、给定值等不超限。回路表见表 21-16。

表 21-16　　回　路　表

偏移地址	变　量	格　式	类　型	描　述
0	过程变量 PV_N	双字节数	输入	应在 0.0～1.0
4	给定值 SP_n	双字节数	输入	应在 0.0～1.0
8	输出值 M_n	双字节数	输入/输出	应在 0.0～1.0
12	增益 K_c	双字节数	输入	比例常数，可正可负

续表

偏移地址	变　量	格　式	类　型	描　述
16	采样时间 T_s	双字节数	输入	单位 s，必须为正
20	积分时间 T_i	双字节数	输入	单位 min，必须为正
24	微分时间 T_d	双字节数	输入	单位 min，必须为正
28	上一次的积分值	双字节数	输入/输出	应在 0.0～1.0
32	上一次过程变量	双字节数	输入/输出	最后一次运算过程变量值

过程变量与给定值是PID运算的输入值，在回路表中它们只能被PID指令读取而不能改写。每次完成PID运算后，都要更新回路表内的输入值 M_n，它被限制在0.0～1.0。

如果PID指令中的算术运算发生错误，特殊存储器位SM 1.1（溢出或非法数值）被置为1，并将中止PID指令的执行，想要消除这种错误，在下一次执行PID运算之前，应改变引起运算错误的输入值，而不是更新输出值。

11. MM420 变频器

MM420变频器全称MICROMASTER420系列变频器。

（1）MM420变频器工作原理。交流电动机的同步转速表达式为

$$n = 60\ f(1-s)/p \tag{21-1}$$

式中　n——异步电动机的转速；

f——异步电动机的频率；

s——电动机转差率；

p——电动机极对数。

由式（21-1）可知，转速 n 与频率 f 成正比，只要改变频率 f 即可改变电动机的转速，当频率 f 在0～50Hz的范围内变化时，电动机转速调节范围非常广。变频器就是通过改变电动机电源频率实现速度调节的。

MICROMASTER420是用于控制三相交流电动机速度的变频器系列。该变频器由微处理器控制，并采用绝缘栅双极性晶体管（IGBT）作为功率输出器件。为交-直-交变频器，即先把频率、电压都固定的交流电整流成直流电，再把直流电逆变成频率、电压都可调的三相交流电源。该变频器的基本结构如图21-1所示。

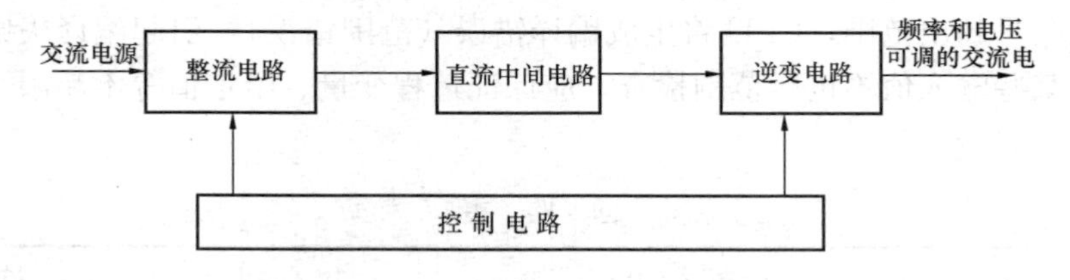

图21-1　MM420变频器的基本结构

1）整流电路——交-直部分。整流电路通常由二极管或晶闸管构成的桥式电路组成，把频率、电压都固定的交流电整流成直流电。

2）直流中间电路部分——滤波电路。根据储能元件不同，滤波电路分为电容滤波和电感滤波两种，分别构成电压型变频器和电流型变频器。

3）逆变电路——直-交部分。逆变电路是交-直-交变频器的核心部分，把直流电逆变成频率、电压都可调的三相交流电源，直接控制电动机。

（2）MM420 变频器参数。MM420 变频器参数见表 21-17。

表 21-17　MM420 变频器参数

参数号	参数名称	Default	Level	DS	QC
R0000	驱动装置只读参数的显示值	•	2	•	•
P0003	用户的参数访问级	1	1	CUT	•
P004	参数过滤器	0	1	CUT	•
P0010	调试用的参数过滤器	0	1	CT	N
P3950	访问隐含的参数	0	4	CUT	•
P3900	快速调试结束	0	1	C	Q
P0970	复位为工厂设定值	0	1	C	

（3）MM420 变频器与电动机连接方式及接线图。接单相电源时，变频器与电动机连接如图 21-2 所示。

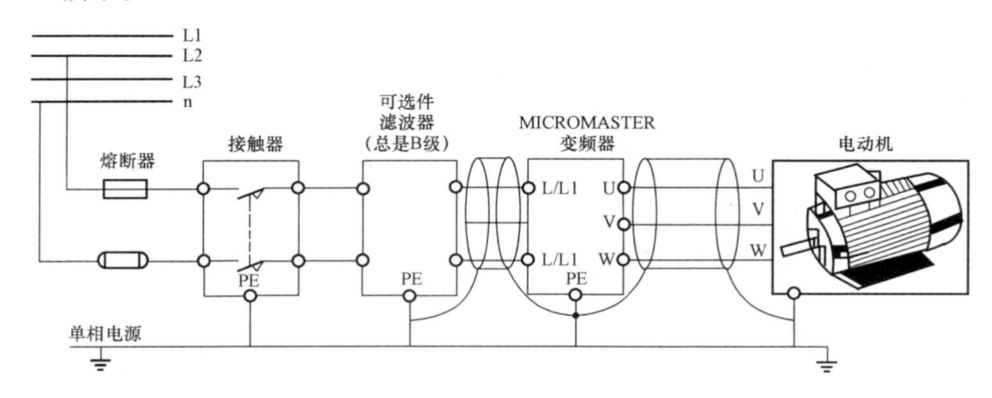

图 21-2　接单相电源时，变频器与电动机连接

接三相电源时，变频器与电动机连接如图 21-3 所示。

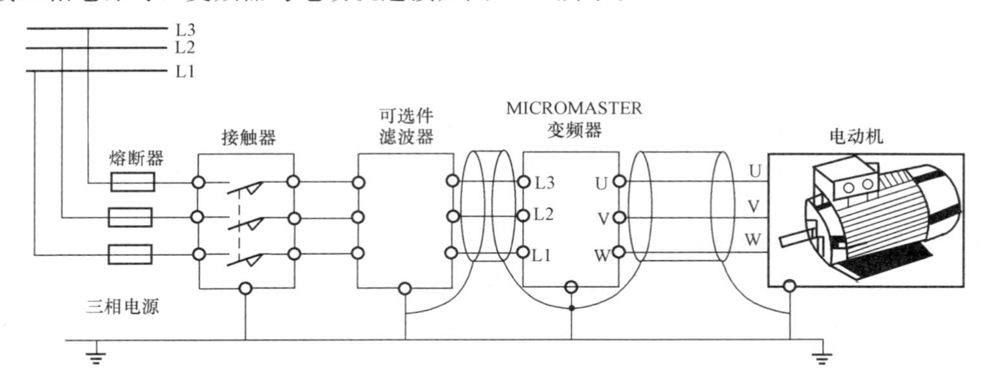

图 21-3　接三相电源时，变频器与电动机连接

MM420变频器与电动机接线如图21-4所示。

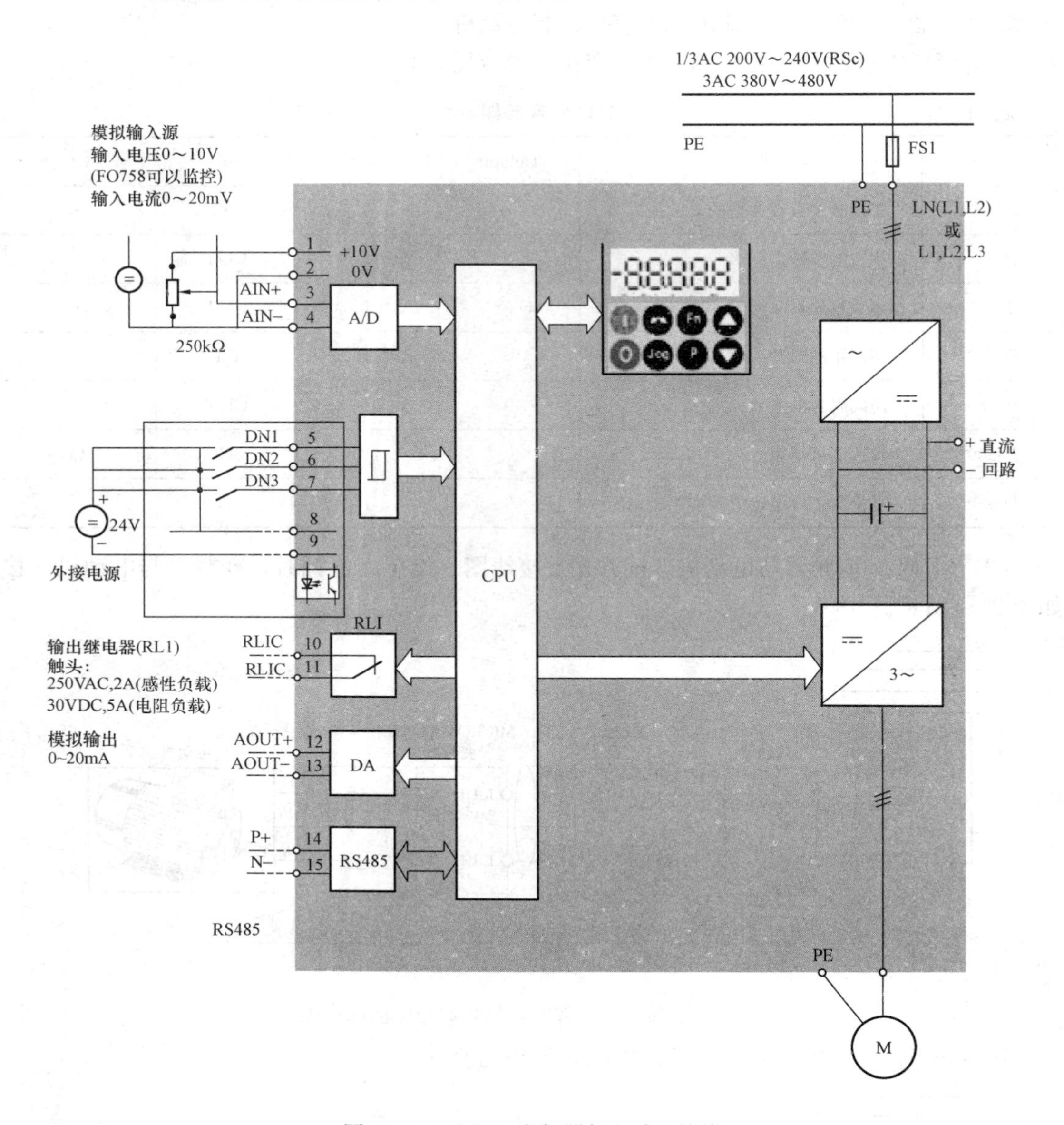

图21-4　MM420变频器与电动机接线

12. KYB压力变送器

（1）KYB压力变送器工作原理。压力变送器被测介质的两种压力通入高、低两压力室，作用在即敏感元件的两侧隔离膜片上，通过隔离片和元件内的填充液传送到测量膜片两侧。测量膜片与两侧绝缘片上的电极各组成一个电容器。两侧压力不一致时，致使测量膜片产生位移，其位移量和压力差成正比，故两侧电容量就不等，通过振荡和解调环节，转换成与压力成正比的信号。压力变送器和绝对压力变送器的工作原理和差压变送器相同，所不同的是低压室压力是大气压或真空，内含A/D转换器、D/A转换器。A/D转换器将解调器的电流转换成数字信号，其值被微处理器用来判定输入压力值。微处理器控制变送器的工作。另外，它还进行传感器线性化。重置测量范围。工程单位换算、阻尼、开方、传感器微调等运算，以及诊断和数字通信。D/A 转换器把微处理器来的并经校正过的数字信号微调数据，这些数据可用变送器软件修改。数据储存在 EEPROM 内，即使断电也保存完整。

KYB 压力变送器由一个扩散硅压力芯片和信号处理电路组成，当外施压力时，将引起压力芯片的输出电压发生变化，再经信号处理电路将其放大，并转换为与输入压力成线性对应关系的标准电流输出信号。

KYB-800KT 型压力变送器由压力敏感部件、恒流源供电电路、信号放大处理电路组成。压力敏感部件采用国际高品质扩散硅压阻式压力传感器，其利用两个单晶硅片结合在一起，上面硅片通过微机械加工工艺构成一个惠斯通电桥，该电桥电压输出与作用在硅片上的压力差成比例；恒流源供电电路可产生 2mA 直流电流，用于激励压力传感器工作。信号放大处理电路用于将惠斯通电桥产生的电压信号线性放大处理并转换成 0～5V DC 或 4～20mA DC 等多种工业标准化信号。

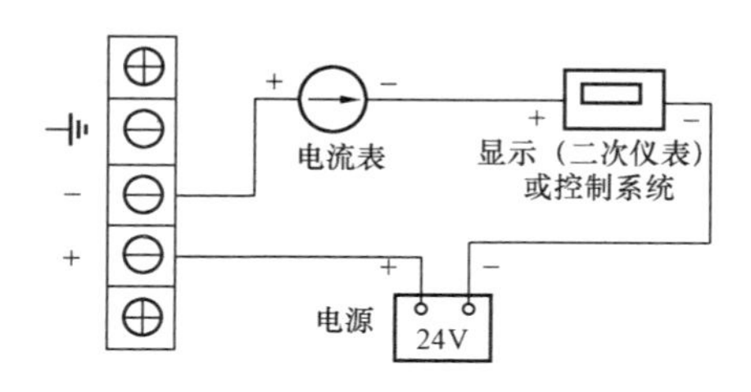

图 21-5　二线制输出电流接线

（2）KYB 压力变送器接线方式。

二线制输出电流接线如图 21-5 所示。

三线制输出电流接线如图 21-6 所示。

二线制输出电压接线如图 21-7 所示。

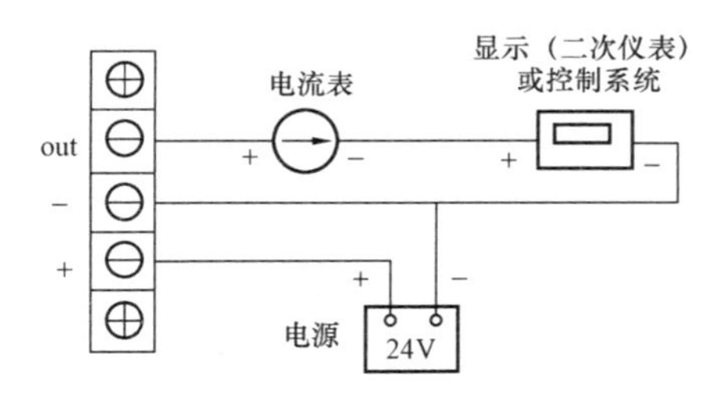

图 21-6　三线制输出电流接线

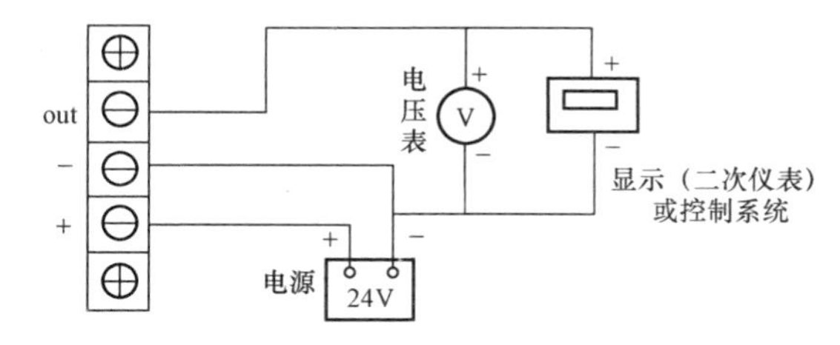

图 21-7　二线制输出电压接线

13. EM235PLC 模拟量扩展模块

EM235 是常用的模拟量扩展模块，具有 4 路模拟量输入和一路模拟量输出功能。

（1）EM235 PLC 模拟量扩展模块接线方式。EM235 PLC 模拟量扩展模块接线如图 21-8 所示。

对于电压信号，按正负直接接入 X＋和 X－；对于电流信号将 RX 和 X＋短接后接入电流输入信号的“＋”端；未连接传感器的通道要将 X＋和 X－短接。

对于某一模块，只能将输入端同时设置为一种量程和格式，即相同的量程和分辨率。

（2）EM235 PLC 模拟量扩展模块技术参数。EM235 PLC 模拟量扩展模块技术参数见表 21-18。

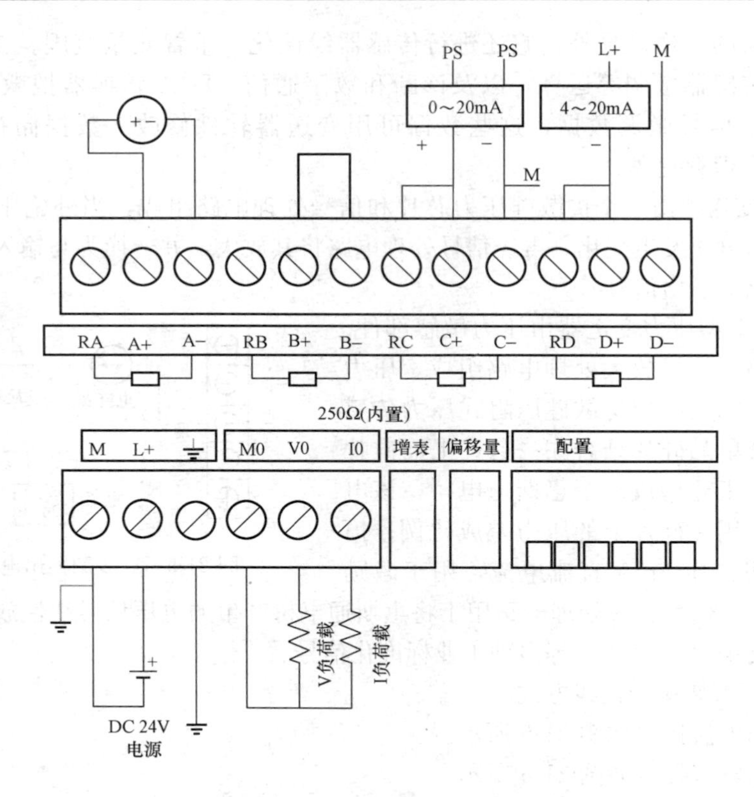

图 21-8　EM235 PLC 模拟量扩展模块接线

表 21-18　　EM235 PLC 模拟量扩展模块技术参数

模拟量输入特性	
模拟量输入点数	4
输入范围	电压（单极性）0～10V、0～5V、0～1V、0～500mV、0～100mV、0～50mV
	电压（双极性）±10V、±5V、±2.5V、±1V、±500mV、±250mV、±100mV、±50mV、±25mV
	电流 0～20mA
数据字格式	单极性全量程范围 0～+32 000；双极性全量程范围−32 000～32 000
分辨率	12 位 A/D 转换器
模拟量输出特性	
模拟量输出点数	1
信号范围	电压输出±10V；电流输出 0～20mA
数据字格式	电压−32 000～+32 000；电流 0～32 000
分辨率电流	电压 12 位；电流 11 位

(3) EM235 PLC 模拟量扩展模块开关设置。EM235 PLC 模拟量扩展模块开关设置见表 21-19。

表 21-19　　EM235 PLC 模拟量扩展模块开关设置

EM235 开关						单/双极性选择	增益	衰减
SW1	SW2	SW3	SW4	SW5	SW6			
					ON	单极性		
					OFF	双极性		
			OFF	OFF			×1	
			OFF	ON			×10	
			ON	OFF			×100	
			ON	ON			无效	
ON	OFF	OFF						0.8
OFF	ON	OFF						0.4
OFF	OFF	ON						0.2

表 21-19 说明如何用 DPI 开关设置 EM235 扩展模块，开关 1～6 可选择输入模拟量的单/双极性、增益和衰减。由该表可得，DIP 开关 SW6 决定模拟量输入的单双极性，当 SW6 为 ON 时，模拟量输入为单极性输入，SW6 为 OFF 时，模拟量输入为双极性输入。SW4 和 SW5 决定输入模拟量的增益选择，而 SW1、SW2、SW3 共同决定了模拟量的衰减选择。EM235 PLC 模拟量扩展模块所有的输入设备见表 21-20。

表 21-20　　EM235 PLC 模拟量扩展模块所有输入设备

单极性						满量程输入	分辨率
SW1	SW2	SW3	SW4	SW5	SW6		
ON	OFF	OFF	ON	OFF	ON	0～50mV	12.5μV
OFF	ON	OFF	ON	OFF	ON	0～100mV	25 μV
ON	OFF	OFF	OFF	ON	ON	0～500mV	125 μV
OFF	ON	OFF	OFF	ON	ON	0～1V	250μV
ON	OFF	OFF	OFF	OFF	ON	0～5V	1.25mV
ON	OFF	OFF	OFF	OFF	ON	0～20mA	5μA
OFF	ON	OFF	OFF	OFF	ON	0～10V	2.5mV
双极性						满量程输入	分辨率
SW1	SW2	SW3	SW4	SW5	SW6		
ON	OFF	OFF	ON	OFF	OFF	±25mV	12.5μV
OFF	ON	OFF	ON	OFF	OFF	±50mV	25μV
OFF	OFF	ON	ON	OFF	OFF	±100mV	50μV
ON	OFF	OFF	OFF	ON	OFF	±250mV	125μV
OFF	ON	OFF	OFF	ON	OFF	±500mV	250μV
OFF	OFF	ON	OFF	ON	OFF	±1V	500μV
ON	OFF	OFF	OFF	OFF	OFF	±2.5V	1.25mV
OFF	ON	OFF	OFF	OFF	OFF	±5V	2.5mV
OFF	OFF	ON	OFF	OFF	OFF	±10V	5mV

(4) EM235 PLC模拟量扩展模块输入数据字格式。12位数据值在CPU的模拟量输入字中的位置如图21-9所示。

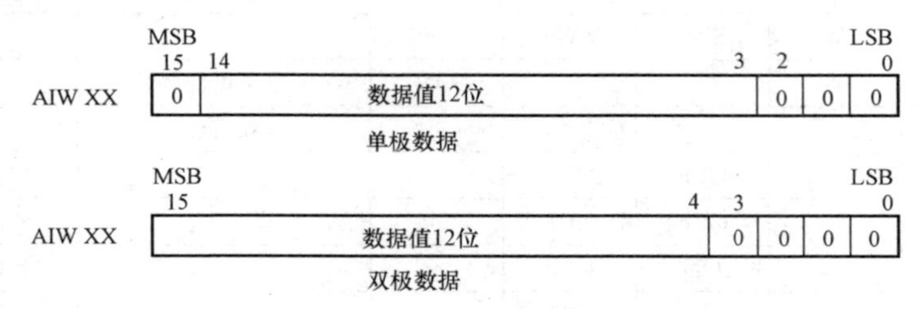

图21-9 12位数据值在CPU的模拟量输入字中的位置

12位数据值在CPU的模拟量输出字中的位置如图21-10所示。

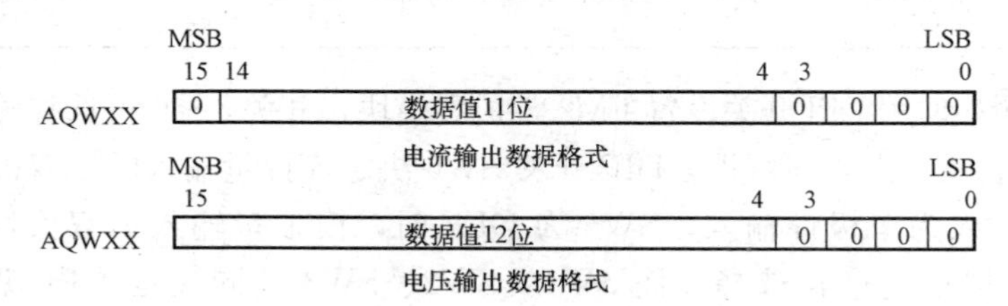

图21-10 12位数据值在CPU的模拟量输出字中的位置

任务实施

一、恒压供水系统PLC及变频器控制工作原理

恒压供水系统PLC及变频器控制的恒压控制采用闭环控制，在水泵的输出管网中安装一个压力变送器，将管内水压转换成0～5V的信号输入EM235 PLC的扩展模拟量输入/输出模块的模拟量输入端并经过A/D转换将其转换成数字信号。该数字信号与压力给定值相比较，并经过PID运算，由PLC输出控制信号经D/A转换，通过EM235 PLC的扩展模拟量输入/输出模块的模拟量输出端输出4～20mA的控制信号并将其送往变频器，控制变频器输出频率，从而控制水泵电动机转速，使水压稳定在给定值。

恒压供水系统PLC及变频器控制系统中，当水量发生变化时，变频器根据管内的压力给定值和变频器反馈的实际压力值之差，发生相应的变化，保证管网压力稳定，实现管网的恒压供水，其控制原理框图如图21-11所示。

恒压供水系统PLC及变频器控制I/O分配表，见表21-21，辅助继电器参数表见表21-

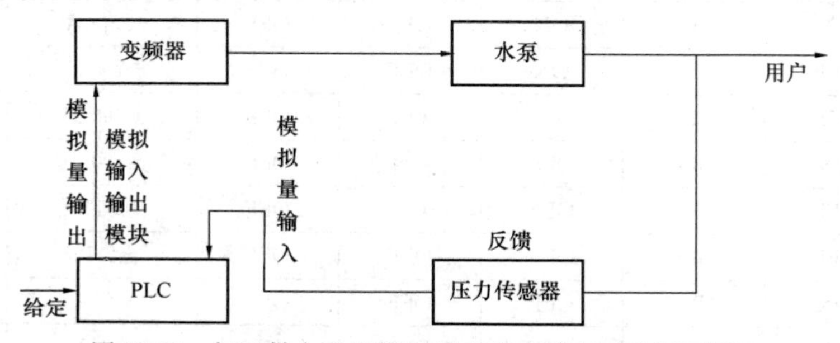

图21-11 恒压供水系统PLC及变频器控制系统原理框图

22。其主电路如图 21-12 所示，硬件接线如图 21-13 所示，系统总电路如图 21-14 所示。按硬件接线图接好线，将相应的控制指令程序输入 PLC 中调试好。

表 21-21　恒压供水系统 PLC 及变频器控制 I/O 分配表

输入			输出		
符号	地址	功能	符号	地址	功能
SB1	I0.0	自动起动	KM1	Q0.0	电动机起动
SB2	I0.1	自动停止		AQW0	模拟量输出
SB3	I0.2	手动起动			
SB4	I0.3	手动停止			
	AIW0	模拟量输入			

表 21-22　辅助继电器参数表

VD101	压力给定值	VD112	比例系数
VD204	频率上限	VD116	采样时间
VD208	频率下限	VD120	积分时间
VD100	处理后模拟量输入值	VD124	微分时间
VD250	PI 调节结果存储单元		
VD108	PI 计算值		

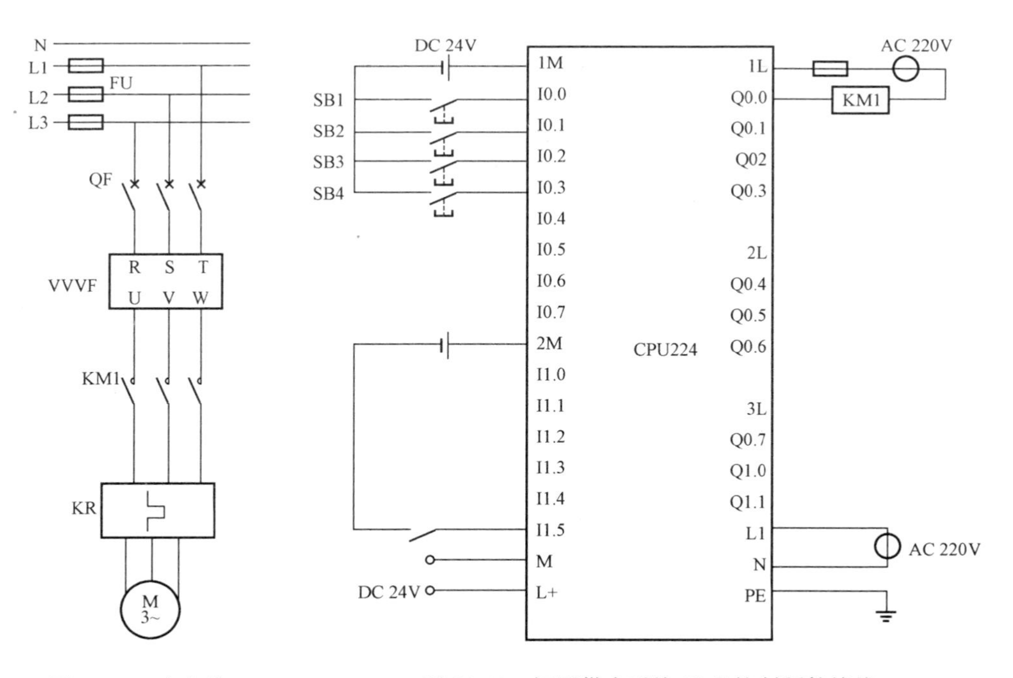

图 21-12　主电路　　图 21-13　恒压供水系统 PLC 控制硬件接线

二、所需材料及设备

可编程序控制器 S7-200、组合开关、熔断器、LED 灯、按钮、接线端子排、塑料软铜线、电工通用工具、镊子、万用表、绝缘电阻表、配线板等，器材型号或参数见表 21-23。

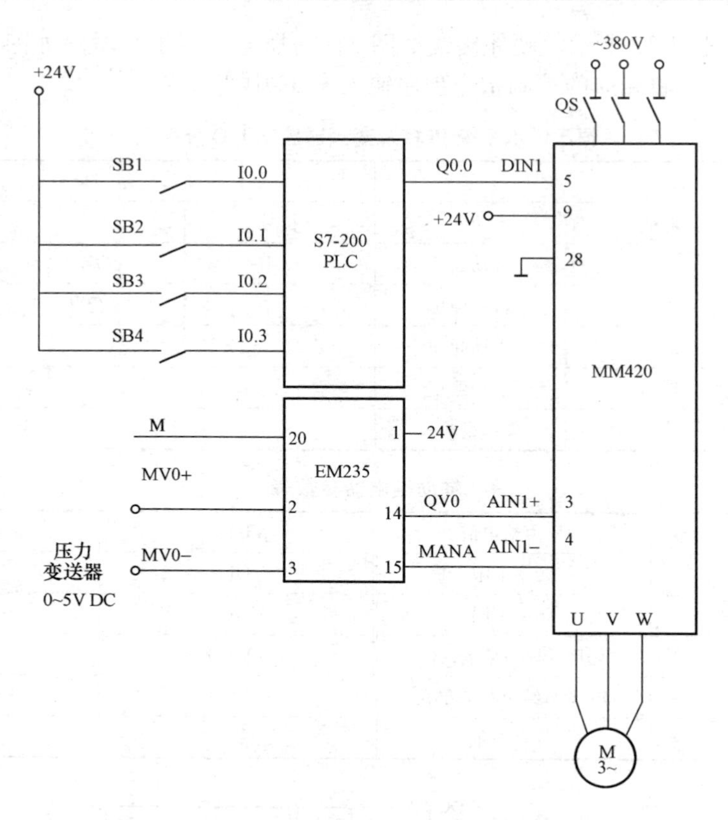

图 21-14 恒压供水系统 PLC 及变频器控制总电路

表 21-23 项 目 器 材

名 称	型号或参数	单位	数量或长度
三相四线电源	AC 3×380/220V，20A	处	1
单相交流电源	AC 220V 和 36V，5A	处	1
计算机	预装 V4.0 STEP7 编程软件，型号自定义	台	1
可编程序控制器	S7-224	台	1
PLC 模拟量扩展模块	EM235	个	1
配线板	500mm×600mm×20mm	块	1
组合开关	HZ10-25/3	个	1
DC 24V 开关电源	S-240-24	个	1
变频器	MM420	台	1
压力变送器	KYB-800KT	个	1
三联按钮	LA10-3H 或 LA4-3H	个	2
交流接触器	CJ10-20，线圈电压 AC 220V	只	1
熔断器及熔芯配套	RL6-60/20	套	3
熔断器及熔芯配套	RL6-15/4	套	1
接线端子排	JX2-1015，500V、10A	条	3
塑料软铜线	BVR-1.5mm^2	m	20

续表

名 称	型号或参数	单位	数量或长度
塑料软铜线	BVR-0.75mm²	m	10
别径压端子	UT2.5-4，UT1-4	个	40
行线槽	TC3025	条	5
异形塑料管	ϕ3mm	m	0.2
木螺钉	ϕ3mm×20mm，ϕ3mm×15mm	个	20
平垫圈	ϕ4mm	个	20

三、设计程序

根据系统控制要求，系统有手动和自动两种工作方式。手动工作方式主要完成电动机的起动和停止，以及出现不正常工作情况时通过手动操作使系统回到初始状态。自动工作方式是自动完成各个流程。

1. 系统流程图

系统流程图如图 21-15 所示。

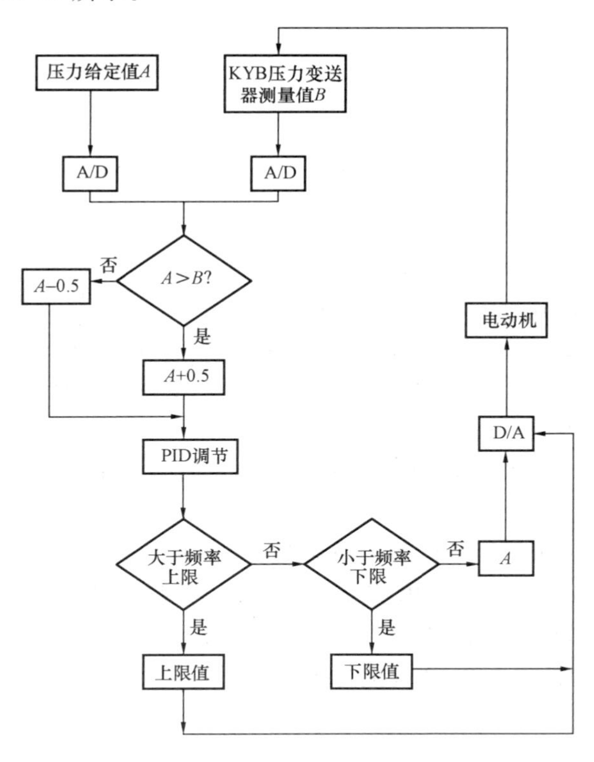

图 21-15 系统流程图

2. 水泵电动机起动控制程序设计

水泵电动机分为自动起动、手动起动和自动停止、手动停止。PLC 输入端有四个数字量输入，一个模拟量输入。PLC 输出端只有一个模拟量输出，一个数字量输出。其数字量输入/输出部分控制程序设计如图 21-16 所示。

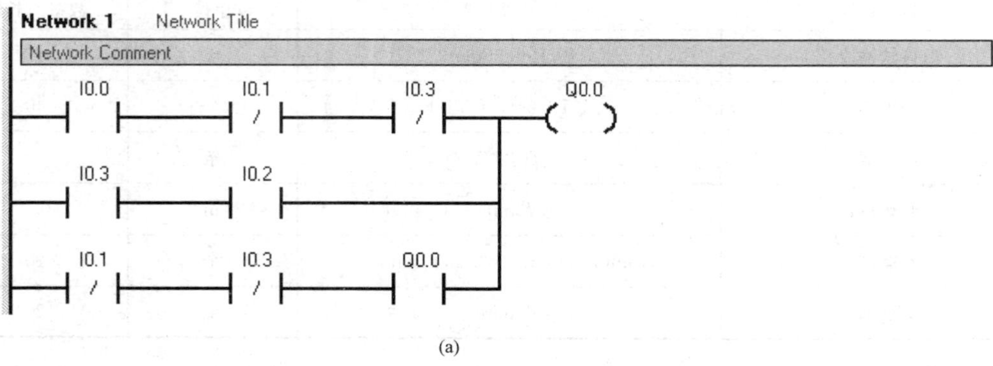

(a)

Network 1 Network Title

Network Comment

```
LD      I0.0
AN      I0.1
AN      I0.3
LD      I0.3
A       I0.2
OLD
LDN     I0.1
AN      I0.3
A       Q0.0
OLD
=       Q0.0
```

(b)

图 21-16 数字量输入/输出部分控制程序

(a) 梯形图；(b) 语句表

3. PID 控制程序设计

(1) 回路输入的转换和标准化。每个 PID 回路有两个输入量，给定值（SP）和过程变量（PV）。给定值通常是一个固定的值，例如设定的汽车速度。过程变量是与 PID 回路输出有关，可以衡量输出对控制系统作用的大小。在汽车速度控制系统中，过程变量可以是测速仪的输入（衡量车轮转速高低）。

给定值和过程变量都是和被控对象有关的值，它们的大小、范围和工程单位都可能不一样。

PID 指令在对这些量进行运算以前，必须把它们转换成标准的浮点型实数。

1）将给定值或 A/D 转换后得到的整数值由 16 位整数转换为浮点数，可以用下面的程序实现这种转换，程序如图 21-17 所示。

2）将实数进一步转换成 0.0～1.0 的标准数，可用式（21-2）对给定值及过程变量进行标准化。

$$R_{\mathrm{Norm}} = \frac{R_{\mathrm{Raw}}}{\mathrm{span}} + \mathrm{offset} \tag{21-2}$$

式中 R_{Norm} ——标准化实数值；

R_{Raw} ——标准化前的值；

offset ——偏移量，对单极性变量为 0.0，对双极性变量为 0.5；

span ——取值范围，等于变量的最大值减去最小值，单极性变量的典型值为32 000，双极性变量的典型值为 64 000。

```
Network Comment
XORD    AC0, AC0                //清除累加器
MOVW    AIW0, AC0               //将待转换的模拟量存入累加器
LDW>=   AC0, 0                  //如果模拟量为正
JMP     0                       //直接转换为实数
NOT                             //否则
ORD     16#FFFF0000, AC0        //将AC0内数值进行符号位扩展成32位负数
LBL     0
DTR     AC0, AC0                //将32位整数转换成实数
```

图 21-17　16 位整数转换为浮点数的转换程序

下面的程序将上述转换后得到的 AC0 中的双极性数（其中 span=64 000）转换为0.0～1.0 的实数的转换程序，如图 21-18 所示。

```
Network Comment
/R      64000.0, AC0            //累加器中的标准化值
+R      0.0, AC0                //加上偏置，使其落在0.0~1.0
MOVR    AC0, VD100              //标准化的值存入回路表
```

图 21-18　双极性数转换为 0.0～1.0 的实数转换程序

（2）回路输出值转换为刻度整数值。回路输出即 PID 控制器的输出，回路输出值一般是控制变量，例如，在汽车速度控制中，可以是油阀开度的设置，同时，输出是 0.0～1.0 的标准化了的实数值，在回路输出驱动模拟输出之前，必须把回路输出转换成相应的 16 位整数。这一过程是给定值或过程变量的标准化转换的反过程。该过程的第一步把回路输出转换成相应的实数值，可用式（21-3）将回路输出转换为实数。

$$R_{scal} = (M_n - \text{offset}) \times \text{span} \tag{21-3}$$

式中　R_{scal} ——回路输出的刻度实数值；

M_n ——回路输出标准化的实数值。

将回路输出转换为对应实数的程序，如图 21-19 所示。

```
Network Comment
MOVR    VD108, AC0              //把回路输出值移入累加器
-R      0.5, AC0                //仅双极性有此句
*R      64000.0, AC0            //在累加器中得到刻度值
```

图 21-19　输出转换为对应实数的程序

下一步是把回路输出的刻度转换成 16 位整数，可通过程序如图 21-20 所示完成。

```
Network Comment
ROUND   AC0, AC0                //将实数转换为32位整数
MOVW    AC0, AQW0               //将16位整数写入模拟输出(D/A)寄存器
```

图 21-20　输出实数转化为 16 位整数的程序

（3）正作用或反作用回路。如果增益为正，那么该回路为正作用回路；如果增益为负，那么是反作用回路。对于增益为零的积分或微分控制来说，如果指定积分时间、微分时间为

正，就是正作用回路；指定为负值，则是反作用回路。

(4) 变量和范围。过程变量和给定值是PID运算的输入值，因此在回路表中，这些值只能被回路指令读而不能改写。

输出变量是由PID运算产生的，所以在每一次PID运算完成之后，需更新回路表中的输出值，输出值被限定在0.0～1.0。当PID指令从手动方式转变到自动方式时，回路表中的输出值可以用来初始化输出值。

如果使用积分控制，积分项前值要根据PID运算结果更新。这个更新了的值用作下一次PID运算的输入，当输出值超过范围（大于1.0或小于0.0)，那么积分项前值必须根据式（21-4）或式（21-5）进行调整。

当计算输出 $M_n>1.0$ 时　　$MX=1.0-(MP_n+MD_n)$　　(21-4)

当计算输出 $M_n<0.0$ 时　　$MX=-(MP_n+MD_n)$　　(21-5)

式中　MX——经过调整后的积分或积分项前值；

MP_n——第 n 采样时刻的比例项值；

MD_n——第 n 采样时刻的微分项值；

M_n——第 n 采样时刻的输出值。

这样调整积分项前值，一旦输出回到范围后，可以提高系统的响应性能。而且积分项前值也要限制在0.0～1.0，然后在每次PID运算结束之后把积分项前值写入回路表，以备在下次PID运算中使用。另外，可以在执行PID指令以前修改回路表中积分项前值。在实际运用中，这样做的目的是找到由于积分项前值引起的问题。手工调整积分项前值时，必须小心谨慎，还应保证写入的值在0.0～1.0。

(5) 控制方式。S7-200的PID回路没有设置控制方式，只要PID块有效，就可以执行PID运算。从这种意义来说，PID运算存在一种自动运行方式。当PID运算不被执行时，称为手动方式。

同计数器指令相似，PID指令有一个使能位。当该使能位检测到一个信号的正跳变(从0到1)，PID指令执行一系列动作，使PID指令从手动方式无扰动地切换到自动方式。为了达到无扰动切换，在转变到自动控制前，必须用手动方式把当前输出值填入回路表中的 M_n 栏。PID指令对回路表中的值进行下列动作，以保证当使能位正跳变出现时，从手动方式无扰动切换到自动方式：

置给定值(SP_n)＝过程变量(PV_n)

置过量变量前值(PV_{n_1})＝过程变量现值(PV_n)

置积分项前值(MX)＝输出值(M_n)

PID使能位的默认值是1，在CPU启动或从STOP方式转到RUN方式时建立。CPU进入RUN方式后首次使PID块有效，没有检测到使能位的正跳变，那么就没有无扰动切换动作。

(6) PID计算。因为是利用PID指令实现PID闭环控制。所以在程序设计中，只需要设定PID中控制器参数初值如压力给定值、回路增益 K_c、采样时间 T_s、积分时间 T_i，微分时间 T_d 等，使用PID指令，在自动方式下运行。

4. 整体控制程序设计

根据控制要求，在计算机中编写程序，整体控制程序设计如图21-21所示。

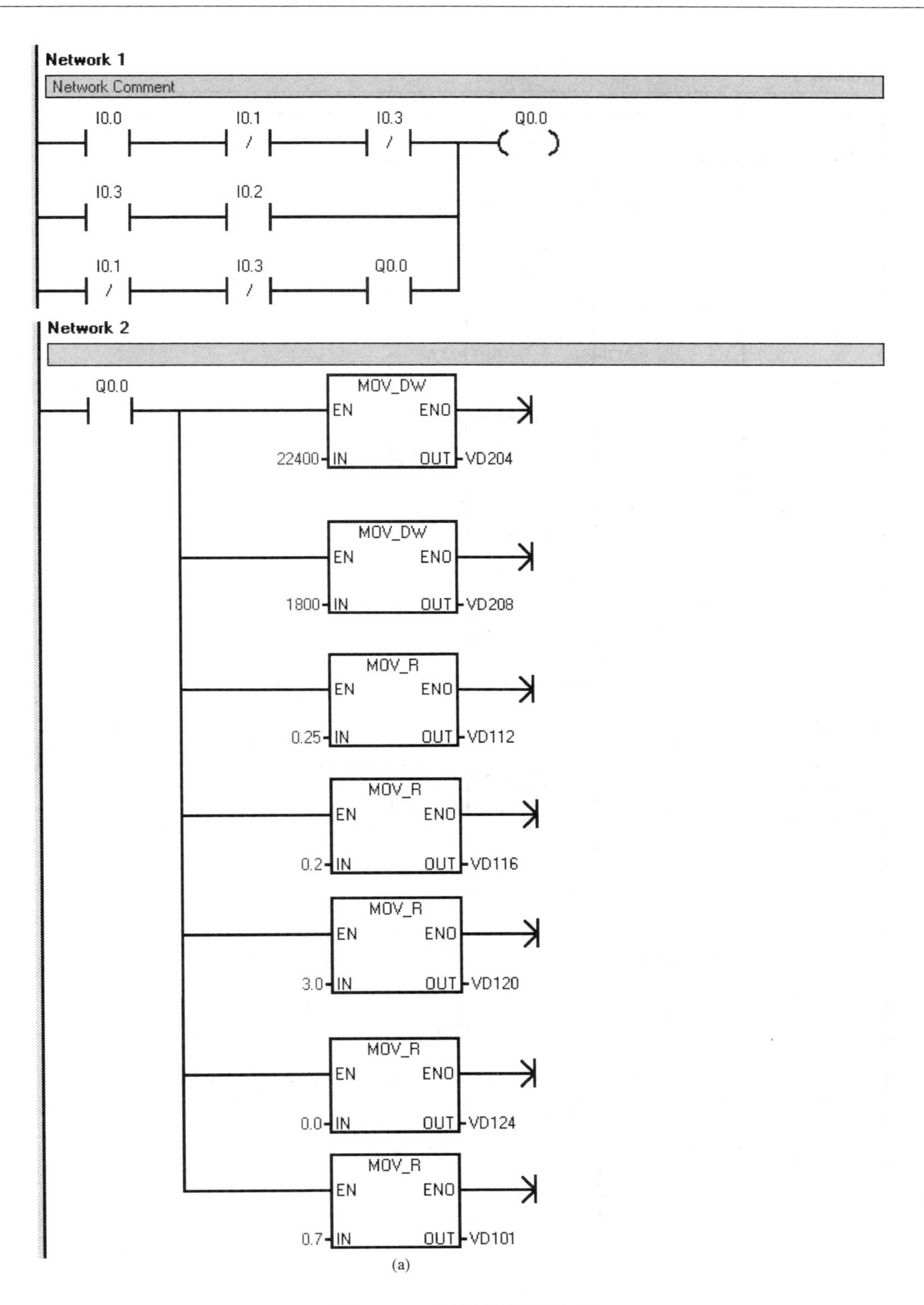

图 21-21　整体控制程序(一)

(a) 梯形图

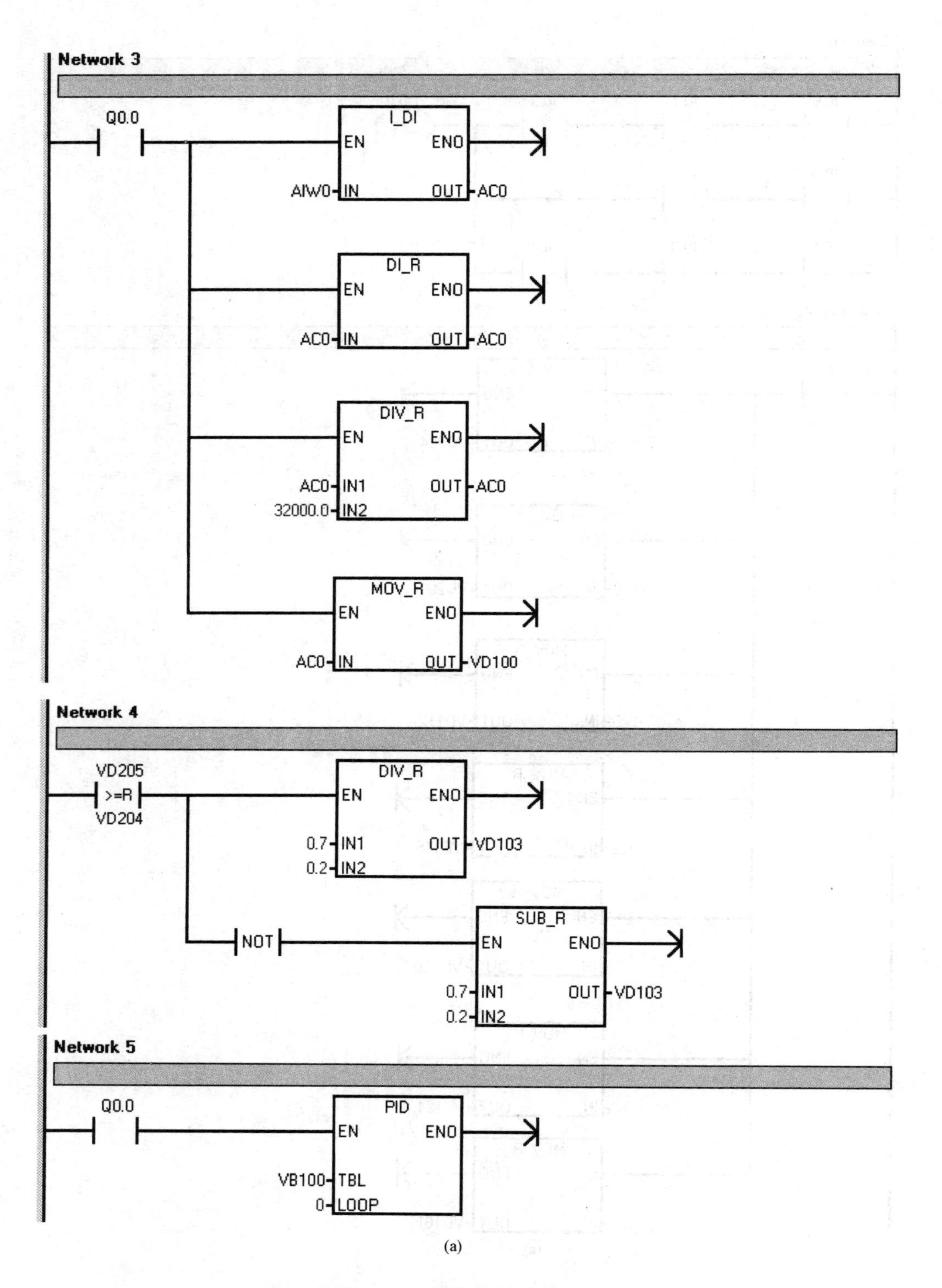

(a)

图 21-21 整体控制程序(二)
(a) 梯形图

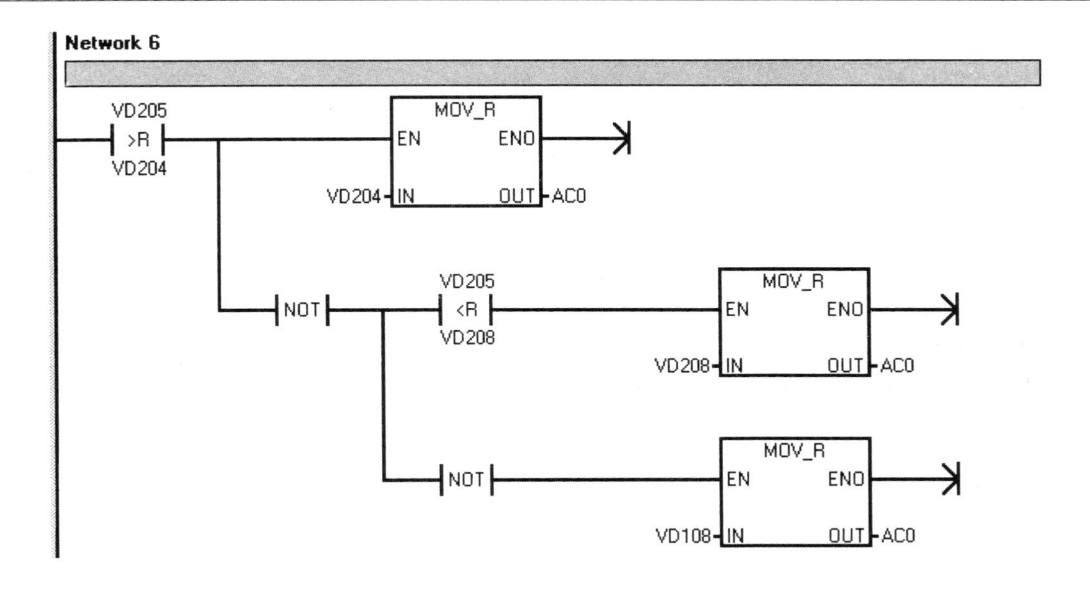

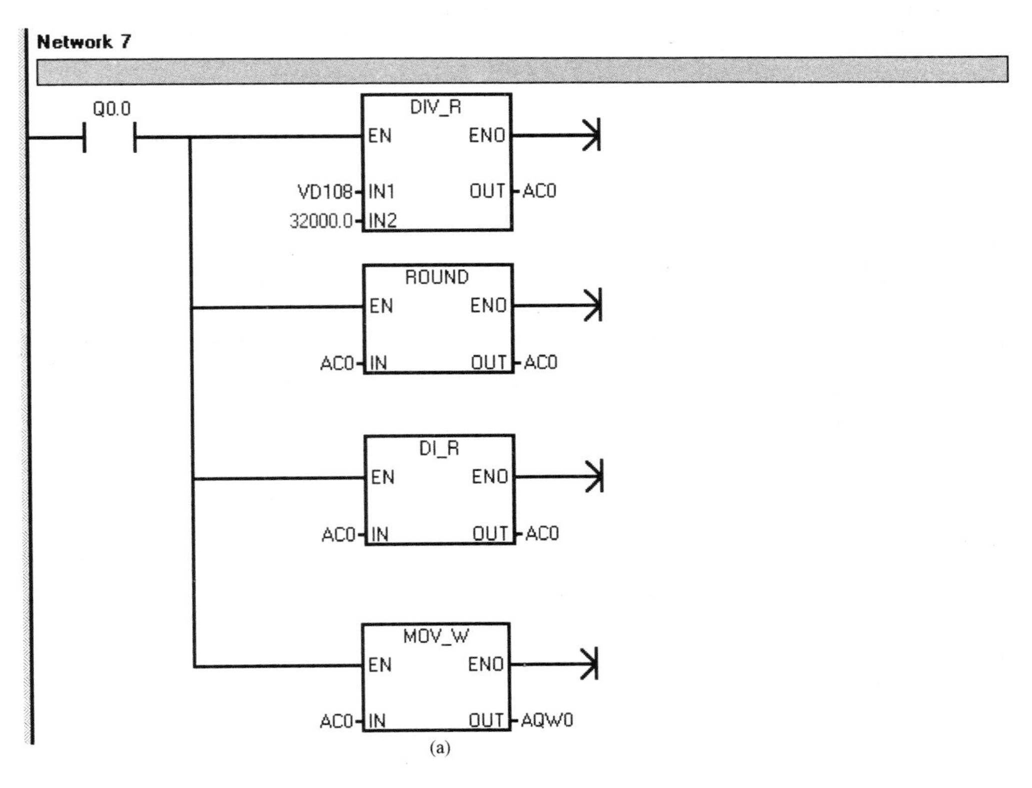

(a)

图 21-21　整体控制程序(三)

(a) 梯形图

```
Network 1
Network Comment
LD      I0.0
AN      I0.1
AN      I0.3
LD      I0.3
A       I0.2
OLD
LDN     I0.1
AN      I0.3
A       Q0.0
OLD
=       Q0.0
Network 2

LD      Q0.0
MOVD    22400, VD204
MOVD    1800, VD208
MOVR    0.25, VD112
MOVR    0.2, VD116
MOVR    3.0, VD120
MOVR    0.0, VD124
MOVR    0.7, VD101
Network 3

LD      Q0.0
ITD     AIW0, AC0
DTR     AC0, AC0
/R      32000.0, AC0
MOVR    AC0, VD100
Network 4

LDR>=   VD205, VD204
MOVR    0.7, VD103
/R      0.2, VD103
NOT
MOVR    0.7, VD103
-R      0.2, VD103
Network 5

LD      Q0.0
PID     VB100, 0
Network 6

LDR>    VD205, VD204
MOVR    VD204, AC0
NOT
LPS
AR<     VD205, VD208
MOVR    VD208, AC0
LPP
NOT
MOVR    VD108, AC0
Network 7

LD      Q0.0
MOVR    VD108, AC0
/R      32000.0, AC0
ROUND   AC0, AC0
DTR     AC0, AC0
MOVW    AC0, AQW0
```

(b)

图 21-21 整体控制程序（四）

（b）语句表

5. 说明

(1) 整体控制程序中网络 1 起控制水泵电动机起动停止作用。

(2) 整体控制程序中网络 2 是初始化程序，主要起参数设定作用。例如，上限 VD204＝22 400；下限 VD208＝1800；比例系数 VD112＝0.25；采样时间 VD116＝0.2；积分时间 VD120＝3.0；微分时间 VD124＝0.0；采用 PI 调节器，压力给定值 VD101＝0.7。

(3) 整体控制程序中网络 3 起整数至双整数，双整数至实数，实数相除，实数传送等一系列转换，将输入模拟量转换成标准化的浮点数（实数）作用。

(4) 整体控制程序中网络 4、5 起给定值与实际值比较，起始位置 VB100，回路号 0，实现 PI 计算作用。

(5) 整体控制程序中网络 6 起 PI 计算值与频率的上下限值进行比较，判断出进行 D/A 转换值作用。

(6) 整体控制程序中网络 7 起实数相乘、取舍、双整数变整数，字传送，实现 D/A 转换作用。

四、安装配线

按图 21-12～图 21-14 所示进行配线，安装并确认接线正确。

五、运行调试

(1) 在断电状态下，连接好 PC/PPI 电缆。

(2) 打开 PLC 的前盖，将“运行模式”选择开关拨到 STOP 位置，此时 PLC 处于停止状态，或者用鼠标单击工具栏中的 STOP 按钮，可以进行程序编写。

(3) 在作为编程器的计算机上运行 V4.0 STEP7 Micro 编程软件。

(4) 用菜单命令“文件—新建”生成一个新项目；用菜单命令“文件—打开”打开一个已有的项目；用菜单命令“文件—另存为”可修改项目的名称。

(5) 用菜单命令“PLC—类型”，设置 PLC 的型号。

(6) 设置通信参数。

(7) 编写控制程序。

(8) 用鼠标单击工具栏中的“编译”按钮或“全部编译”按钮来编译输入的程序。

(9) 下载程序文件到 PLC。

(10) 将“运行模式”选择开关拨到 RUN 位置，或者用鼠标单击工具栏中的 RUN 按钮使 PLC 进入运行方式。

(11) 按下手动起动按钮 SB3 进行手动调试。

(12) 按下自动起动按钮 SB1 进行自动调试。

(13) 若全部满足要求，程序调试结束。

附录　IEC 1131-3 基本数据类型

基本数据类型	内　容	数据范围
BOOL（1位）	布尔型	0～1
BYTE（8位）	无符号型	0～255
WORD（16位）	无符号整数	0～65.535
INT（16位）	有符号整数	－32 768～＋32 767
DWORD（32位）	无符号双整数	$0\sim2^{32}-1$
DINT（32位）	有符号双整数	$-2^{31}\sim+2^{31}-1$
REAL（32位）	IEEE 32 浮点数	$-10^{38}\sim+10^{38}$

参 考 文 献

[1] 廖常初．PLC编程及应用．4版．北京：机械工业出版社，2014．
[2] 马林联．传感器技术及应用教程．2版．北京：中国电力出版社，2016．
[3] 施利春，李伟．PLC操作实训（西门子）．北京：机械工业出版社，2007．